TerraTec '95
Kongreß West-Ost-Transfer Umwelt

G. Voigtländer (Hrsg.)

Abwassertechnik

TerraTec '95

Fachmesse und Kongreß für Umweltinnovationen vom 1. bis 4. März 1995

Dem Transfer von Umwelt-know-how kommt in Zukunft eine wachsende Bedeutung zu. Auch in Ostdeutschland besteht noch auf Jahre hinaus ein Bedarf an Umwelttechnologie und Umweltdienstleistung in Milliardenhöhe, insbesondere für die Bereiche Wasserversorgung/Abwasserentsorgung, Luftreinhaltung, Abfallwirtschaft und Altlastensanierung. Die Leipziger Umweltmesse TerraTec liegt damit nicht nur im Herzen einer auf Jahre hinaus sanierungsbedürftigen Region. Sie bietet gleichzeitig eine enorm wichtige Plattform für den Transfer von Umwelttechnologie. Das in diesem Jahr anläßlich der TerraTec in Leipzig gegründete Internationale Transferzentrum für Umwelttechnologie (ITUT) bestätigt diese wichtige Rolle des Messeplatzes für den Technologieaustausch und die Zusammenarbeit zwischen Ost und West. Schon in den vergangenen Jahren nahmen viele Umweltprojekte in Ostdeutschland und in den Staaten Mittel- und Osteuropas ihren Ausgang bei der Leipziger Umweltmesse.

Die TerraTec nimmt sich in ihrem Ausstellungs- und Kongreßprogramm besonders der Zukunftstechnologien an: Integrierte Problemlösungen, die auf dem Weg zum „Sustainable Development" helfen sollen, bei Boden, Wasser und Luft Umweltschäden zu vermeiden, bevor diese mit hohem Aufwand saniert werden müssen. Darüber hinaus bietet die Umweltmesse für viele Branchen und Bereiche geeignete Sanierungstechnologien an. Technik als Einzel- oder Gesamtlösung wird ergänzt durch angepaßte Dienstleistungs- und Beratungsangebote.

Dem Erfahrungsaustausch von Fachleuten aus Wissenschaft und Praxis und dem gemeinsamen Bemühen um eine gesunde Umwelt wird in dem Kongreßprogramm „West-Ost-Transfer Umwelt '95" entscheidender Raum gewidmet. Unter dem Motto „Wir haben es in der Hand" geht es in diesem Jahr um die Bereiche

- Abfallwirtschaft/Stoffkreisläufe,
- Energie,
- Abwassertechnik.

Umweltexperten aus Deutschland, Österreich und Osteuropa schildern dabei ihre Erfahrungen und stellen innovative Technologien und Konzepte vor.

Abwassertechnik

TerraTec '95

Kongreß West-Ost-Transfer Umwelt
vom 1. bis 3. März 1995

Herausgegeben von

Prof. Dr.-Ing. habil. Gottfried Voigtländer
Hochschule für Architektur und Bauwesen Weimar
– Universität –

LEIPZIGER MESSE

Springer Fachmedien Wiesbaden GmbH

Gedruckt auf chlorfrei gebleichtem Papier.

Die Deutsche Bibliothek – CIP-Einheitsaufnahme

Abwassertechnik / TerraTec '95.
Kongress West-Ost-Transfer Umwelt vom 1. bis 3. März 1995.
Hrsg. von Gottfried Voigtländer. Leipziger Messe. –
Stuttgart ; Leipzig : Teubner, 1995

ISBN 978-3-8154-3515-1 ISBN 978-3-663-12485-6 (eBook)
DOI 10.1007/978-3-663-12485-6

NE: Voigtländer, Gottfried [Hrsg.]; Kongress West-Ost-Transfer
Umwelt <1995, Leipzig>; Terratec <1995, Leipzig>

Ursprünglich erschienen bei B. G. Teubner Verlagsgesellschaft Leipzig 1995.

Umschlaggestaltung: E. Kretschmer, Leipzig

Dr. Angela Merkel
Bundesministerin für Umwelt, Naturschutz
und Reaktorsicherheit

Grußwort

Es wird immer deutlicher, daß Umweltschutz eine internationale Aufgabe ist. Nationale Anstrengungen allein reichen nicht aus. Vielmehr muß die grenzüberschreitende und globale Verantwortung Motiv für das politische und wirtschaftliche Handeln sein. Der internationalen Zusammenarbeit kommt damit eine überragende Bedeutung zu.

Die Bundesregierung hat in der Vergangenheit entsprechende Maßnahmen ergriffen, um Umweltschutz international voranzubringen. In Berlin wird die 1. Vertragsstaatenkonferenz zur Klimarahmenkonvention stattfinden. Deutschland unterstreicht damit seine wichtige Rolle bei der Bewältigung dieses globalen Umweltproblems. Die Bundesregierung setzt sich ebenso für eine führende Rolle der Europäischen Union in der Klimavorsorge ein. Die Zusammenarbeit mit den Staaten Mittel- und Osteuropas soll darüber hinaus dazu beitragen, den Umweltschutz international zu harmonisieren und „Umweltdumping" zu vermeiden.

Eine Schlüsselrolle soll dabei der Aufbau des „Internationalen Transferzentrums für Umwelttechnologie" in Leipzig spielen. Der Standort Leipzig gewinnt dadurch für den Umweltschutz in den Staaten Osteuropas, aber auch für Schwellen- und Entwicklungsländer eine neue Bedeutung. Er schafft eine zusätzliche Plattform, die gleichzeitig Forum für Information, Technologietransfer und Kooperation darstellt.

Der Kongreß „West-Ost-Transfer Umwelt" anläßlich der TerraTec führt darüber hinaus schon zum zweiten Mal Anbieter und Nachfrager von Umwelttechnik zusammen und trägt zum Schutz der Umwelt und zur Schonung der Ressourcen in den mittel- und osteuropäischen Staaten bei. Die Unterstützung, die schon mein Vorgänger Prof. Dr. Töpfer geleistet hat, will ich gerne fortsetzen. Gerade mit den Themen Energie, Abfallwirtschaft und Abwassertechnik greifen die Leipziger Umweltfachmesse TerraTec '95 und der begleitende Kongreß Schwerpunkte auf, die für die Realisierung des Umweltschutzes vor Ort dringlich sind. Erhöhung der Energieeffizienz, Kreislaufwirtschaft und Ressourcenschonung sind darüber hinaus Ansatzpunkte, die einen positiven Beitrag zum globalen Umweltschutz leisten.

Gemeinsam mit Partnern in diesen Ländern müssen angepaßte Umwelttechniken, Verfahren und Instrumente gefunden und eingesetzt werden. Für den globalen Umweltschutz gilt, daß in diesen Staaten mit vergleichbarem Mitteleinsatz ein wesentlich höherer Effekt von Umweltmaßnahmen als in den Industriestaaten erzielt werden kann. Die Partner im Osten profitieren dabei von Erfahrungen aus dem Westen, nicht zuletzt im Zusammenhang mit Sanierungsprojekten im Großraum Leipzig-Halle-Bitterfeld und anderen Regionen der neuen Bundesländer. Ohne das Miteinander von Politik und Wirtschaft ist ein entscheidender Durchbruch nicht möglich. Faire und kompetente Kooperation von Ost und West bietet einen zukunftsweisenden Weg zum „Sustainable Development".

Im diesem Sinne wünsche ich dem Kongreß „West-Ost-Transfer Umwelt" und seinen Teilnehmern viel Erfolg.

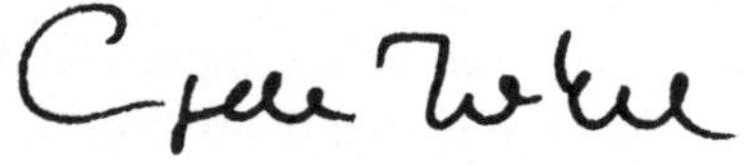

Vorwort

Die Klärtechnik konzentriert sich gegenwärtig auf die Schwerpunkte:

- Erweiterung und Neubau von Abwasserbehandlungsanlagen mit dem Ziel der weiteren Nährstoffreduzierung in den gereinigten Abwässern.
- Verminderung der Regenwasserableitung durch verstärkte Einführung von Versickerungsmaßnahmen und Rückhaltebecken.
- Veränderungen der Strategie der Klärschlammentsorgung, insbesondere im Sinne der Reduzierung von Deponieflächen.

Die Anforderungen an die technischen Lösungen folgen aus der anspruchsvollen bundesdeutschen Gesetzgebung und zunehmend aus europäischen Regelungen und Normungen. Daraus leiten sich finanzielle Beanspruchungen an die Kommunen ab, die sie immer häufiger überfordern. Alternativ gewinnen deshalb Formen der Privatisierung an Bedeutung.

Aus der Fülle der in Rede stehenden Probleme sollen die Vorträge und Diskussionsbeiträge der Sektion Abwassertechnik zur Beantwortung relevanter Fragestellungen beitragen.

In vielen Weiterbildungsveranstaltungen der Abwassertechnischen Vereinigung e. V., von Hochschulen und anderen Einrichtungen wurden in den letzten Jahren die theoretischen Grundlagen der Nitrifikation, Denitrifikation sowie der biologischen und chemischen Phosphorelimination erläutert und diskutiert. Mit der Neufassung (2/91) des ATV-Arbeitsblattes A-131 „Bemessung von einstufigen Belebtschlammanlagen ab 5000 Einwohnerwerten" liegen den Planern und Betreibern von Kläranlagen wichtige anwendungsorientierte Hilfsmittel vor. Im Rahmen der Sektion Abwassertechnik sollen gewonnene Erfahrungen vermittelt und ausgetauscht werden. Der Kapazitätsbereich bis 50000 EW wurde gewählt, weil für die größeren Kläranlagen die Planungen weitgehend abgeschlossen sind.

Auf dem Gebiet der Kanalisation stellt die Sanierung von Abwasseranlagen einen Schwerpunkt dar. Gegenwärtig werden in der Öffentlichkeit dreistellige Milliardensummen genannt, die in den nächsten Jahren zur Wiederherstellung bzw. Aufrechterhaltung der Funktionstüchtigkeit von überalterten und geschädigten Entwässerungsnetzen in allen Bundesländern benötigt werden. Es ist deshalb ein weiteres Anliegen dieses Seminars, besonders für die in den neuen Bundesländern stark vernachlässigten Entwässerungsnetze effektive und technisch beherrschbare Lösungen anzubieten.

Die Privatisierung oder Kommunalisierung der Klärtechnik wird von den meisten Verantwortlichen kritisch bewertet und uneinheitlich diskutiert. Durch die Erläuterung der darauf zutreffenden finanziellen und steuerlichen Aspekte sowie ausgewählter Organisationsformen werden im Rahmen dieses Seminars Interessenten und Betroffenen Anregungen zum Handeln angeboten.

Ein weiterer Problemkreis befaßt sich mit den Auswirkungen der europäischen Normen auf die Abwassertechnik. Von Interesse ist die Beantwortung der Frage, inwieweit die z. Z. gültigen nationalen Regularien Einschränkungen oder Erweiterungen erfahren werden. Für den zu intensivierenden „West-Ost-Transfer Umwelt" werden die europäischen Normen zunehmend an Bedeutung gewinnen.

Weimar, Januar 1995 Gottfried Voigtländer

Inhalt

Abwasserbehandlung in kleinen und mittleren Städten

Privatwirtschaftliche Modelle

oder
Wirtschaftliches Bauen moderner Abwasserbehandlungsanlagen durch privatwirtschaftlich gestaltete Organisationsformen

Dipl.-Ing. Jürgen Kern
Geschäftsführer der AWATECH Entsorgungsdienste Holding GmbH, Hannover

1.0 Einleitung

Kaum ein Thema wird so kontrovers diskutiert wie das der Privatisierung kommunaler Einrichtungen. Insbesondere die als Pflicht der Kommunen verstandene hoheitliche Aufgabe der Abwasserentsorgung sorgt für Spannungen zwischen Beratungs- (Planungs-) Büros, Aufsichtsbehörden und Vertretern kommunaler Institutionen, wenn private Unternehmen zur Erledigung dieser Aufgaben herangezogen werden sollen.

Unterschiedliche Interessenlagen bestimmen (zum Teil auch emotional) die Diskussion, wo eine methodische Analyse aller Argumente (Vor- und Nachteile) in jedem individuellen Betrachtungsfall zur effektiven Organisationsform führen kann.

In jeder Kommune oder jedem Verband sind verschiedenste Rahmenbedingungen zu berücksichtigen bei Überlegungen zur Veränderungen der vorhandenen Organisationsform (z.B. Regiebetrieb) bzw. zum Aufbau einer effizienten Organisationsstruktur.

Nur durch die gezielte Klärung aller Einflußgrößen kann eine genaue Aussage zum Für und Wider der Einbindung Privater gefunden werden.

In unserem marktwirtschaftlich orientierten System sollte es selbstverständlich sein, so weit wie möglich private Unternehmen in die Leistungserbringung für die öffentliche Hand mit einzubinden, nicht nur für Ausführungsleistungen (Bau, Anlagenbau), sondern auch für Dienstleistungen (Finanzierung, Planung, Betriebsführung). Und wenn durch eine Bündelung aller Leistungen und eine Änderung der Organisationsform Vorteile für den Gebührenzahler (Bürger) entstehen, sollten weder emotionale noch subjektive Gründe diesem Weg entgegenstehen.

Eine Vielzahl von privatwirtschaftlichen Modellen, die zum Teil seit mehr als 10 Jahren in Deutschland für die Abwasserbeseitigung praktiziert werden, beweisen, daß deutliche Vorteile für den Bürger durch die Einbindung Privater Unternehmen erzielbar sind.

2.0 Allgemein

Ohne eine geordnete und zuverlässige Abwasserbeseitigung in den Kommunen wird es auch in Zukunft keine kommunale Entwicklung geben.

Wenn Kläranlagen und Kanäle nicht entsprechend den ökologischen Anforderungen und Umweltgesetzen vorhanden sind, fehlt die Grundlage für die Ausweisung von Gewerbegebieten und den dazugehörigen Arbeitsplätzen, für die Schaffung und Sanierung von Wohnsiedlungen, für die innerstädtische Sanierung und Entwicklung des Umlandes, usw.

Dort, wo Kanal- und Kläranlagen - Systeme existieren, besteht ein großer Sanierungs- und Verbesserungsbedarf alter Kanalnetze und unzureichend reinigender Kläranlagen. Strengere Strafrechtsbestimmungen und ständig schärfer werdende Forderungen nach einer Verbesserung der Reinigungsleistung (z.B. Nährstoffelimination) von Abwasserreinigungsanlagen zur Entlastung der Gewässer, führt zu einem hohen Finanzierungspotential in den Kommunen. Laut IFO-Institut werden in den alten Bundesländern hierfür in den nächsten Jahren rd. 150 Mrd. DM veranschlagt.

Die gleiche Summe wird noch einmal für die Schaffung geordneter Abwasserverhältnisse in den neuen Bundesländern erforderlich werden. Die Kommunen sind mit ihrer Finanzkraft und zumindest in den neuen Bundesländern mit unzureichenden Verwaltungskapazitäten überfordert. Es zeigt sich aus der Entwicklung der letzten Jahre, daß die Erledigung der erforderlichen Aufgaben zur Abwasserbeseitigung nicht mit der gebotenen Schnelligkeit und Kosteneffektivität bewältigt werden kann. Die Folge sind extrem steigende Abwassergebühren, fehlende wirtschaftliche Entwicklung, Stagnation.

Diese für die Bundesrepublik Deutschland aufgezeigte Situation läßt sich ohne Abstriche auf die osteuropäischen Staaten übertragen.

Es ist deshalb naheliegend, über andere Abwicklungs- und Organisationsformen zur Abwasserbeseitigung nicht nur nachzudenken, sondern diese auch zu praktizieren, wenn hierdurch die Finanzierbarkeit der notwendigen Projekte erreicht wird und gleichzeitig auch die Investitions- und Folgekosten reduziert werden.

Die nachfolgenden Ansätze zeigen, wie über die Einbindung privater Unternehmen zur Realisierung von Abwasserbeseitigungssystemen unternehmerisches Engagement und private Finanzierungsmittel aktiviert werden und so trotz kaum vorhandener öffentlicher Finanzierungs- und Zuschußmittel eine schnelle und wirtschaftliche Realisierung einer der wichtigsten kommunalen Aufgaben ermöglicht wird.

3.0 Ausgangssituation

Die klassische Form zur Durchführung der Abwasserbeseitigung bedeutet, daß die Kommune die Aufgabe im Rahmen ihrer allgemeinen Verwaltung erledigt und Leistungen der Planung und des Baues in der Regel durch Dritte realisieren läßt und selbst die Finanzierung sicherstellt und den Betrieb der erstellten Anlagen übernimmt.

Seit Mitte der 80iger Jahre sind Überlegungen im Gange, und hier insbesondere der Niedersächsischen Landesregierung, Aufgaben der Abwasserbeseitigung und -reinigung durch private Unternehmen durchführen zu lassen.

Was in anderen Ver- und Entsorgungsbereichen (z. B. Wasserversorgung, Müllabfuhr, Gasversorgung) seit vielen Jahren mit größter Selbstverständlichkeit praktiziert wird, schien mit der Abwasserentsorgung nicht möglich zu sein, da dieses nach dem Gesetz hoheitliche Aufgaben der Gemeinden sind.

Die Chance, durch private Investoren zusätzliche Investitionsmittel für strukturschwache Kommunen zu erschließen und durch private Betreiber niedrigere Abwassergebühren zu erzielen, führte dazu, daß Rahmenbedingungen geschaffen wurden, die eine Übertragung der Aufgabe Abwasserreinigung auf einen privaten Dritten zuließen.

Die heute vorhandenen noch mit Hilfe verschiedener Experten aufgestellten Vertragsmuster mit Betreiber-, Erbbaurechts-,

Schieds- und ggf. Personalgestellungsvertrag, können heute insbesondere auch in den neuen Bundesländern als juristisch abgesicherte Leitverträge dienen.

In den vergangenen Jahren wurden in einer Vielzahl von Veröffentlichungen und Vorträgen durch Vertreter von Verwaltungen, Ingenieurbüros, Hochschulen, Juristen, Gewerkschaften und Politikern das Für und Wider der Privatisierung diskutiert. Kaum zu Wort gemeldet hatten sich die Betreiber selber, da keine praktischen Erfahrungen über einen längeren Zeitraum vorlagen.

Dies hat sich grundlegend geändert, da mittlerweile Erfahrungen über mehrere Jahre von privat betriebenen Kläranlagen und Kanalnetzen vorliegen.

4.0 Organisationsformen

Die Forderung nach größerer Effizienz der Abwasserbeseitigung hat zunehmend auch zu weiteren Organisationsmodellen auf kommunaler Seite aber auch durch den Einfluß unterschiedlicher Rahmenbedingungen zu einer differenzierten Struktur privater Modelle geführt.

5.0 Allgemein

Neben dem klassischen Regiebetrieb gibt es eine Reihe von Varianten

(1) Regiebetrieb: -Ingenieurbüro plant incl. Details
-Bauvergabe nach VOB
-Finanzierung Kommune (KfW, KK)
-Betrieb Kommune (BAT)
-Gebühr = kalkulatorische Kostenumlage (KAG)

(2) Eigenbetrieb: -wie (1), aber eigener Vermögenshaus halt,
-eigener Werksausschuß
-Gebühr = reale Kostenumlage

(3) Verbandsbetrieb: -wie (2), aber für mehrere Kommunen

(4) Stadtwerke: -wie (2) oder (3), aber als GmbH, AG
-VerbandwerkeSteuern,
-BAT nur Anlehnung,
-Querverbund

(5) Kooperationsmodell:
-wie (4), aber mit 49 % stimmrechtsfähi gem Privatanteil
-Kapazitäten, Knowhow und Kapital durch Fachfirma

(6) Betreibermodell: -Ing.-Büro plant ohne Details (HOAI),
-Dienstleistungsvergabe nach VOL,
-Finanzierung privat (KfW,Factoring etc.)

-Festpreis, indexiert,.
-Kostenrisiko beim Unternehmer

(7) BOT (build operate& transfer):
- wie (6), aber nur 3-8 Jahre
Laufzeit

(8) Kombinationen: -z. B. Betreibermodell Klärwerk plus
Kooperationsmodell Kanal

(9) viele sonstige Varianten:
-Pachtvertrag, sog. "Kommunalmodell"
Konzessionsvertrag usw.

5.1 Regiebetrieb

REALISIERUNG
von öffentlichen Abwasserprojekten im
REGIEBETRIEB A

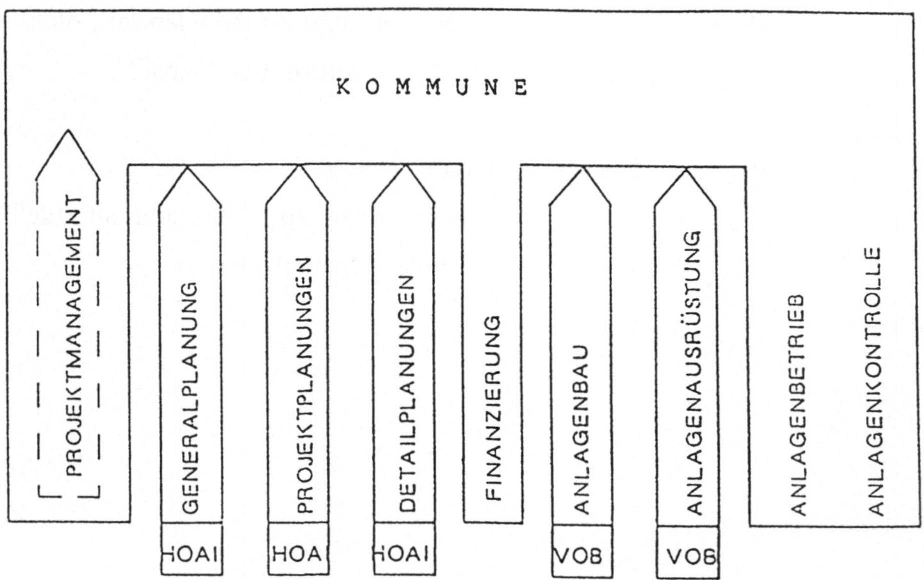

5.2 Betreibermodell

Bei diesem Modell werden die Arbeitspakete Planung, Finanzierung, Bau Ausrüstung und Betrieb ganzheitlich zusammengefaßt, optimiert und dem Wettbewerb unterworfen. Alle anderen Modelle zeigen nur in einzelnen Bereichen echten Wettbewerb. Mit diesem Konzept gibt es Erfahrungen speziell in

Niedersachsen und bei einer Vielzahl von Kommunen und Verbänden in den neuen Bundesländern.

Vorteil: Gesamtoptimierung im Wettbewerb, klare Verantwortungsteilung zwischen Vollzug und Kontrolle

REALISIERUNG
von öffentlichen Abwasserprojekten im
BETREIBERMODELL **E**

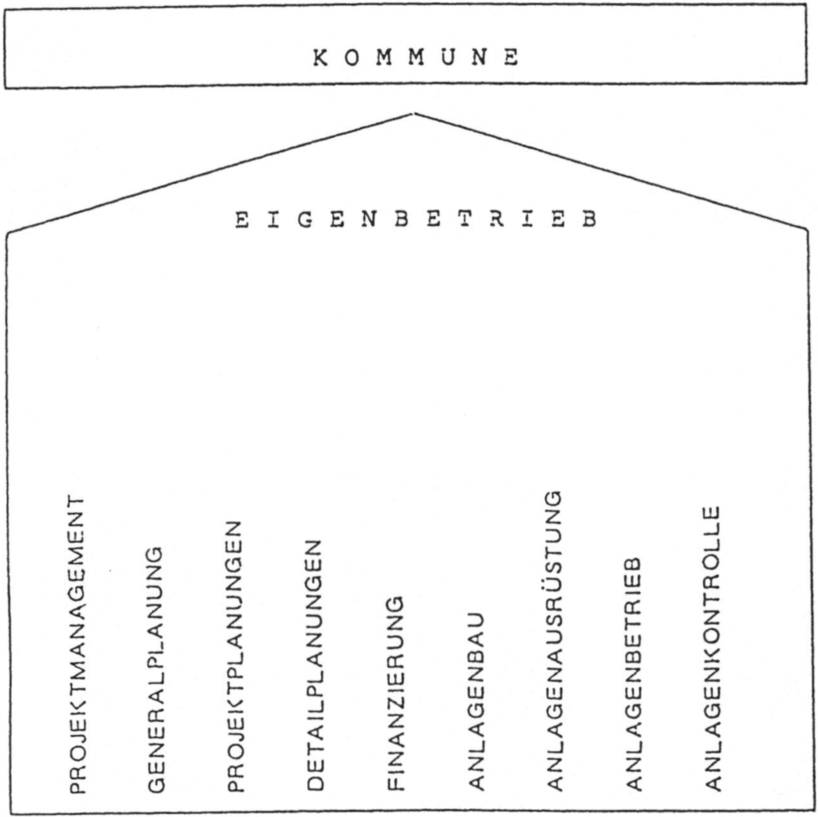

5.2.1 Das Niedersächsische Betreibermodell

Grundsätzlich sind auch andere Vertragsformen denkbar, eine Orientierung erfolgt jedoch in der Regel an den Vertragsvorlagen des Niedersächsischen Betreibermodells, da diese Verträge sowohl unter dem Gesichtspunkt des Kommunalverwaltungsrechtes, des Steuerrechts und auch unter allgemein juristischen Aspekten durch die Niedersächsische Landesregierung und inzwischen auch durch andere Kommunalaufsichtsbehörden geprüft wurden.

Beziehungsgeflecht zwischen den Beteiligten im Betreibermodell

Vertrag:
Bank informiert die Kommune regelmäßig, ob der Betreiber den vereinbarten Zins und Tilgungsplan einhält.

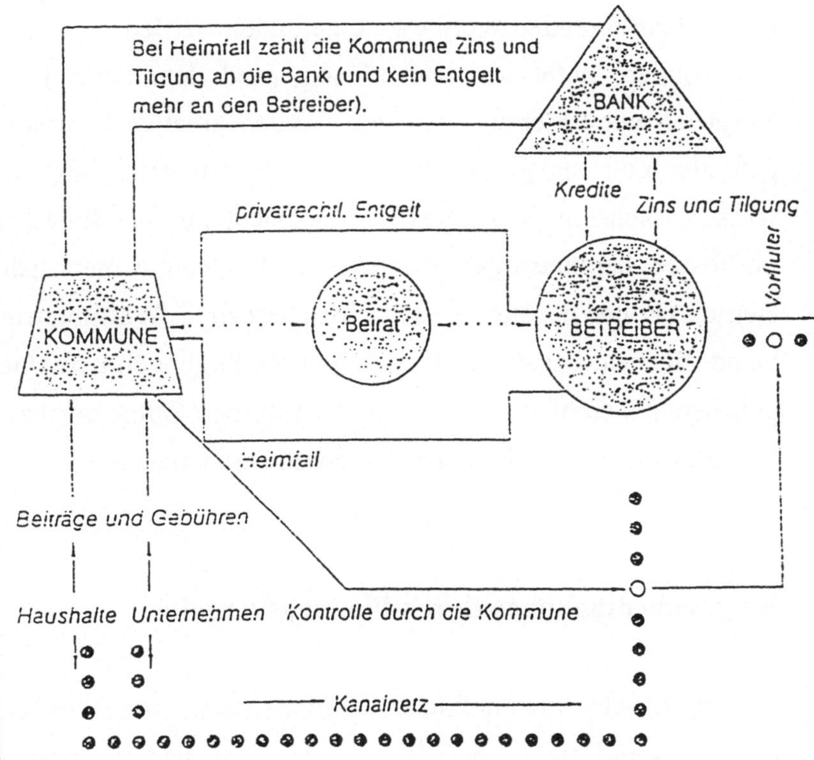

Quelle: Niedersächsisches Ministerium für Wirtschaft, Technologie und Verkehr.

6.0 Möglichkeiten der Kostenoptimierung (-minimierung!)

6.1 Garant Wettbewerb

Generell sollte (muß) bei der Suche nach einer privatwirtschaftlich orientierten Entwässerungskonzeption und Organisationsform der private Betreiber über einen von der Kommune durchzuführenden Wettbewerb gefunden werden.
Insbesondere unter dem Bewußtsein (und dem Druck), im Vergleich mit anderen zu stehen, werden kreative Lösungen gefunden und engagierte Preise ermittelt. Zur Ermittlung des wirtschaftlichsten Angebotes werden nicht nur die Investitionskosten herangezogen, sondern auch Qualitätsmerkmale, Betriebs(Folge-)Kosten, Betriebssicherheit, Wartungsaufwand, finanzierungstechnische Rahmenbedingungen usw. Gegebenenfalls empfiehlt es sich, einen externen Gutachter bzw. Experten zur Beurteilung der Angebote heranzuziehen.

6.2 Rahmenbedingungen durch Planungsvorgaben

Wichtig für ein wirtschaftliches Gesamtentwässerungskonzept und ein sorgfältig ausgearbeitetes Angebot sind zuverlässig ausgearbeitete Grundlagenermittlungen sowie die Klärung von Standortfragen, Einleitungsbedingungen usw.

Als Grundlage für eine durchzuführende Ausschreibung sollte eine Vor- und Genehmigungsplanung mit der Festlegung von

Qualitäts- und Leistungsmerkmalen im Rahmen einer Funktionalausschreibung dienen.
Es sollte zu diesem Zeitpunkt noch keine Ausführungsplanung vorliegen, um den Unternehmen die Möglichkeit der Einbindung ihrer verfahrens- und maschinenspezifischen Produkte zu ermöglichen. Nur so ist eine firmenspezifische Optimierung möglich. Die weitergehende Ausführungsplanung wird unter Regie des Betreibers fortgeführt.

Durch diese Vorgehensweise werden die von der Kommune vorzufinanzierenden Vorlaufkosten gering gehalten und der Handlungsspielraum der Kommune erweitert.

6.3 Organisatorische und zeitliche Rahmenbedingungen

Woraus resultieren nun Preisvorteile einer privatwirtschaftlich organisierten Lösung?

Es sind sicher eine Reihe von Einzelfaktoren. Entscheidende Preisvorteile auf der Investitionskostenseite - und dies wirkt sich ja direkt über den Kapitaldienst auf die Jahreskosten aus - sind zeitliche und organisatorische Einflüsse.

Es ist selbstverständlich, daß es sich nicht um Sparlösungen, sondern um Kostenreduzierungen durch Optimierung von Planung, Investition und Abwicklung handelt.
Die Kommune unterliegt vielerlei Zwängen, z. B. langfristige Entscheidungsfindung über Ausschüsse und Ratsgremien, sie

muß ggf. mittelfristige Finanzplanungen unter Berücksichtigung von über mehrere Jahre gestreckte Zuschußmittel vornehmen.

Hier sei der Hinweis erlaubt, daß Zuschüsse durch Bund und Länder auch dem privaten Betreiber in vollem Umfang zu gleichen Bedingungen zur Verfügung stehen.
Der Betreiber kann bei der Realisierung des Vorhabens anders planen und vorgehen als die Kommunen.

Ist der Auftrag erteilt, so ist auf der Grundlage des Betreiber-Vertrages gleichzeitig auch die Finanzierung für das Projekt gesichert. Hier sollte bereits im Rahmen der Ausschreibung eine Finanzierungserklärung verlangt werden.

Der Betreiber ist nun daran interessiert, die Kläranlage und das Kanalsystem so schnell als möglich fertigzustellen, um Zwischenfinanzierungen möglichst zu vermeiden und frühzeitige Zinszahlungen, bedingt durch bereits realisierte Bauteile, zu vermeiden.

Die Auswirkungen auf die Betreibergebühren richten sich nach den Zeitabläufen und Darlehenskonditionen, können sich jedoch zwischen 2 - 5 % der Abwassergebühren bewegen.

Ein wesentlicher preisbeeinflussender Faktor für unsere Kalkulationen ist der zeitliche Ablauf. Bei einer durchaus realistischen Verkürzung der Bauzeit von 2 auf 1 Jahr - so wie das bei verschiedenen Baumaßnahmen der Fall war - können

Teuerungszuschläge reduziert, allgemeine Baunebenkosten, Baustelleneinrichtungen, organisatorische Aufwendungen usw. drastisch gemindert werden.

Preisreduzierungen der Betreibergebühr in Höhe von 3 - 8 % sind die Regel.

Neben den Zeit- und organisatorischen Einflüssen ist vor allem die Abwicklungsform entscheidend preisbeeinflussend. Die klassische Form, in der Folge der Trennung der Leistungen, Grundlagenermittlung, Entwurfs- und Ausführungsplanung, Ausschreibung, Bauausführung, Übergabe und dann folgenden Betrieb durch den Bauherrn, hat wesentliche und im Sinne der Kostenoptimierung entscheidende Schwachpunkte.

Hier kommt es, zum einen bedingt durch zwischen den einzelnen Phasen vorzunehmende Entscheidungsfindungen, zum anderen durch die Vielzahl von Ausführungsträgern, zu langen Abwicklungszeiträumen.

Die Trennung der Aufgaben Planung - Bauausführung- Betrieb führen in der Regel nicht zur optimalen Lösung, selbst wenn Projektsteuerungskriterien die Bauabwicklung verbessern.

Der beste Leistungsanreiz zur Optimierung ist gegeben, wenn die Wechselwirkung Investition - Betriebskosten beeinflußt werden kann.

Das Betreibermodell läßt diese ganzheitliche Betrachtungsweise zu.
So wird der Anlagenbauer bemüht sein, im Zusammenspiel mit dem von ihm eingesetzten Planungsbüro, sein Maschinenprogramm zu realisieren und, wenn möglich, auf firmenspezifische Standards zurückzugreifen. Der Wiederholungsfall reduziert die Maschinenkosten um 7 bis 10 Prozent.

In diesem Zusammenhang muß insbesondere in den neuen Bundesländern auch darauf hingewiesen werden, daß vor oder spätestens parallel zur Projektrealisierung Haushaltspläne sowie Gebühren- und Abgabensatzungen aufgestellt werden, um die Liquidität und damit die Realisierung des Projektes durch die Kommune sicherstellen zu können.

6.4 Technische Einflüsse

- Ein generelles Beispiel der Wechselwirkung Investitions- und Betriebskosten sind technische Einflüsse wie der Einfluß der Belüftungstechnik auf eine Abwasserbehandlungsanlage.

Zum Beispiel wurde bei vorgenommenen Optimierungsüberlegungen die durch das Ingenieurbüro vorgegebene Belüftungstechnik so verändert, daß mit einer höheren Investition von ca. DM 80.000,-- eine gleichzeitig deutliche Reduzierung der Energiekosten in Höhe von ca. 20.000,-- bis 25.000,-- DM/a erreicht wurde.
Die höhere Investition amortisiert sich bereits nach ca. 3 bis 4 Jahren. Wir haben beim Bau unserer Kläranlagen eine Reihe

von Betriebskostenreduzierungen erreicht durch gleichzeitigen Einsatz höherer Investitionen.

- Langfristig wird sich auch der Einsatz von hochwertigen Werkstoffen, z. B. Material Edelstahl, wo möglich und vertretbar, bezahlt machen, da Unterhaltungsarbeiten vermieden oder aber mindestens reduziert werden. Hierzu gehören auch Überlegungen zur Gebäudeausstattung, unter anderem auch die Verklinkerung des Betriebsgebäudes, um Fassadennacharbeiten auf Dauer zu vermeiden.

-Räumliche Zuordnung von Bauwerken und Prozeßabläufen bieten ein breites Spektrum an Optimierungsmöglichkeiten. Die Zusammenfassung von Funktionseinheiten, Höheneinbindung der Bauwerke in die Grundstückssituation, Typenbauwerke usw. sind Ansätze zur Kostenreduzierung in zweistelligen Prozentsätzen.

6.5 Auswirkungen der Betriebsführung

Ein großes Einsparungspotential bietet ein modernes Belüftungssystem, wenn mit niedrigsten Energiekosten der notwendige Sauerstoffeintrag erfolgt.

Daß Energiekosten-Reduzierungen gleichzeitig mit einer Verbesserung der Reinigungsleistung einhergehen können, klingt widersinnig, läßt sich jedoch aus prozeßtechnischen Zusammenhängen erklären.

Die Zusammenstellung der Werte aus amtlichen Überwachungsergebnissen zeigt, daß die erreichten Reinigungswerte deutlich besser und weitergehend sind, als vom Gesetzgeber über die Einleitungsbedingungen gefordert wird.

In der Zwischenzeit ist ein zusätzliches Interesse zur Reduzierung aller Rest- und Nährstoffe gegeben, da über die Abwasserabgabe die Einleitung einer Restfracht auch von N und P zu erheblichen Kostensteigerungen führt.

Auch eine biologische Phosphat-Reduzierung halten wir nach dem heutigen Wissensstand für selbstverständlich.

Mit dieser weitestgehenden Reinigungsleistung wird gleichzeitig eine Reduzierung der Energiekosten und Abwasserabgabe erreicht.

Es ist damit der Nachweis erbracht , daß der private Betreiber seiner Sorgfaltspflicht und seiner Verantwortung im Sinne des Gesetzgebers und des praktizierten Umweltschutzes gerecht wird.

Eine gute Reinigungsleistung kann und muß auch im Sinne einer wirtschaftlichen Denkweise erzielt werden.

6.6 Sonstige Effekte

-Durch die beschriebene Form der Ausschreibung werden Investitionskosten und Entgelte fest vereinbart. Die Investitionskosten und die Abwassergebühren sind dadurch für die Kommune kalkulierbar und das Risiko von Preissteigerungen ausgeschlossen worden.

-Synergieeffekte entstehen durch die Realisierung der Entwässerungsmaßnahme und die damit verbundene Auftragsvergabe an regional ansässige Unternehmen. Schaffung von Arbeitsplätzen, Kaufkraft und Steuerzahlungen sind Folgeerscheinungen.

-Der Vermögenshaushalt der Kommune wird entlastet und damit Freiraum für andere Investitionen geschaffen.

Zusammenfassung

Die Erledigung der hoheitlichen Aufgabe Abwasserbeseitigung stellt die Kommunen vor kaum lösbare Probleme. Finanzierungsengpässe, Kostendruck, gesteigertes Umweltbewußtsein erfordern ein Umdenken klassischer Abwicklungs- und Organisationskonzepte.
Privatwirtschaftlich realisierte Entwässerungsmodelle in der Bundesrepublik Deutschland zeigen, daß hohe Einsparungspotentiale erreicht werden können, in der Regel zwischen 15 und 30 Prozent im Vergleich zu kommunalen Regiebetrieben.

Private Dienstleistungen überbrücken nicht vorhandene oder schwach besetzte Verwaltungen und ermöglichen somit eine schnelle regionale Wirtschaftsentwicklung.

Einflußmöglichkeiten auf die Projektkosten im Verlauf eines Projektzyklus

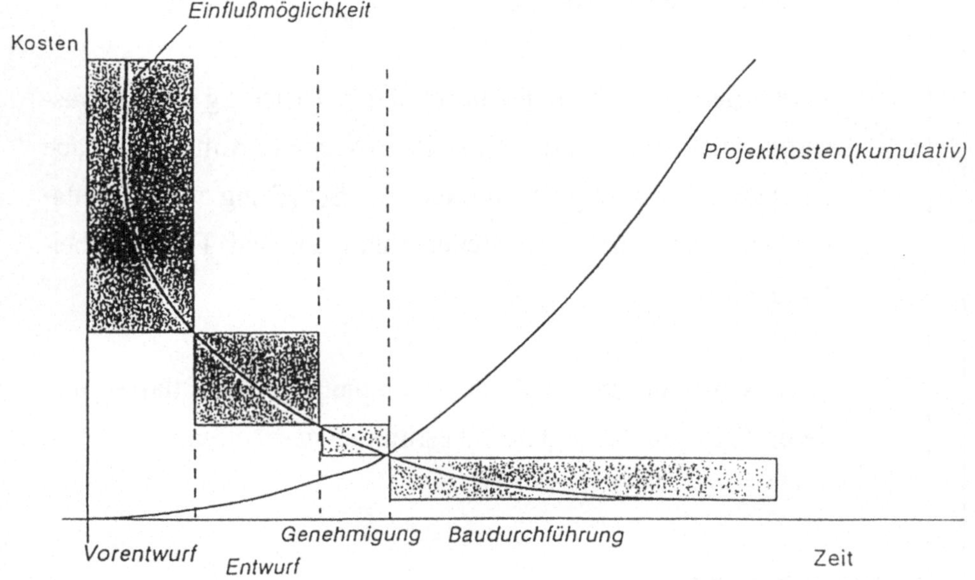

Reinigungsleistung mit > 70 % Fäkalschlammitbehandlung

Kläranlage Plau

Monat	CSB		BSB		Summe N		Pges.	
	Zulauf	Abl.	Zul.	Abl.	Zul.	Abl.	Zul.	Abl.
Nov. 91	2.200	130	500	20	52	32	13	5
Dez. 91	1.600	140	360	24	55	15	15	6
Jan. 92	1.700	116	450	24	44	5	12	5
Febr. 92	1.500	130	400	23	42	3	13	4
März 92	1.900	105	450	14	50	6	17	5
April 92	1.800	67	370	14	51	6	11	4
Mai 92	1.900	74	330	12	40	2	13	5
Juni 92	1.900	73	360	11	46	2	17	3
Juli 92	2.100	52	450	12	42	2	17	4
Aug. 92	3.000	54	510	8	48	1	25	4
Sept. 92	4.100	52	660	8	50	1	26	2
Okt. 92	3.300	54	580	10	51	1	24	1
Nov. 92	2.030	51	570	11	41	1	16	1
Dez. 92	2.650	58	510	11	47	1	20	1
Jan. 93	1.800	53	520	13	57	2	16	1
Febr. 93	1.800	73	420	12	58	3	16	1
M"rz 93	2.050	79	470	14	62	2	20	1
April 93	2.370	71	470	8	53	1	23	1
Mai 93	2.440	61	510	8	48	1	24	4
Juni 93	4.280	49	530	10	58	1	31	4
Juli 93	2.700	39	490	8	54	1	29	2
Aug. 93	1.590	41	500	9	52	1	18	2
Sept. 93	2.000	34	470	7	47	1	18	1
Okt. 93	4.040	35	600	11	61	1	34	1
Nov. 93	3.470	45	510	8	62	1	33	1
Dez. 93	2.320	49	430	13	57	2	21	1
Jan. 94	2.530	51	520	17	58	1	20	1
Febr. 94	2.870	51	530	12	55	1	27	1
Mrz. 94	2.340	48	470	10	57	1	24	1
April 94	2.260	46	450	9	59	1	25	1
Mai 94	1.970	50	480	9	67	3	19	2

Reinigungsleistung einer Kläranlage mit moderner Verfahrenstechnik

Kläranlage WAGENFELD

Amtliche Meßergebnisse (Ablauf) (mg/l)

Datum	CSB	BSB5	NH4-N	NO3-N	P
03.11.1988	92	8	1,2	0,5	nicht gemessen
23.01.1989	82	4	2,3	6,9	-"-
01.03.1989	76	4	7,4	1,3	5,5
23.05.1989	64	5	1,2	2,1	2,6
26.06.1989	71	4	3,9	0,8	3,1
18.09.1989	68	3	0,4	1,8	3,5
20.10.1989	43	4	3,9	0,5	3,7
23.01.1990	53	3	1,0	2,2	1,6
26.02.1990	76	3	0,4	0,9	5,8
11.04.1990	73	3	4,2	1,3	5,4
14.06.1990	56	3	4,3	0,4	6,6
30.07.1990	43	3	0,3	0,2	1,4
12.11.1990	71	3	3,1	0,3	1,6
04.02.1991	70	3	2,9	0,4	1,6
19.03.1991	74	3	2,5	1,1	5,3
10.10.1991	58	3	0,3	0,2	3,1
23.10.1991	56	3	0,3	0,2	1,6
16.12.1991	64	3	0,8	0,3	0,5
03.02.1992	60	3	1,8	0,3	1,0
02.04.1992	63	4	2,9	0,2	0,8
03.06.1992	65	5	1,5	0,8	2,3
22.08.1992	36	3	0,2	0,1	0,1
06.10.1992	26	4	0,2	0,3	0,5
30.11.1992	47	3	1,0	0,2	0,2
18.01.1993	49	3	0,6	0,3	0,3
09.03.1993	54	3	1,1	0,3	0,3
27.05.1993	48	5	2,6	0,2	1,5
30.08.1993	52	6	0,2	0,2	0,4
13.10.1993	54	3	1,4	0,3	0,3
28.11.1993	66	3	1,3	0,3	0,7
19.01.1994	56	3	0,6	0,5	1,0
21.03.1994	53	4	1,4	0,3	0,5
14.06.1994	55	4	2,1	0,3	0,5

(mg/l)	CSB	BSB5	NH4-N	P
Zulaufkonzentrationen i.M.	1.500	550	60	19
amtliche Auflagen	90	10	10	2 (ab '92)

1. Veranlassung und Zielsetzung

Auf der Kläranlage WAGENFELD wurden am 18.10.1988 Sauerstoffeintrags- und -ertragsversuche in Reinwasser durchgeführt. Die Messungen erfolgten im Auftrag von der Firma AWATECH, Burgwedel.

Belüftungskoeffizient $k_L a$			
Sonde 1 (grün)	h^{-1}	/	/
Sonde 2 (rot)	h^{-1}	2,61	2,60
Sonde 3 (blau)	h^{-1}	2,60	2,66
Mittelwert	h^{-1}	2,61	2,63
Sauerstoffeintrag OC_{10}			
Sonde 1 (grün)	kg/h	/	/
Sonde 2 (rot)	kg/h	86,8	86,4
Sonde 3 (blau)	kg/h	86,6	88,6
Mittelwert	kg/h	86,7	87,5
Spezifischer Sauerstoffeintrag $OC_{10,QL,ET}$	$g/m^3/m$	19,49	19,66
Sauerstoffertrag OP_{10}	kg/kWh	3,44	3,47

Tab.2: Versuchsergebnisse

Anzumerken bleibt, dap eine Meßtoleranz von 10% zu berücksichtigen ist.

(Thies Grimm) (Prof. Dr. R. Kayser)

Der Eigenbetrieb – ein Weg für die öffentlich-rechtliche Abwasserentsorgung

Max Peter Schenk
Hans Dieter Ludwig

Mit wirtschaftlicher Wirkung vom 01.01.1993 wurde notariell der zur Stadt Erfurt gehörende Eigentumsanteil der Abwasserentsorgung aus der Nordthüringer Wasserversorgung und Abwasserbehandlung GmbH ausgegliedert, der Stadt übertragen und per Stadtratsbeschluß dem neu eingerichteten Eigenbetrieb mit Namen "Entwässerungsbetrieb der Landeshauptstadt Erfurt" als städtisches Sondervermögen zugeordnet. Bis zur Bildung des Eigenbetriebes war ein langer und komplizierter Entscheidungsprozeß zu durchlaufen.

Ausgangssituation

Um den Hintergrund besser verstehen zu können, muß kurz auf die Entwicklung der letzten Jahrzehnte eingegangen werden.

Trotz Auflösung des Erfurter Tiefbauamtes im Jahre 1952 blieb die Stadtentwässerung in der Form eines städtischen volkseigenen Betriebes unter direktem Einfluß der Stadtverwaltung. Im Jahre 1964 wurde die gesamte Wasserwirtschaft der DDR neu geordnet. Es entstanden auf Regierungsbezirksebene 15 Betriebe VEB Wasserversorgung und Abwasserbehandlung, kurz WAB genannt, die dem DDR-Ministerium für Umweltschutz und Wasserwirtschaft wirtschaftsleitend unterstellt wurden. Durch diese Maßnahme verlor die Stadt ihren unmittelbaren Einfluß auf die Stadtentwässerung. Es wurde die Stadt auch auf diesem wichtigen Gebiet der Daseinsfürsorge über 25 Jahre fremdbestimmt. Es ist für einen Fachkollegen, der diese Entwicklung nicht am eigenen Leib miterlebt hat, heute unvorstellbar, was es bedeutete, die Entwicklung einer Stadt mit zentralistisch organisierten

Infrastrukturbetrieben in völlig unterschiedlicher ministerieller Zuordnung zu koordinieren. Begriffe und Mechanismen, wie öffentlich-rechtlich, Gesellschafterversammlung, Konzessionsvertrag, Satzung, Bescheid, Fördermittel und viele andere mehr, gab es nicht. So kam es auch auf dem Gebiet der Stadtentwässerung zu einer lang anhaltenden Stagnation. Die Folgen daraus bilden die Erblast für den heutigen Eigenbetrieb.

Laut Einigungsvertrag waren alle volkseigenen Betriebe, die wirtschaftsleitenden Ministerien unterstanden, bis zur Währungsumstellung am 01.07.1990 in Kapitalgesellschaften umzuwandeln. Was für Betriebe des Maschinenbaues, der Chemie und anderer Wirtschaftszweige richtig war, muß aus heutiger Sicht, zumindest für die Abwasserbehandlung, als falsch angesehen werden. Hierzu hätte es Sonderregelungen bedurft.

Mit Wirkung vom 01.07.1990 befand sich per Gesetz die Abwasserbeseitigung in den neuen Bundesländern flächendeckend in privater Rechtsform.

Zwar waren jetzt die Kommunen Gesellschafter, aber sie hatten immer noch nicht unmittelbaren Einfluß auf die Hoheitsaufgabe Abwasserbeseitigung in ihrem Territorium. Die über 25 Jahre dauernde zentralistische Betriebsführung ließ die bewährten deutschen Verwaltungsprinzipien in Vergessenheit geraten. Die zentralistische Leitung der einst hoheitlichen Aufgaben war bei dem Personal in den WAB-Betrieben und in den nachfolgenden Kapitalgesellschaften zu solch einem Inbegriff geworden, daß für die Kommunen eine Neuorganisation als immer stringender erforderlich wurde.

Die stürmisch einsetzende Investitionstätigkeit ab 1990 erforderte in den Kommunen die Schaffung von Satzungen, die Bearbeitung von Fördermittelbescheiden, die Erteilung von Genehmigungen, um nur einige Fakten zu nennen, ohne daß dafür Personal vorgehalten war. Das befand sich noch in den Kapitalgesellschaften, und deren Leitungsebene hatte für die neuen Verwaltungsaufgaben keine genügende Sensibilität. Im Gegenteil, die Bildung der Kapitalgesellschaften wurde nach 1990 als neue Chance angesehen, den Zentralismus auf dem Gebiet der Abwasserbeseitigung neu zu formieren und zu festigen. Die Verantwortung der Pflichtaufgabe Abwasserbeseitigung lag nach altem, für die fünf jungen Bundesländer nach neuem Recht, bei der Kommune, aber die Aufgabe wickelte unkontrollierbar ein Dritter ab, denn Verträge zur Aufgabenübertragung gab es nicht, ein juristisch pikantes Ergebnis der Entwicklung. Die Betriebsform WAB war, und das änderte sich mit der Umwandlung in eine Gesellschaft des privaten Rechts nicht, negativ belegt.

Zur Lösung der Pflichtaufgabe und der einsetzenden wirtschaftlichen Entwicklung mußten die Kommunen ihren unmittelbaren Einfluß wieder zurückerhalten. Es dauerte 3 Jahre, bis von außen der schwierige Prozeß der Rekommunalisierung juristisch zum Abschluß gebracht wurde. Daß es in Thüringen nur 3 Jahre dauerte, ist das Verdienst des Gemeinde- und Städtebundes Thüringen und seines Wirtschaftsberaters. Zu den Kommunen, die dabei federführend mitarbeiteten, zählt u.a. die heutige Landeshauptstadt Erfurt. Es war erforderlich, einen Verein aller Kommunen, die Eigentum in der Nachfolgegesellschaft der WAB-Betriebe hatten, zu bilden, allein mit dem Ziel, eine Entflechtung und Eigentumsübertragung durchzuführen. Diesen Weg sanktionierte ausdrücklich die Treuhand, die den Verein deswegen zum alleinigen Gesellschafter bestimmte.

Die Einschaltung einer Wirtschaftsberatungsgesellschaft wegen unterschiedlicher Standpunkte

Mit dem Aufbau der Ämter der Bauverwaltung im Jahre 1990 wurden sofort im Tiefbauamt drei Schwerpunktabteilungen

- Unterhaltung und Verwaltung der Straßen,
- Unterhaltung und Verwaltung der Kanäle bzw. der Kläranlage und
- Koordinierung aller Tiefbaumaßnahmen der Stadt

vorgesehen. Der Aufgabengliederungsplan, vom Oberbürgermeister im April 1991 in Kraft gesetzt, orientierte sich an dem Modellplan der kommunalen Gemeinschaftsstelle für Verwaltungsvereinfachung in Köln (KGSt) und bestätigte diese Zuordnung der Pflichtaufgabe der Abwasserbeseitigung. Daraufhin hat das Tiefbauamt die Federführung zur Bildung des Eigenbetriebes übernommen.

Demgegenüber gab es einen weit früheren Beschluß der Stadtverordnetenversammlung vom Juli 1990, der ganz allgemein die Stadtwerksbildung als Kapitalgesellschaft vorsah. Seinerzeit sollte auch Abwasser mit eingegliedert werden.

Es kam in Ausräumung dieser Widersprüche zu zahlreichen Konsultationen mit den Partnerstädten Mainz und Essen sowie mit der Stadt Kassel. Alle rieten von einer Zuordnung der Stadtentwässerung in einer Kapitalgesellschaft ab.

In Erfurt hatte sich unter einem Teil der Ratsmitglieder die Lobby für eine Kapitalgesellschaft soweit verfestigt, daß nur noch ein neutrales Wirtschaftsgutachten eine objektive Klärung der richtigen strukturellen Einordnung bringen konnte. Den Lobbyisten ist es zu verdanken, daß die Entscheidungen auf einem äußerst hohen Niveau der Abwägung geführt wurden.

Eine von den Partnerstädten empfohlene, bestens renomierte Wirtschaftsberatungsgesellschaft für die kommunalen Bereiche der Verwaltung sowie der Ver- und Entsorgung hat von der Stadtverwaltung den Auftrag erhalten, die Stadt Erfurt juristisch, technisch und kaufmännisch zu beraten. Diese Kombination der allseitigen Beratung sollte sich als überaus positiv erweisen. Unter den Bedingungen von Thüringen und der Landeshauptstadt kristallisierte sich für die Stadtentwässerung der Eigenbetrieb als die optimale Lösung heraus. Mitausschlaggebend waren die Erfahrungen des Eigenbetriebes der Partnerstadt Mainz.

Die Wirtschaftsberatungsgesellschaft fertigte nicht nur zwei sich ergänzende Gutachten, sondern erarbeitete zusätzlich
- die Eigenbetriebssatzung,
- die Entwässerungssatzung,
- die Abwassergebührensatzung,
- die langfristige Gebührenentwicklung,
- die Abschreibungsunterlagen nach einer vorgenommenen Umbewertung des Anlagevermögens,
- die Wirtschaftspläne für 1992, 1993 und 1994,
- den Personalbedarf,
- den Bericht über die Abschlußprüfung für das Geschäftsjahr 1993,
- die Vertragsmuster eines Einleitungsvertrages und eines Betriebsführungsvertrages für eventuell anzuschließende Nachbargemeinden.

Welche Gründe führten nun zum Eigenbetrieb:

1. Juristische Gründe

Eine privatrechtliche Organisation des Abwasserbetriebes stieß auf erhebliche Zwangspunkte durch den Gesetzgeber. Im Rahmen der seinerzeitigen gültigen vorläufigen Kommunalordnung für das Land Thüringen (VKO vom 11.06.1992) bestimmte §§ 57 und 57 a unzweideutig, daß der Gesetzgeber die Rechtsform wirtschaftlicher Unternehmen der Gemeinden in eine bestimmte Rangigkeit einordnet. Bevorzugt waren danach Unternehmensformen der Verwaltung ohne eigene Rechtspersönlichkeit, d.h. Eigenbetriebe. Erhärtet wurde das durch die zwingenden Bedingungen im § 57 a VKO, nach der die Gemeinde Unternehmen in einer Form des privaten Rechts nur gründen darf, wenn der öffentliche Zweck nicht ebensogut in einer Rechtsform des öffentlichen Rechts, insbesondere durch einen Eigenbetrieb der Gemeinde erfüllt werden kann. Die Bevorrechtung der Rechtsform "Eigenbetrieb" war damit vom Gesetzgeber festgelegt. Es müßten also ganz erhebliche wirtschaftliche Überlegungen gegen einen Eigenbetrieb sprechen, wenn eine private Rechtsform von der Rechtsaufsichtsbehörde genehmigt werden sollte. Das Thüringer Landesverwaltungsamt hatte gegen die Durchführung der Abwasserentsorgung durch einen städtischen Eigenbetrieb im Sinne des § 58 VKO keine Bedenken, nachdem die Unterlagen der von der Stadt Erfurt beauftragten Wirtschaftsberatungsgesellschaft zur Einsicht und Prüfung übergeben wurden. Die heute gültige Thüringer Kommunalordnung (ThürKO) vom 16.08.1993 erfordert keine juristische Neuinterpretation.

2. Sachliche Gründe

Es dürfte wegen der schon damals bestehenden Gebührenbelastung der Bürger der Stadt kaum verständlich sein, daß bei den riesigen, bevorstehenden Investitionen auf dem Abwassersektor daraus noch ein privatrechtlich organisiertes Unternehmen einen Gewinn zieht.

Zugleich - und das ist ausdrücklich hervorzuheben - muß bedacht werden, daß es sich bei den Anlagen der Stadtentwässerung, neben den Verkehrsanlagen, um die dominantesten technischen Anlagen für die Stadtentwicklung in unmittelbarer städtischer Verantwortung handelt.

Nichts dürfte für die weitere städtische Entwicklung so bestimmend sein, wie die weitere Erschließung städtischer Gebiete mit Abwasseranlagen und die weitergehende Abwasserreinigung im zentralen Klärwerk.

Die räumliche und zeitliche Koordinierung der künftigen städtischen Wohn- und Gewerbegebiete in ihrer Existenz und in ihrer Errichtung bestimmt in Bezug auf Verkehrsanlagen und Abwasseranlagen ein städtisches Amt, das Tiefbauamt. Das sollte sich die Stadt nicht aus ihrer **unmittelbaren** Einflußnahme nehmen lassen. Eine solche direkte und unmittelbare Einflußnahme könnte in einem Konzessionsvertrag gegenüber einem privatrechtlich organisierten Unternehmen niemals hergestellt werden.

Da in Erfurt eine Abwasserbehandlungsanlage und weitestgehend Abwasserkanalnetze bestehen, entfällt auch das Argument, eine privatrechtliche Organisationsform der Stadtentwässerung nur zum Zwecke der Nivellierung des finanziellen Aufwandes zu benutzen. Der Eigenbetrieb bietet zumindest die gleichen Vorteile:

. Ein Eigenbetrieb ist ein organisatorisch und finanztechnisch von der Verwaltung verselbständigter Betrieb.
. Die Betriebsführung erfolgt nach betriebswirtschaftlichen Grundsätzen.
. Die Rechnungslegung hat nach den Grundsätzen kaufmännischer Buchführung zu erfolgen.
. Rechtsgrundlagen sind die städtischen Dienstanweisungen und Satzungen.
. Der Eigenbetrieb arbeitet auf der Grundlage eines Wirtschaftsplanes.
. Nur der sich bei der Jahresendabrechnung ergebende Reinertrag oder Verlust wird in den Haushalt der Gemeinde eingestellt.

Nicht außer acht gelassen werden darf bei all diesen Überlegungen, daß, unbeschadet aller Weiterdelegierung der Aufgaben auf privatrechtliche Organisationsformen, die hoheitliche Verantwortung für die Abwasserbeseitigung allein bei der Verwaltung liegt. In Erfurt müßten für diese Pflichtaufgabe etwa 22 Stellen in der Verwaltung vorgehalten werden.

3. Kaufmännische Gründe

Die Abwasserbeseitigung zählt bis heute noch zu den Hoheitsbetrieben, die keinen Betrieb gewerblicher Art begründen. Es ist zu beachten, daß bei gleicher Aufgabenwahrnehmung durch einen Betrieb in privater Rechtsform eine gewerbliche Tätigkeit vorliegt, die der Besteuerung nach Substanz und Ertrag unterliegt. Damit sind Körperschafts-, Gewerbe-, Vermögens- und Umsatzsteuern unabwendbar. Die Zusammenfügung eines Betriebes gewerblicher Art (Wasserversorgung) mit einem Hoheitsbetrieb (Abwasserbeseitigung) zur Verrechnung von Gewinnen und Verlusten wird bis heute steuerlich nicht anerkannt. Das Rechnungswesen müßte für beide Sparten getrennt gestaltet werden.

Die von der Stadt Erfurt beauftragte Wirtschaftsberatungsgesellschaft sollte durch vergleichende Berechnungen nachweisen, in welcher Höhe sich die Abwassergebühr bzw. das Abwasserentgelt in Abhängigkeit von der gewählten Organisationsform des Entwässerungsbetriebes unterscheidet. Die Basis war ein Wirtschaftsplan. Die Gebührenbedarfsberechnung wurde für den Eigenbetrieb und die Eigengesellschaft getrennt durchgeführt. Es wurden auch die Auswirkungen eines Betreibermodells untersucht.

Die vorgenommene Gegenüberstellung der zu erwartenden Gebühren für die unterschiedlichen Organisationsformen berücksichtigte die üblichen Sätze für die Eigenkapitalverzinsung. Im Ergebnis sind bei einem privatrechtlich organisierten Entwässerungsbetrieb um ca. 40 % höhere Gebühren zu erwarten. Die Gebührendifferenz betrug bei der Vergleichsrechnung 0,64 DM/m³. Der Wirtschaftsberater empfahl daraufhin der Stadt Erfurt, den Abwasserbetrieb als Eigenbetrieb der Stadt zu führen. Diesem Betrieb sollten die Aufgaben der Abwasserableitung, Abwasserbehandlung und Klärschlammentsorgung übertragen werden, in der Einheit von technischer und kaufmännischer Betriebsführung. Innerhalb dieser Betriebsform kann sich die Stadt für die Erfüllung von Teilaufgaben privater Dritter bedienen.

Weiterhin wurde empfohlen, vorläufig eine einheitliche Abwassergebühr für Schmutz- und Niederschlagswasser zu erheben. Von einer Beitragserhebung sollte abgesehen werden, da rechtliche Bedenken bestehen, ob bei den derzeitigen Unterlagen für die Kalkulation von Beiträgen eine Beitragsberechnung möglich ist, die einer gerichtlichen Prüfung standhält.

Organisationsstruktur und Entscheidungsprozesse des Eigenbetriebes

Der Eigenbetrieb ist organisatorisch in 4 Sachgebiete unterteilt. Es handelt sich um

- die kaufmännische Verwaltung mit 9 Beschäftigten
- das Kanalnetz mit 44 Beschäftigten
- die Kläranlage mit 41 Beschäftigten

und

- das Labor mit 8 Beschäftigten

Zusätzlich gibt es in der Abteilung Bauvorbereitung und Baudurchführung des Tiefbauamtes 8 Stellen, die aus dem Sonderhaushalt des Eigenbetriebes bezahlt werden. Die Investitionen der Straße, der Kanäle und der Kläranlage stehen damit unter einer gemeinsamen Leitung und werden koordiniert vorbereitet und durchgeführt. Weitere 2 Stellen, die aus dem Sonderhaushalt des Eigenbetriebes bezahlt werden, sind dem Leitungskataster, über das die Stadt Erfurt verfügt, zugeordnet. Es gibt dadurch im Tiefbauamt eine zentrale Kartenstelle. In der Summe wurden 1993 aus dem Haushalt des Entwässerungsbetriebes 114 Stellen besoldet. Weitere Arbeiten der Ämter der Stadt werden jährlich über den Leistungsaustausch zwischen Eigenbetrieb und der Stadt sowie zwischen der Stadt und dem Eigenbetrieb finanziell ausgeglichen. Die Ausgleichssumme zu Gunsten der Stadt und zu Lasten des Eigenbetriebes betrug 1994 970 TDM. Somit ist der Eigenbetrieb voll in die Stadtverwaltung eingebunden und partizipiert von deren Arbeitsteilung.

Das ist einer der wesentlichsten Synergieeffekte, der zur Entlastung des Stadthaushaltes führt.

Die Führungs- und Leitungsfunktionen des Eigenbetriebes sind auf 4 Organe verteilt, nämlich den Oberbürgermeister, die Werkleitung, die Stadtverordnetenversammlung und den Werkausschuß. Das steht in Übereinstimmung mit der Eigenbetriebsverordnung des Landes Thüringen (ThürEBV vom 15. Juli 1993).

Die Werkleitung besteht aus zwei Werkleitern. Zum "Ersten Werkleiter" wird der jeweilige Leiter des Tiefbauamtes bestimmt. Die Entscheidungskompetenz der Werkleitung ist umfassender als die eines Amtsleiters im Regiebetrieb, das drückt sich aus in der Vertretungsbefugnis bei Rechtsangelegenheiten und bei den laufenden Geschäften.

Der Werkausschuß ist ein bündelnder und beschließender Ausschuß, der wesentlich die Stadtverordnetenversammlung entlastet und somit zur flexibleren Entscheidungsfindung beiträgt.

Der Wirtschaftsplan des Entwässerungsbetriebes

Der Wirtschaftsplan besteht aus dem Erfolgsplan und dem Vermögensplan.

Der Erfolgsplan ist mit seinen Einnahmen und Ausgaben ausgeglichen. Die Abwassergebühr wurde als Einheitsgebühr auf der Basis Frischwasser jährlich kalkuliert. Es gibt keinen Gebührenunterschied zwischen am Kanalnetz angeschlossenen oder durch Klärgruben bzw. Kleinkläranlagen entwässerten Grundstücken. Für letztere gilt der gleiche Abrechnungsmodus. Dafür werden die Fäkalien bzw. die Schlämme aus Kleinkläranlagen vom Entwässerungsbetrieb auf dessen Kosten entsorgt. Die Stadt beteiligte sich 1993 und 1994 an den Kosten der Regenwasserableitung der Öffentlichen Straßen, Wege und Plätze in Höhe von 2,1 MioDM.

Die Abschreibungen werden auf der Grundlage von Wertermittlungen nach linearen Abschreibungsmethoden auf der Basis des Wiederbeschaffungswertes ermittelt. Die dabei angewandten Abschreibungssätze entsprechen den fachtechnisch festgesetzten Nutzungsdauern, die im Bundesgebiet Anwendung finden. Die Abwasserabgabe in Höhe von rd. 4,1 MioDM soll mit Investitionsmaßnahmen jährlich verrechnet werden.

Eine weitere Zahl soll noch hervorgehoben werden. Da der Eigenbetrieb für 1993 die kaufmännische Geschäftsführung zum größten Teil noch bei der Nordthüringer Wasserversorgung und Abwasserbehandlung GmbH auf vertraglicher Basis durchführen lassen mußte, waren dafür 1,3 MioDM als sonstige betriebliche Aufwendungen zu verbuchen. Dieser Betrag ist 1994 größtenteils entfallen, weil inzwischen die kaufmännische Geschäftsführung systematisch selbst übernommen wurde. Heute wird sich nur noch eines Rechners im Zuge des outsourcings bedient.

Kernstück des Vermögensplanes sind die Investitionen und Ausrüstungen. Diese belaufen sich jährlich auf etwa 35 MioDM. Zunächst liegt der Schwerpunkt auf dem Anschluß von peripheren Ortsteilen. Für die Jahre 1996 bis 1999 ist eine Verschiebung zu Gunsten der Erweiterung und Sanierung des Klärwerkes um die dritte Reinigungsstufe geplant. Es muß jährlich als Neuverschuldung ein Kredit von etwa 15 bis 25 MioDM per Ausschreibung aufgenommen werden. Diese Kredite werden nicht in die Gesamtverschuldung der Stadt einberechnet, was als ein wesentlicher Entlastungsfaktor des Stadthaushaltes anzusehen ist. Fördermittel des Thüringer Umweltministeriums werden nur in geringer Höhe von etwa 2,0 MioDM/Jahr gewährt. Insgesamt konnten die Investitionen 1993 gegenüber dem Jahr 1992, in jenem Jahr war noch die Nordthüringer Wasserversorung und Abwasserbehandlung GmbH zuständig, verdoppelt werden.

Die Gebührenentwicklung des Eigenbetriebes

Mit der Einrichtung des Eigenbetriebes im Jahre 1993 konnte zunächst die Gebühr gegenüber dem Entgelt der Nordthüringer Wasserversorgung und Abwasserbehandlung GmbH gesenkt werden. Das ist ein folgerichtiger Schritt im Zusammenhang mit der Veränderung der Organisationsform von einem privatwirtschaftlichen Unternehmen zu einem Eigenbetrieb der Stadtverwaltung. Das drückt sich deutlich in der Gebührenentwicklung aus, die wesentlich von einem jährlichen Investitionsvolumen mit rd. 35 MioDM bestimmt wird.

Gebührenübersicht

	1992*)	1993	1994	1995
. Kosten		29,3	34,7	37,5
. Abwassermenge in m^3	15,2	12,2	12,5	12,9
. Gebühr DM/m^3	2,68	2,11	2,44	2,67

*) Entgelt der NWA GmbH

Überlegungen *zur Einschaltung privater Dritter*

Die Einschaltung privater Dritter für Teilaufgaben ist von elementarer strategischer Bedeutung. Deshalb mußte für jedes Einzelgebiet eine besondere Abwägung erfolgen. Die Wirtschaftsberatungsgesellschaft hat auch dabei geholfen.

Das Personalkonzept des Eigenbetriebes wurde schlank gehalten. Alle notwendigen zweifelsfrei grundsätzlichen produktiv/technischen Aufgaben werden vom Eigenbetrieb selbst erledigt. Arbeitsspitzen sind durch die Einschaltung Dritter abzufangen. Einige Beispiele seien aufgeführt:

- Die Fäkalabfuhr oder die Entleerung der Rückstände aus den Kleinkläranlagen ist infolge des Anschlußprogrammes rückläufig. Deshalb wurde entschieden, keine eigene Kapazität für einen Interimszeitraum aufzubauen, sondern die Stadtwerke Erfurt, Stadtwirtschaft GmbH, für ein heutiges Auftragsvolumen von rd. 1,0 MioDM/a zu beauftragen.

- Ein entgegengesetzter Weg wurde bei der Reinigung der Straßeneinläufe beschritten. Vor der Wendezeit erledigte das ein Stadtwirtschaftsbetrieb. Deshalb übernahmen diese Arbeit auch die Stadtwerke bei deren Bildung. Wirtschaftliche Untersuchungen zeigten, der Eigenbetrieb kann gegenüber den privatwirtschaftlich organisierten Stadtwerken kostengünstiger arbeiten und die Neuanschaffung von 2 Spezialfahrzeugen ist gerechtfertigt. Somit wird die Reinigung der Straßeneinläufe zwecks Kosteneinsparung nicht mehr vergeben, von Spitzenanforderungen abgesehen.

- Für die Kanalinspektion und Bauabnahme wird nur eine Kanal-TV-Kamera in eigener Regie betrieben. Über das Leistungsvermögen hinausgehende Anforderungen werden vergeben. Es ist aber wichtig, die Kontrolle nicht total aus den Händen zu geben.

- Das Tiefbauamt schreibt Jahresunterhaltungsleistungen zur Straßen- und Kanalunterhaltung, für Reparaturen und für Kleininvestitionen (Hausanschlüsse) aus und vergibt diese an Privatunternehmen. Es wird nur soviel eigenes gewerbliches Personal vorgehalten, um sicher auf Notstände reagieren zu können und einen Grundbedarf zu sichern. Die Synthese von Straße und Kanal bewährt sich, die Straßen- und Kanalmeister arbeiten Hand in Hand.

- Die Abfuhr von Klärschlamm, Rechengut und Sandfangrückstand wird ausschließlich von Privatunternehmern vorgenommen.

- Die Behandlung und Abfuhr der Rückstände aus Leichtflüssigkeits- und Fettabscheidern ist ebenfalls Privatunternehmen überlassen.

- Auf Grund der Mangelwirtschaft während der DDR-Zeit wurden viele Handwerker eingestellt, um im Niveau einer Manufaktur den Betrieb in Form einer Selbsthilfe aufrecht zu erhalten. Der Handwerkerstand wurde weitestgehend ausgedünnt. Über fremde Instandhaltung durch Handwerksbetriebe kann kostengünstiger verfahren werden.

Aber auch bei den Investitionen werden weitgehend private Büros eingeschaltet. Der Eigenbetrieb befaßt sich selbst im wesentlichen mit dem Management.

- Der Generalentwässerungsplan wird in eigener Regie erarbeitet und laufendgehalten, sonst würde eine Fremdbestimmung durch ein Ingenieurbüro befürchtet. Ziel ist es, nach der HOAI ab Planungsphase 3 die Aufträge zu vergeben. Als Ausnahme gilt das Klärwerk, das von einem Ingenieurbüro durchgängig beplant wird.

- Die Planungsleistungen werden an Ingenieurbüros vergeben, bis hin zur Bauüberwachung. Das Tiefbauamt wird nur oberbauleitend tätig. Über harte und konsequente Vertragsgestaltung wird die Qualitätssicherung durchgesetzt. Ein Büro erhält gleichzeitig höchstens zwei Planungsgroßaufträge, um einen Konkurrenzlevel zu erhalten. Im Baumanagement des Tiefbauamtes wird der Kanalbau und der Straßenbau als Einheit betrachtet.

- Die Erschließung von Wohn- und Gewerbegebieten wird per Erschließungsvertrag privaten Investoren vollständig übertragen. Das Tiefbauamt wird begleitend tätig und erhebt die Erschließungsbeiträge. Unter Begleitung wird verstanden:

. Festlegung des planenden Büros (es muß das Vertrauen des Tiefbauamtes haben)
. Bestätigung der geplanten Lösung
. Ausschreibung nach VOB (sonst können keine Fördermittel eingesetzt und Erschließungsbeiträge erhoben werden)
. Abnahme der Bauleistungen (Qualitätskontrollen)
. Übergabe/Übernahme
. Fördermittelbearbeitung
. Bearbeitung der Erschließungsbeiträge

Zukünftige Aufgaben des Entwässerungsbetriebes

Das Jahr 1993 wurde benötigt, um den Eigenbetrieb "zum Laufen" zu bringen und in die arbeitsteilige Verwaltung der Stadt einzubinden. Die Absicherung des Gebühreneinzuges stand an erster Stelle. Weiterhin war auch sofort das Anschlußwesen straff zu organisieren.

Die nach Abschluß dieser Einarbeitungsphase wichtigsten Aufgaben sind u.a.:

- Anlauf der Generalentwässerungsplanung in eigener Regie.
- Die Diagnose des gesamten Kanalnetzes ist nach den einschlägigen Vorschriften auf 100 km/a auszudehnen. Dabei gelten die Trinkwasserschutzzonen (18% des Stadtterritoriums) als besonderer Schwerpunkt.
- Lang- und mittelfristige Sanierungs- und Investitionskonzepte und deren Finanzierung werden dringend erforderlich.
- Das Klärwerk erfordert ständige Verbesserungen, besonders bei den Ausrüstungen und bei der Steuerung, damit es auf das heute übliche technische Niveau gebracht wird. Der Sanierungsbescheid für die dritte Reinigungsstufe ist eingegangen. Spätestens am 01.01.1999 hat die sanierte Kläranlage den Betrieb aufzunehmen.
- Mit der Gemeinde- und Gebietsreform sind die Probleme der Abwasserbeseitigung von 18 ehemals selbständigen politischen Gemeinden, das sind 26 Orte, zu lösen. Diese früher in abwassertechnisch anderen Strukturen gegliederten Gemeinden haben sich hoch verschuldet, um Kanäle und Klärwerke zu bauen, die oftmals den Qualitätsanforderungen der Stadt Erfurt nicht genügen.
- Mit der Inkraftsetzung des Thüringer Wassergesetzes sind für 83 km Vorfluter 2. Ordnung die Unterhaltungsarbeiten zu übernehmen und abzusichern. Diese Arbeit wird logistisch dem Eigenbetrieb zugeordnet, aber aus dem allgemeinen Haushalt der Stadt finanziert.
- Die schwierigste der zukünftigen Aufgaben dürfte die Investitionstätigkeit darstellen. Wie hoch die finanziellen Anforderungen der Stadt im heutigen Territorium sind, wurde mit Vorsicht hochgerechnet. Sie sollen zur Charakterisierung der Lage genannt werden:

	MioDM
. Anschluß von 20 Ortsteilen und Siedlungen aus dem alten Stadtgebiet (vor der Eingemeindung) an das zentrale Abwassernetz	200
. Anschluß von 3 Ortsteilen in der Schutzzone der Trinkwasserversorgung an das Kanalnetz	40
. 3. Reinigungsstufe im Klärwerk Kühnhausen	80
. Ausbau verschiedener Hauptsammler	40
. Sanierung von schätzungsweise 150 km Kanalnetz durch Neubau oder Innensanierung	120
. Bau von Regenüberlaufbecken (ca. 30 Stück)	70
. Neuanschluß von Gewerbe- und Wohngebieten	20
. Ausrüstungen	5
. Bauhof	4
. Ortskanalisationen, Überleitungssammler und Pumpwerke für die eingemeindeten Ortsteile	170
Gesamt (in MioDM) rd.	750

Es wird aus diesen Zahlen klar ersichtlich, die vergangenen und versäumten Jahre des Raubbaues lassen sich kurzfristig nicht kompensieren. Wir werden 15 bis 20 Jahre benötigen, um eine moderne Stadtentwässerung aufgebaut zu haben.

Schlußbetrachtungen

Die Landeshauptstadt Erfurt hatte nach der Wende die Chance eine leistungsfähige Stadtentwässerung wieder aufzubauen. Das ist geglückt. Es war eine "Herkulesaufgabe". Die Entscheidungsträger hatten zur Abwägung eindeutige Grundlagen in die Hände bekommen. Der Eigenbetrieb ist für die Stadt eine zeitgemäße Betriebsform zur Erfüllung der Aufgabe Abwasserbeseitigung. Die Organisationsstrukturen konnten flexibel gestaltet werden, der Querverbund zu den Ämtern hilft Kosten sparen, die Kreditbedingungen sind günstig, das Personal bekam wieder eine echte Motivierung, die Investitionen werden effizient, schnell und kostengünstig geplant und umgesetzt, und die Gebühren liegen lt. jüngster ATV-Umfrage unter nahezu 1000 Kommunen und Zweckverbänden im unterdurchschnittlichen Bereich.

Auch eine Stadtverwaltung kann Fähigkeiten zur unternehmerischen Flexibilität voll zur Entfaltung bringen. Es ist generell nicht zutreffend, daß nur private Betriebsführer ausreichende Qualifikationen und ausreichendes Know-how besitzen. Eine dynamisch verwaltete Stadt ist zumindest gleichgestellt. Die günstigste Betriebsform kann immer nur durch Analyse mit anschließender juristischer, sachlicher, kaufmännischer, umweltpolitischer und sozialer Betrachtung der Alternativen sorgfältig abgewogen werden. Dabei ist mit gesunder Skepsis zu Werke zu gehen.

Die Stadt Erfurt hat ihr hoheitliches Monopol nicht in ein privates Monopol umgewandelt und damit ihren kommunalen Einfluß erhalten. Mit dem Eigenbetrieb ist eine flexible, effiziente, schnell reagierende und kostengünstige Realisierung aller Aufgaben möglich geworden.

Vergleichende Betrachtungen zwischen kommunalen und privatwirtschaftlichen Modellen, dargestellt am Bau und Betrieb eines großen Klärwerks

Joachim Wacker

Vorbemerkung

Kurzbeschreibung möglicher Organisationsmodelle im Bereich der Stadtentwässerung

Praxisbeispiel Darmstadt

1. Stichwort: Organisation der Arbeit

2. Stichwort: Entscheidungen

3. Stichwort: Personal

4. Stichwort: Finanzierung

Zusammenfassung

Die Stadtentwässerung war in der Vergangenheit fast ausschließlich eine Aufgabe der öffentlichen Hand. Mitte der 80er Jahre setzte man erstmals praktische Überlegungen an, um diese Organisationsform zu verändern. Dies geschah im Land Niedersachsen, wo mit Unterstützung der Landesregierung erste privatwirtschaftliche Lösungen entstanden.

Mittlerweile hat sich eine Fülle von Alternativen bei dieser Organisationsform ergeben. Nachfolgend sollen einige beispielhaft beschrieben werden.

Regiebetrieb

Die am weitesten verbreitete Organisationsform ist der sogenannte Regiebetrieb. Hierbei ist die Aufgabe einer Abteilung der Kommunalverwaltung oder einem Amt übertragen. Der Vorteil des Regiebetriebes liegt darin, daß die Kommunalpolitik zu jeder Zeit Einfluß nehmen kann auf die Planung und den Bau von Abwasseranlagen. Ein Nachteil besteht darin, daß die Investitionen des Regiebetriebes den Gesamthaushalt belasten und damit die Finanzierungsmöglichkeiten in anderen Bereichen einschränken.

Eigenbetrieb

Der Eigenbetrieb wird auf der Basis der jeweils landeseigenen Eigenbetriebsgesetze gegründet. Die Stadtentwässerung wird organisatorisch aus der Verwaltung ausgegliedert und hat die Aufgabe, eine eigene kaufmännische Betriebsführung zu gewährleisten. Die Entscheidungen werden in einem sogenannten Werksausschuß getroffen, in dem zum Teil auch Kommunalpolitiker sitzen. Beim Eigenbetrieb verbleibt aber eine starke Einbindung in die Verwaltung, so z. B. im Bereich des Personalwesens, soweit es sich um Einstellungen oder Bewertungen von Arbeitsplätzen handelt.

Die Entsorgungsgesellschaft

Bei der Entsorgungsgesellschaft handelt es sich in der Regel um Abteilungen innerhalb von Versorgungsunternehmen, die in der Form der GmbH oder der AG organisiert sind, wobei sie mehrheitlich im Besitz der öffentlichen Hand sind. Bei der Entsorgungsgesellschaft wird die Aufgabe der Stadtentwässerung mit Hilfe unternehmerischer Strukturen durchgeführt.

Das Betreibermodell

Das Betreibermodell, das in Niedersachsen entwickelt wurde, beinhaltet die Ausschreibung von Planung, Finanzierung, Bau und Betrieb als Gesamtleistung. In dem Angebot wird ein Preis pro m^3 Abwasser möglicherweise als Festpreis genannt.

Das Kooperationsmodell

Das Kooperationsmodell ist eine Weiterentwicklung des Betreibermodells. Es wird eine Gesellschaft gegründet, an der die öffentliche Hand mehrheitlich beteiligt ist. Diese Gesellschaft beauftragt ihrerseits nun wieder Gesellschaftspartner oder Dritte mit Planung, Bau und Betrieb der Anlage.

Der Abwasserverband

Der Abwasserverband ist eine öffentlich-rechtliche Körperschaft und in vielen Fällen eine Organisationsform beim Zusammenschluß von mehreren Gemeinden, die zentrale Klärwerke und Kanalsysteme betreiben.

Sonstige Beispiele für Organisationsformen sind Entwicklungsgesellschaften, wie sie z. B. schon häufig bei der Erschließung von Gewerbegebieten oder neuen Städten eingesetzt wurden. Auch die Möglichkeit im Rahmen von Konzessionsverträgen zu arbeiten, hat sich in der letzten Zeit entwickelt. Die erweiterte Ausschreibung schließlich, die nicht nur den Bau der Anlage beinhaltet, sondern zusätzlich auch den Betrieb sowie die Finanzierung und die Projektabwicklung, ist eine weitere Möglichkeit.

Es gibt sicherlich noch andere organisatorische Ideen. Festzuhalten bleibt, daß sich hier eine große Vielfalt, vor allem in den letzten 5 Jahren entwickelt hat, was sicherlich auch daran liegt, daß die Aufgaben in den neuen Bundesländern hinzugekommen sind und dort die kommunalen Strukturen, wie in den alten Bundesländern, nicht vorhanden waren.

Wie soll man nun für den Einzelfall entscheiden, welches Modell das richtig ist. Eine Möglichkeit besteht darin, daß man sich an bereits praktizierten Modellen orientiert und in diesem Zusammenhang soll heute über das Praxisbeispiel Darmstadt berichtet werden.

Praxisbeispiel Darmstadt

Ähnlich wie in vielen anderen Großstädten in Deutschland, begann die Beschäftigung mit der Abwasserbeseitigung Mitte des vorigen Jahrhunderts. Zunächst galt es Kanäle zu bauen, um das Abwasser in Bereiche außerhalb der Stadt zu transportieren. Ab Ende des vorigen Jahrhunderts entstanden erste Abwasserreinigungsanlagen, wie z. B. in Frankfurt am Main. 1886 wurde so z. B. in Darmstadt das Tiefbauamt gegründet, das seit dieser Zeit für die Stadtentwässerung verantwortlich ist. Mehr als 100 Jahre hat sich in diesem Bereich auch hinsichtlich der organisatorischen Eingliederung so gut wie nichts verändert. Erst nach 103 Jahren kam es zu einer großen Veränderung, denn die Stadt verkaufte im Jahr 1989 ihre Klärwerke an die Südhessische Gas und Wasser AG. Die Südhessische Gas und Wasser AG ist eine städtische Tochtergesellschaft, die auch andere Aufgaben im Bereich der Ver- und Entsorgung für die Stadt übernommen hat, so z. B. den Betrieb eines Müllheizkraftwerkes, die Gasversorgung und die Wasserversorgung in Darmstadt und in der Region sowie verschiedene Fernheizwerke.

Bei der SÜDHESSISCHEN sind etwa 750 Beschäftigte tätig, davon etwa 70 im Bereich der Abwasserreinigung. Nach dem Verkauf der Klärwerke verblieb das Kanalnetz im Zuständigkeitsbereich der Stadt. Die Schnittstelle zwischen Kanalnetz und Klärwerken ist im praktischen Betrieb unproblematisch.

Die Lösung in Darmstadt ergab sich aufgrund der Notwendigkeit, ca. 280 Mio. DM für den Ausbau der beiden Klärwerke zu finanzieren.

In Anbetracht der angespannten Finanzsituation, die heute ja generell alle großen Städte betrifft, hätte die Finanzierung dieser Klärwerksprojekte dazu geführt, daß Kreditaufnahmen für andere Bereiche nicht mehr möglich gewesen wären.

Die Kreditaufnahmemöglichkeit einer Kommune ist begrenzt. Sie wird von der Kommunalaufsicht festgelegt und orientiert sich in der Regel an der vorhandenen Pro-Kopf-Verschuldung bzw. der Neuverschuldung.

Die Überlegungen zur Privatisierung der Abwasserreinigung haben in Darmstadt aber eine Vorgeschichte, die bis in das Jahr 1981 zurückreicht. Bereits damals, als es um den Neubau des kleineren der beiden Klärwerke ging, wurden Überlegungen angestellt, unter Umständen die Finanzierung dieser Maßnahme durch die Südhessische Gas und Wasser AG durchführen zu lassen. Dies scheiterte jedoch an formalen und rechtlichen Gründen.

Der Gedanke der Änderung der Organisationsform ging jedoch nicht ganz verloren und tauchte dann 1986 in einer Koalitionsvereinbarung im Stadtparlament wieder auf, wobei man zu diesem Zeitpunkt bereits erste Erkenntnisse hatte, in welch großem Umfang die Klärwerke auszubauen sind und wie groß der Finanzbedarf in etwa werden würde.

1988, nachdem der Regierungspräsident schließlich einen Sanierungsbescheid für den Bau der Klärwerke erlassen hatte, wurden dann in nur 6 Monaten die erforderlichen Verhandlungen geführt und die Vertragswerke wurden von der Kommunalaufsicht genehmigt. Die Klärwerke wurden an die SÜDHESSISCHE verkauft, das in den Klärwerken arbeitende Personal wechselte ebenfalls zur SÜDHESSISCHEN. Die Grundstücke wurden der SÜDHESSISCHEN für den Bau des neuen Klärwerks auf der Basis von Erbbaurechtsverträgen zur Verfügung gestellt.

Die unterschiedlichen Erfahrungen bei Planung, Bau und Betrieb von Klärwerken oder anderen Anlagen der Abwasserbeseitigung stützen sich bei mir auf eine 10jährige Praxis als Abteilungsleiter im Tiefbauamt und eine 5 1/2jährige Praxis als Leiter der Hauptabteilung Abwasser- und Klärtechnik bei der SÜDHESSISCHEN. Da ich in beiden Systemen langjährig gearbeitet habe, kann ich meinen persönlichen Eindruck über die Unterschiede heute anhand einiger Stichworte darstellen. Die nachfolgenden Betrachtungen sind subjektiv, sie nehmen Bezug auf die oben beschriebenen eigenen Erfahrungen sowie auf die Erfahrungen von vielen Kollegen, mit denen ich seit fast 10 Jahren einen Erfahrungsaustausch durchführe. Es handelt sich dabei um die Leiter von Bauämtern und Betriebsleitern von Klärwerken in kleineren Städten im Bereich des RP-Bezirks Darmstadt, wobei der Erfahrungsaustausch von der ATV organisiert wird.

1. Stichwort: Organisation der Arbeit

Bei der Betrachtung der Möglichkeiten für die Organisation der Arbeit in der Verwaltung oder in der Privatwirtschaft muß man feststellen, daß es in der Verwaltung sehr schwierig ist, eine Organisation zu schaffen, die den Aufgaben angepaßt ist. Es ist sehr schwierig, vorhandene Strukturen in der Verwaltung zu verändern, vor allem wenn dies in Anbetracht eines anstehenden Projektes nur für eine begrenzte Zeit sein muß.

Eine der Verantwortung entsprechende und nur für eine bestimmte Zeit besonders zu bewertende Tätigkeit läßt sich tarifrechtlich nur sehr schwer umsetzen.

Die Verwaltung ist bestimmt durch die Vorgaben aus den Haushaltsplänen, den Stellenplänen, Geschäftsverteilungsplänen und durch Verwaltungsregeln, die in vielfältiger Form existieren und ständig fortgeschrieben werden.

Die genannten Pläne schreiben in sehr deutlicher Form das verwaltungsmäßige Handeln vor und verhindern in vielen Fällen eine angepaßte Handlungsweise. So werden z. B. in vielen Städten eigene Planungsabteilungen vorgehalten, obwohl die Auslastung dieser Mitarbeiter direkt von der politischen Willensbildung im Rahmen der Haushaltspläne abhängig ist. Wenn also entsprechende Haushaltsmittel abgeplant werden, obwohl damit Projekte finanziert werden sollten, dann gibt es für die zur Verfügung stehenden Beschäftigten in der Regel keine andere Arbeit. Der Stellenplan gibt eine bestimmte Struktur der Organisation vor, wonach sich dem Amtsleiter ein Abteilungsleiter, ein Sachgebietsleiter und weitere Sachbearbeiter unterzuordnen haben.

Eine Delegation von Verantwortung, die ich zugleich als einen wesentlichen Unterschied der Arbeit in der öffentlichen Verwaltung und der Arbeit in der Privatwirtschaft betrachte, ist in der öffentlichen Verwaltung nur sehr schwer vorzunehmen.

Für uns war es beispielsweise im Bereich der öffentlichen Verwaltung nicht möglich, eine spezielle Arbeitsgruppe zu bilden, die sich mit dem Projekt Zentralklärwerk beschäftigen sollte. Da ein Projekt dieser Größenordnung jedoch das gesamte Interesse der verantwortlichen Mitarbeiter auf sich zieht, hätte es nicht neben anderen Routineaufgaben abgewickelt werden können.

An dieser Stelle ein kurzer Hinweis auf die gegebene Situation und den Projektumfang. Die Stadt Darmstadt hat 137.000 Einwohner und beherbergt etwa 100.000 Arbeitsplätze in 650 Betrieben. Das Kanalnetz der Stadt umfaßt 540 km, das Abwasser wird in zwei Klärwerken mit 50.000 bzw. 300.000 Einwohnerwerten gereinigt. Außerdem werden 14 Abwasserpumpwerke und 3 Regenüberlaufbecken betrieben. Der Bauherr ist die Südhessische Gas und Wasser AG. Die Veranlassung zum Bau ist die Forderung nach der Realisierung der weitergehenden Abwasserreinigung mit Stickstoff- und Phosphorelimination. Außerdem wird eine Klärschlammtrocknung und ein Blockheizkraftwerk gebaut. Die Baukosten belaufen sich auf 240 Mio. DM, als Bauzeit sind 3 ½ Jahre vorgesehen. Die Gesamtfläche des Baufeldes umfaßt ca. 14 ha.

Die Projektorganisation im Bereich der Privatwirtschaft sieht bei dem oben beschriebenen Projekt so aus, daß eine Arbeitsgruppe besteht, die sich mit Planung und Bau von zwei Klärwerken im Gesamtwert von ca. 280 Mio. DM beschäftigt.

Die Projektgruppe wird von lediglich 3 Projektleitern gebildet, einer kümmert sich um die gesamte vertragliche Abwicklung im Planungsbereich (zur Zeit ca. 290 Planungsaufträge) und 2 Mitarbeiter kümmern sich um die Projektleitung im Bereich der Projektsteuerung und der Bauabwicklung.

Unterstützt wird die Arbeit der Projektgruppe durch verschiedene Ing.-Büros, insbesondere durch eine Projektsteuerung, die jedoch vom Bauherrn selbst geleitet wird. Das Ing-Büro liefert die Dokumentation, die vergleichende Termin- und Kostenkontrolle sowie ein sogenanntes Baubuch, das alle wichtigen Vorgänge des Projektes enthält.

Zwei weitere Ing.-Büros haben die planerische Aufgabe übernommen sowie die Aufgabe der Bauoberleitung und der örtlichen Bauüberwachung.

Mit weiteren 10 Ing.-Büros werden Spezialaufgaben, wie Baugrunduntersuchung, bauphysikalische Fragen, Grün- und Außenanlagen sowie besondere Planungsbereiche bearbeitet.

Ziel der Organisation war es, mit möglichst wenig eigenem Personal eine optimale Abwicklung des Projektes zu gewährleisten und da sich nach Abschluß dieses Großprojektes keine weiteren Projekte ähnlicher Art abzeichnen, besteht dann die Möglichkeit, die Projektgruppe auch wieder aufzulösen.

Neben der auf das Ziel ausgerichteten Organisation, ist ein weiteres Stichwort von entscheidender Bedeutung, auf das im folgenden eingegangen werden soll.

2. Stichwort: Entscheidungen

Ein Projekt mit vielen Beteiligten, das in einer möglichst kurzen Bauzeit abgewickelt werden soll, verlangt eine Vielzahl von Entscheidungen, die zeitnah und zielgerichtet getroffen werden müssen. Eine solche Anforderung ist im Bereich der Verwaltung kaum zu realisieren. Dort gibt es bestimmte Entscheidungshierarchien, die nicht zu umgehen sind. Alleine für die Vorbereitung dieser Entscheidungen auf den verschiedenen Ebenen werden wesentliche Kräfte der Fachverwaltung gebunden. Häufig kommt es zu sehr starken zeitlichen Verzögerungen in der Entscheidung und dies hemmt wiederum den Ablauf auf der Baustelle. Unsere Erfahrung ist die, daß man durchaus zur Erkenntnis kommt, daß eine falsche Entscheidung manchmal besser ist als keine Entscheidung. Entscheidungen sind unbedingte Voraussetzung, um einen so komplizierten Projektablauf ordnungsgemäß zu gestalten. Sie müssen dokumentiert werden und nachvollziehbar sein. Letztlich dient jede Entscheidung dazu, den Ablauf und die Kosten des Bauprojektes nach den Termin- und Kostenplänen zu gewährleisten.

Die unterschiedlichen Wege für eine Entscheidung in der öffentlichen Verwaltung und in der Privatwirtschaft, habe ich anhand von zwei Folien dargestellt. Die in den Folien beschriebene Idee, die eine bestimmte Auswirkung auf Haushalt, Geschäftsverteilung oder Stellenplan hat, muß dabei die verschiedenen Hierarchieebenen überwinden. Diese gliedern sich in:

Sachgebietsleiter
Abteilungsleiter
Amtsleiter
Dezernent
Oberbürgermeister
Magistrat
Stadtverordnetenversammlung
Ausschüsse der Stadtverordnetenversammlung.

Wenn die Idee diesen Weg durchschritten hat, dann besteht die Möglichkeit, im Rahmen des nächsten Haushaltsplanes oder des nächsten Stellenplanes entsprechende Mittel oder entsprechendes Personal anzumelden. Etwa ein Jahr später stehen dann die finanziellen Mittel und evtl. auch schon die Personen zur Verfügung, um die Idee zu verwirklichen. Der kurze Weg der Entscheidungen in einem privatwirtschaftlich geführten Unternehmen hat nur 3 Hierarchieebenen, nämlich den Sachgebietsleiter, den Abteilungsleiter und den Vorstand.

Obwohl der beschriebene Ablauf im Bereich der Verwaltung etwas überspitzt dargestellt ist, ist er leider nicht ungewöhnlich. Außerdem ist er immer sehr zeitaufwendig und er verlangt viel Überzeugungsarbeit, Durchsetzungskraft und Einsatzbereitschaft und außerdem einen langen Atem.

Diese Wege geht man in der Regel nur dann, wenn man eine gewisse Erfolgsaussicht abschätzen kann. Wenn aber die eigenen Ideen immer wieder in den vielfältigen Maschen der Bürokratie hängenbleiben, ist Frustration die Folge und der Mitarbeiter, der diese Ideen produziert, kommt schließlich zu der Einsicht, daß nur ein ruhiger Verwaltungsbeamter auch ein guter Verwaltungsbeamter ist.

Im Gegensatz dazu sind Entscheidungen in der Privatwirtschaft schnell zu erlangen. Es kommt hinzu, daß der Vorstand fernab jeglicher politischer Vorgaben auf der Basis rein sachlicher Beurteilung Entscheidungen treffen kann.

Selbstverständlich gibt es auch bei dem kurzen Weg in der Privatwirtschaft nicht immer Zustimmung zu einer Idee oder zu einem Vorschlag, aber es gibt immer eine sofortige Entscheidung mit entsprechender Begründung. Dadurch kann man sich die Bereitschaft der Mitarbeiter erhalten, eigene Ideen zu produzieren, ohne daß diese Ideen durch lange Entscheidungswege oder häufige Ergänzungs- oder Änderungswünsche verbessert werden.

Die Bereitschaft meiner Mitarbeiter, eigene Ideen zu entwickeln und diese zur Entscheidung zu bringen, hat sich auf allen Gebieten in einem beachtlichen Ausmaß gesteigert, seitdem wir in der Privatwirtschaft tätig sind. Es kommt zu einer wesentlich intensiveren Auseinandersetzung mit der täglichen Arbeit und die für jeden Mitarbeiter erkennbare Möglichkeit auf relativ einfachem Wege Änderungen zu erreichen und dafür auch noch gelobt zu werden, beflügelt die Ideenvielfalt.

Es ist grundsätzlich im Hinblick auf die Entscheidungswege festzuhalten, daß hier klare Vorteile für das Privatunternehmen bestehen und die Verwaltung aufgrund ihrer engen Einbindung in Vorgaben und Regeln zwangsweise nicht so flexibel agieren kann.

3. Stichwort: Personal

Das wichtigste Kapital eines Unternehmens und auch eines Amtes ist das gut geschulte motivierte und leistungsbereite Personal. Durch unseren Wechsel von der Verwaltung in die Privatwirtschaft ist mir der Unterschied zwischen der Einstellung des Personals besonders aufgefallen. Die vorher verkündete Bereitschaft des privatwirtschaftlichen Unternehmens leistungsgerecht zu bezahlen, hat zu einer entsprechenden Motivation der Mitarbeiter geführt und damit verbunden auch zu einer Effizienzsteigerung. Die Motivationsreserven waren erheblich, die Fehlzeiten, vor allem durch Krankheit, gingen zurück. Jeder Mitarbeiter weiß, daß er auch außerhalb der tariflichen Erhöhung im Rahmen einer internen Bewertung die Chance bekommt, sich finanziell weiterzuentwickeln. Außerdem stehen Aufstiegsmöglichkeiten zur Verfügung und die Bereitschaft zur Weiterbildung wird vom Unternehmen durch entsprechende Unterstützung honoriert.

Die Verwaltung wirkt hier mit ihrer umfangreichen Reglementierung im Bereich des Personalwesens und der damit verbundenen Bürokratie grundsätzlich hemmend auf die Motivation der Mitarbeiter. Die Bezahlung der Mitarbeiter richtet sich nicht nach ihrer Leistung, sondern nach ihrer Ausbildung, die sie vielleicht vor vielen Jahrzehnten einmal genossen haben. Die Bezahlung berücksichtigt auch nicht die Bereitschaft sich weiterzubilden und weiterzuqualifizieren. Die pauschale Beurteilung aller Mitarbeiter führt zu

Frustration bei denjenigen, die über das normale Maß hinaus engagiert sind. Ein solches Engagement ist jedoch nur relativ kurze Zeit zu beobachten bis es schließlich zu einer Einkapselung in dem eigenen Arbeitsbereich kommt und Änderungswünsche oder Änderungsvorschläge nicht mehr produziert werden. Der Mitarbeiter sieht keinen Sinn darin, neue Vorschläge zu unterbreiten, wenn man auf diese nicht eingeht. Grundsätzlich ist jedoch eine Steigerung der Effizienz nur dann zu erreichen, wenn die in der Praxis Tätigen auf Mißstände bei Verfahrensabläufen und bei ihrer täglichen Arbeit hinweisen.

Es kommt hinzu, daß die öffentliche Verwaltung dem Personal kaum Möglichkeit gibt, seine spezifischen Fähigkeiten zu entfalten. Die öffentliche Hand gibt Stellenpläne vor und schreibt darüber hinaus auch noch die Einstufung in bestimmten Positionen in ihren Stellenplänen fest. Der Stellenkegel ist nur mit größtem Aufwand und nach langer Zeit zu verändern, er reagiert selten auf Veränderungen im täglichen Ablauf oder in großen Klärwerksbetrieben, obwohl er dies müßte.

Eine aufgabenorientierte und zielgerichtete Personalplanung ist außerdem im Bereich der öffentlichen Hand nicht möglich. In Einzelfällen ist es sogar nicht einmal möglich, freiwerdende Stellen qualifiziert neu zu besetzen. Häufig werden den Ämtern Beschäftigte zugewiesen, die an anderer Stelle der Verwaltung ihre Aufgaben nicht mehr erledigen konnten oder wegen Streitigkeiten versetzt werden mußten. Dann kann es durchaus vorkommen, daß man zwar einen Mitarbeiter für eine freie Stelle bekommt, aber nicht mit der Qualifikation, die man dort braucht oder vielleicht sogar ohne jegliche Qualifikation. Die Klärwerke gelten dabei leider in vielen Städten als Dienststellen, denen jede auch noch so geringe Qualifikation zuzumuten ist.

Die jeweils für die Personalbereiche zuständigen Hauptämter oder Personalämter haben mit dieser Praxis jedoch keine Probleme, denn sie haben ja an anderer Stelle ein Problem durch Umsetzen eines Mitarbeiters gelöst.

Insbesondere in diesen Zentralämtern einer Stadtverwaltung fehlt es an Überlegungen zu einem modernen Personalmanagement, das auch die Personalentwicklung und die Weiterbildung des Personals einbezieht.

Auch bei der Weiterbildung des Personals sind wesentliche Unterschiede zwischen der öffentlichen Hand und der Privatwirtschaft zu verzeichnen. Die Weiterbildung ist Stiefkind in jeder Verwaltung, weil dafür ja Kosten aufzubringen sind. Dabei übersieht man, daß beim überwiegenden Teil derer, die sich gerne weiterbilden möchten, sicherlich die Kosten für diese Weiterbildung durch Verbesserungen während der Arbeit ausgeglichen werden. In der Regel sogar auf mittlere Sicht Kosten eingespart werden.

Weiterbildungsmaßnahmen, die außerhalb der Kommune stattfinden und insofern mit Dienstreisen verbunden sind, werden in der Verwaltung grundsätzlich kritisch gesehen. Weiterbildung im Bereich der Verwaltung ist eher ein Zufallsprodukt, obwohl sie doch für die Effizienzsteigerung und die vielbeschworene Motivation der Mitarbeiter von besonderer Bedeutung ist.

Viele Politiker, die zugleich Kommunalpolitiker und Landespolitiker sind, fordern in Sonntagsreden den Ausbildungsstand der Beschäftigten permanent zu verbessern, weil darin die Zukunft unserer Wirtschaft läge. Dabei vergessen sie dann als Kommunalpolitiker bei ihren Entscheidungen über die städtischen Haushaltspläne entsprechende Haushaltsmittel für die Mitarbeiter in der eigenen Verwaltung bereitzustellen, denn auch in diesem Bereich trägt die geregelte Weiterbildung zu einer Verbesserung des gesamten Arbeitsergebnisses bei.

In einem Privatunternehmen wird die Bedeutung der Weiterbildung ganz anders eingeschätzt. So gelten Angebote für Weiterbildungsmaßnahmen für alle Mitarbeiter als selbstverständlich. Dies schließt jede Ebene ein und führt dazu, daß das Angebot auch in großem Umfang wahrgenommen wird.

Kenntnisreiche Mitarbeiter sind das größte Kapital eines Unternehmens. Nur durch sie ist die Neuorganisation und die ständige Optimierung der täglichen Arbeit zu realisieren. Gute Mitarbeiter sind dabei wichtiger als die beste Unternehmensberatung. Die Identifikation mit dem Unternehmen, der Arbeit und der Aufgabenstellung, die Delegation von Verantwortung und eine leistungsgerechte Entlohnung bei entsprechenden Aufstiegsmöglichkeiten innerhalb einer flexiblen Organisationsstruktur, sind Voraussetzungen für optimale Arbeitsergebnisse.

4. Stichwort: Finanzierung

Die Finanzierung möchte ich nur am Rande ansprechen und dabei auch nicht auf die betriebswirtschaftliche Abwicklung von Projekten beziehen, sondern auf die Unterschiede der Finanzierung vom Grundsatz her.

Die Kommune muß bei der Finanzierung von Projekten die Vorgaben der Haushaltsgesetze beachten. Das bedeutet, daß für die Sicherstellung einer Finanzierung wesentlich mehr Zeit in Anspruch genommen wird als bei der Privatwirtschaft, die schneller entscheiden und entsprechende Kredite aufnehmen kann.

Der Haushaltsplan einer Stadt muß in der Regel 18 Monate vor der Beauftragung einer Leistung aufgestellt sein und durch sämtliche Gremien der Stadt genehmigt werden. Dabei steht das Projekt in Konkurrenz zu hunderten anderer Projekte, die im gleichen Haushaltsplan von einer Vielzahl anderer Dienststellen angemeldet werden und die sicherlich alle politisch wirksamer eingesetzt werden können als dies mit einer Abwasserreinigungsanlage jemals möglich sein wird.

Eine sachgerechte Beratung der einzelnen Ansätze und eine damit verbundene sachgerechte Entscheidung ist den Politikern schon aus Zeitgründen nicht möglich, so daß häufig nur noch politisch abgewogen wird, was unter Berücksichtigung der enormen Verschuldung der Städte überhaupt noch finanzierbar ist und ob man aus diesem Projekt auch noch politisch Kapital schlagen kann.

Obwohl die Stadtentwässerung in allen Städten als kostenrechnende Einrichtung geführt ist, d. h. daß sie sich gänzlich aus Gebühren zu finanzieren hat, scheuen die Politiker klare Entscheidungen, denn diese haben direkte finanzielle Auswirkungen auf die Gebührenhöhe.

Häufig werden die notwendigen Finanzierungsraten für Projekte so weit gestreckt, daß ein sinnvoller Bauablauf nicht mehr möglich ist.

Diese unsinnige Handlungsweise kommt auch bei der Vergabe von öffentlichen Zuschüssen vor. Wenn man diese auch nur in Raten vergibt, wird der Bauherr sein Projekt strecken müssen, um mögliche Zuschüsse nicht zu verlieren.

Keinem scheint dabei aufzufallen, daß Bauzeiten, die man künstlich streckt, den Steuerzahler nur Geld kosten. Die Erfahrungen zeigen, daß Baustellenabläufe häufig auf das doppelte der erforderlichen Bauzeit gestreckt werden müssen. Vermeidbare Kostenerhöhungen von 10 % und mehr sind die Folge.

In unserem Fall haben wir die ursprünglich geplante Bauzeit von 10 Jahren auf 3 ½ Jahre reduziert. Die Kostenersparnis bei einer Gesamtbausumme von 240 Mio. DM ist offenkundig und sicherlich für jeden leicht nachvollziehbar.

Das Privatunternehmen kann frei von politischer Einflußnahme über die Finanzierung von Großprojekten entscheiden. Es orientiert sich dabei ausschließlich an betriebswirtschaftlichen und technischen Notwendigkeiten. Im Vordergrund steht die schnelle und kostengünstige Abwicklung eines Projektes mit dem geringstmöglichen Personaleinsatz.

Ergänzend kommt hinzu, daß z. B. die Finanzierung von Projekten, die Auftragsabwicklung und die konkreten Entscheidungen, die hundertfach im Rahmen eines Großprojektes zu treffen sind, in einem Privatunternehmen zeitnah und auf kurzem Wege getroffen werden, während die Verwaltung mit ihren üblichen Entscheidungswegen hier nicht in der Lage ist, effizient zu handeln.

Zusammenfassung:

Die Unterschiede beim Bau und Betrieb von Klärwerken im kommunalen oder im privatwirtschaftlichen Bereich wurden dargestellt. Diese ergeben sich insbesondere bei Planung, Bau und Betrieb. Die Verlagerung dieser Aufgabe an ein öffentlich beherrschtes, aber privatwirtschaftlich organisiertes Unternehmen, wie im Fall Darmstadt, stellt eine gute Lösungsmöglichkeit dar.

Das öffentlich beherrschte, aber privatwirtschaftlich organisierte Unternehmen kann dabei ohne Rücksicht auf die in der Verwaltung typischen und selten oder nie an der Arbeit orientierten Vorgaben in eigener Zuständigkeit sowie nach betriebswirtschaftlichen und organisatorischen Erfordernissen planen. Dabei steht immer das Projekt bzw. das Projektziel im Mittelpunkt.

Zwei Hauptprojektziele, nämlich die Einhaltung von Zeitplänen und von Kostenplänen, erfordern eine Organisationsstruktur, die im Bereich der öffentlichen Verwaltung so nicht umgesetzt werden kann. Die zielgerichtete Arbeit, die schnellen Entscheidungen, der sinnvolle Einsatz von Finanzmitteln, die Delegation von Verantwortung und die Möglichkeit der persönlichen Qualifizierung, schaffen die Motivation, die den Mitarbeitern den Eindruck vermitteln, daß sie voll in ein Projekt eingebunden sind und Verantwortung übernehmen können und dürfen. Sie werden dann im Rahmen dieser Übernahme von Verantwortung für den bestmöglichen Ablauf des Projektes sorgen. Dabei wird vorausgesetzt, daß das Projektteam sich aus qualifizierten Mitarbeitern zusammensetzt. Das Privatunternehmen ist hierbei sicherlich eher in der Lage, solch qualifiziertes Personal am Markt zu beschaffen und besondere Leistungen während einer Projektbearbeitungszeit auch finanziell auszugleichen.

Abschließend soll nochmals darauf hingewiesen werden, daß die Ausführungen sich auf die vorhandenen Gegebenheiten in Darmstadt beziehen, sie beinhalten keine generelle Aussage über Lösungsmöglichkeiten an anderer Stelle. Allerdings sind Ähnlichkeiten mit der Situation in anderen Verwaltungen nicht zufällig und deshalb ist es auch nicht ausgeschlossen, daß die Lösung, wie sie in Darmstadt gewählt wurde, auch an anderer Stelle sinnvoll sein könnte.

Eine generelle Aussage zur Privatisierung von Leistungen im Bereich der Abwasserbeseitigung ist selbstverständlich nicht möglich. Eine Entscheidung ist immer anhand der örtlichen Gegebenheiten zu prüfen.

Finanzielle und steuerliche Aspekte bei privatwirtschaftlichen und kommunalen Lösungen

Klemens Bellefontaine

1. VORBEMERKUNG

Angesichts der Gebührenentwicklungen im Abwassersektor, aber auch wegen der enormen Investitionen, die in den nächsten Jahren anstehen, ist eine lebhafte Diskussion über das Für und Wider der öffentlichen Aufgabenerfüllung oder der Möglichkeit einer Privatisierung entstanden.

Die Interessenlage an der Diskussion ist sehr unterschiedlich beeinflußt. Das überwiegende Interesse ist auf eine Entlastung der Gebühren- und Beitragsschuldner von überhöhten Entgelten für eine ordnungsgemäße Abwasserbeseitigung gerichtet. In nicht unerheblichem Maße spielen aber auch Eigeninteressen bestimmter Branchen eine Rolle, stehen doch erhebliche Baumaßnahmen und deren Finanzierung zur Diskussion.

Zusätzlich beeinflußt wird das Thema dadurch, daß von verschiedenster Seite auch eine Änderung der rechtlichen Rahmenbedingungen begehrt wird, um vermeindliche Nachteile auszugleichen. In diesem Zusammenhang sei auf den Vorstoß verschiedener Bundesministerien zur Änderung des Steuerrechts verwiesen.

2. RECHTSGRUNDLAGEN - RECHTLICHE RAHMENBEDINGUNGEN -

Aufgrund der verfassungsrechtlichen Kompetenzzuordnung steht dem Bund das Recht zum Erlaß von Rahmenvorschriften über den Wasserhaushalt zu.

Das Wesen der Rahmengesetzgebung besteht darin, daß nur ein Rahmen gesetzt werden darf, der es den Ländern ermöglicht, noch etwas Substantielles auf dem betreffenden Sachgebiet zu regeln.
Von dieser Kompetenz hat der Bund u.a. mit dem Wasserhaushaltsgesetz (WHG) Gebrauch gemacht. Die Bundesländer haben den durch das Wasserhaushaltsgesetz vorgegebenen Rahmen durch eigene Landesgesetze ausgefüllt und ergänzt.

Nach dem WHG (§ 18 a Abs. 2) regeln die Länder, welche Körperschaften des öffentlichen Rechts zur Abwasserbeseitigung verpflichtet sind. Sie regeln ferner die Voraussetzungen, unter denen anderen die Abwasserbeseitigung obliegt. Hiervon haben die Länder Gebrauch gemacht, indem sie die Abwasserbeseitigung regelmäßig den Kommunen oder von diesen gebildeten Verbänden zugewiesen haben.

In einzelnen Wassergesetzen der Länder wird geregelt, daß sich die Gemeinden zur Erfüllung der Aufgaben Dritter bedienen können.

Die Durchführung der Abwasserbeseitigungspflicht ist für die Gemeinden stets eine hoheitliche Tätigkeit und als solche nicht steuerpflichtig (§ 1 Abs. 1 i.V.m. § 4 Abs. 5 KStG).

Die Folgen aus den genannten Vorschriften sind, daß

- die Abwasserbeseitigung zwar durch private Dritte durchgeführt werden, die Aufgabe aber als solche nicht übertragen werden kann,
- die Aufgabe "Abwasserbeseitigung" immer beim Aufgabenträger verbleibt,
- steuerlich bei der Einschaltung privater Dritter ausschließlich ein Leistungsaustausch mit der Gemeinde und nicht mit dem Abwassereinleiter (Bürger) zustande kommt.

3. BETRIEBSFORMEN

Als Ausfluß der kommunalen Selbstverwaltungsgarantie können die Gemeinden grundsätzlich in eigener Verantwortung entscheiden, in welcher Form sie die Abwasserbeseitigung erfüllen. Dieses Recht besteht jedoch nur im Rahmen der Gesetze. Die jeweiligen Landesgesetzgeber haben die Handlungsspielräume der Gemeinde unterschiedlich gestaltet.

Als Betriebsformen für die Abwasserbeseitigung sind
- öffentlich-rechtliche oder
- privatrechtliche

Betriebsformen denkbar.

Für beide Arten von Betriebsformen sind die Voraussetzungen und Bedingungen aus den jeweiligen Landesgesetzen, insbesondere den Gemeindeordnungen zu beachten.

Entscheidet sich die Gemeinde für eine öffentlich-rechtliche Betriebsform, so hat sie darüber hinaus und im wesentlichen das Gemeindehaushaltsrecht und / oder die jeweilige Eigenbetriebsverordnung zu beachten.

Entscheidet sich die Gemeinde dagegen zulässigerweise für eine private Rechtsform, so sind darüber hinaus die einschlägigen Vorschriften des Gesellschafts- und des Handelsrechts zu beachten.

Als Rechtsformen stehen zur Verfügung:
- der Regiebetrieb,
- der Eigenbetrieb,
- die Eigengesellschaft,
- die Beteiligungsgesellschaft.

Der Regiebetrieb zeichnet sich dadurch aus, daß er Teil des gemeindlichen Haushaltes ist und im Gesamthaushalt verwaltet wird.

Der Eigenbetrieb dagegen hat zwar keine eigene Rechtspersönlichkeit, ist aber organisatorisch selbständig. Die Rechnungsführung erfolgt nach der doppelten kaufmännischen Buchführung mit eigener Vermögens- und Schuldenverwaltung. Für den Eigenbetrieb ist ein eigenständiger Wirtschaftsplan mit Erfolgsplan, Vermögensplan und Stellenübersicht und eigenständiger Kreditermächtigung aufzustellen. Die Leitung erfolgt durch eine Werkleitung in eigener Verantwortung.

Die Eigengesellschaft ist eine Kapitalgesellschaft (GmbH, AG), an der der Aufgabenträger zu 100 % Gesellschafter ist.

Kapitalgesellschaften, an denen neben dem Aufgabenträger auch private Dritte als Gesellschafter beteiligt sind, werden als Beteiligungsgesellschaft bezeichnet.

4. PRIVATISIERUNG

Ebensogut wie sich die Gemeinde aufgrund der verfassungsrechtlich garantierten Selbstverwaltungsgarantie für die Durchführung der Abwasserbeseitigung in eigener Regie entscheiden kann, kann sie sich auch der Hilfe privater Dritter bedienen. Hierfür gibt es die verschiedenartigsten Gestaltungen. Sie werden in der Diskussion mit dem Schlagwort "Privatisierung" verbunden. Eine Privatisierung in der Form, daß die Aufgabe der Abwasserbeseitigung voll verantwortlich von einem privaten Dritten übernommen werden könnte, gibt es jedoch nicht. Das WHG und der Umstand, daß es sich bei der Abwasserbeseitigung um eine Pflichtaufgabe der kommunalen Selbstverwaltung handelt, lassen dies nicht zu. Private Dritte können daher immer nur Erfüllungsgehilfen für den eigentlichen Aufgabenträger, die Gemeinde, sein. Ein solcher Erfüllungsgehilfe kann mit mehr oder weniger umfangreichen Aufgaben hinsichtlich der Abwasserbeseitigung betraut werden. Die Tatsache, daß der private Dritte nur Erfüllungsgehilfe sein kann und sich die Gemeinde ihrer Verantwortung nicht entziehen kann bedeutet, daß nicht nur umfangreiche Kontroll-, Informations- und Prüfungsrechte gegeben sein müssen, sondern auch, daß die Gemeinde bei Bedarf ordnend und gestaltend eingreifen muß. Dies ist auch deshalb von äußerst wesentlicher Bedeutung, weil sich die Gemeinde der strafrechtlichen Verantwortlichkeit durch die Einschaltung eines privaten Dritten nicht in vollem Umfang entziehen kann.

Befürworter der Privatisierung sehen in ihr eine bessere Alternative als die unmittelbare Aufgabenerfüllung durch die öffentliche Hand. Im wesentlichen werden als Ziele und Vorteile der Privatisierung folgende Argumente genannt:

- Einsatz privater Finanzierungsmittel zum Ausgleich fehlenden Kapitals der Gemeinden,
- effizientere Planung, schnellere und kostengünstigere Realisierung der Investitionen,
- qualifiziertes Know-how und Personal,
- flexiblere Organisationsstrukturen,
- Eröffnung eines Wettbewerbs.

Grundsätzlich ist eine Diskussion mit dem Ziel zu begrüßen, für die betroffenen Bürger die geringsten Belastungen bei ordnungsgemäßer Aufgabenerfüllung zu erreichen. Eine derartige Diskussion muß sich jedoch von Schlagwörtern trennen. Sie hat von dem Ist-Zustand auszugehen, diesem alternative Gestaltungsformen gegenüberzustellen, sie kritisch zu untersuchen und muß im Ergebnis durch Zahlenmaterial belegen, daß die eine oder die andere Betriebs- oder Organisationsform unter vergleichbaren Voraussetzungen für den Bürger mehr oder weniger günstig ist.

Bei einer solchen Zielvorgabe ist zunächst festzuhalten, daß es bereits bei den herkömmlichen Betriebsformen eine Vielzahl von Leistungen gibt, die bereits heute im Einzelfall mehr oder weniger durch private Dritte erfüllt werden. Beispielhaft sei genannt:

<u>Technische Leistungen</u>

- Planung,
- Bau,
- Bauleitung
- Bauüberwachung,
- Bauabrechnung,
- Wartung,
- Entsorgung von Klärschlamm und Reststoffen,
- Kanalinspektion und Reinigung,
- Laborarbeiten.

<u>Verwaltungs- und sonstige Leistungen</u>

- Rechnungswesen,
- Lohnabrechnung,
- sonstige Datenverarbeitungen,
- Führung von Rechtsstreitigkeiten,
- Rechtsberatung,
- betriebswirtschaftliche Beratung,
- Erstellen von Kalkulationen Finanz- und Wirtschaftsplänen.

Unter Privatisierung wird jedoch mehr verstanden als einzelne Aufgabe auf verschiedene private Dritte zu übertragen. Es ist jedoch leider festzustellen, daß eine heillose Begriffsverwirrung herrscht. So werden z.B. synonym oder gegensätzlich folgende Begriffe verwandt:

- Betriebsführungsmodell,
- Dienstleistungsmodell,
- Geschäftsbesorgungsmodell,
- Betreibermodell,
- Managementmodell,
- Pachtmodell,
- Eigentumsmodell,
- Kooperationsmodell,
- Niedersachsenmodell,
- Konzessionsmodell,
- Betriebsbetreuungsmodell.

Die Begriffsverwirrung wird zusätzlich noch dadurch gesteigert, daß diese Modelle mit Finanzierungsmodellen verwechselt und vermischt werden.

In diesem Zusammenhang finden sich dann Begriffe wie

- Leasingmodell,

- Fondsmodell,
- Factoringmodell.

Im folgenden wird versucht, die gesamte Modellpalette auf ihre wesentlichsten Grundformen zurückzuführen. Bei einer kritischen Analyse ist festzustellen, daß sich die unterschiedlichsten Varianten auf zwei Grundformen zurückführen lassen und sonstige Modelle nur in Einzelheiten von den Grundformen abweichen.

Zu der ersten Grundform gehört das Betriebsführungsmodell. Dieses Modell zeichnet sich dadurch aus, daß der private Dritte keine Leistungen auf eigene Rechnung erbringt, sondern im Namen und für Rechnung der Gemeinde handelt und hierfür ein Entgelt erhält.

Zu der zweiten Grundform gehören das Betreiber- und das Kooperationsmodell. Diese Modelle haben alle gemeinsam, daß ein privater Dritter Leistungen der verschiedensten Art, überwiegend Planungs-, Finanzierungs-, Bau- und Betriebsleistungen auf eigene Rechnung erbringt und der Gemeinde hierfür ein Entgelt berechnet.

5. FORMEN DER PRIVATISIERUNG

5.1 BETRIEBSFÜHRUNG IM NAMEN UND FÜR RECHNUNG DER AUFGABENTRÄGER

Bei dieser Form der Betriebsführung wird ein Dienstleistungsvertrag zur Durchführung der Aufgaben abgeschlossen.

Ein privater Dritter verpflichtet sich gegen Entgelt, die kaufmännische und die technische Betriebsführung oder nur die kaufmännische bzw. nur die technische Betriebsführung zu übernehmen.

Wesentliches Merkmal eines derartigen Betriebsführungsvertrages ist, daß lediglich das für die Einrichtung tätige Personal durch den Betriebsführer ausgetauscht wird.

5.2 BETRIEBSFÜHRUNG IM NAMEN UND FÜR RECHNUNG DES BETRIEBSFÜHRERS

Auch in diesem Fall wird ein Dienstleistungsvertrag zur Durchführung der Aufgaben geschlossen.
Der Betriebsführer handelt aber im eigenen Namen und auf eigene Rechnung. Er kann eigene Leistungen vorhalten und fremde Leistungen auf eigene Rechnung in Anspruch nehmen.

Für die Leistung des Betriebsführers wird ein einheitliches Entgelt gezahlt.

5.3 PACHT- UND LEASINGLÖSUNG BEI EIGENBEWIRTSCHAFTUNG

Die zur Abwasserbeseitigung notwendigen Anlagen werden von einer privaten Gesellschaft errichtet und an den Aufgabenträger verpachtet oder verleast.

5.4 BETRIEBSFÜHRUNG UND EIGENTUM BEIM BETRIEBSFÜHRER

Die notwendigen Abwasseranlagen werden von einer Kapitalgesellschaft geplant, finanziert, errichtet und betrieben. Der Aufgabenträger zahlt hierfür ein einheitliches Entgelt.
Bekannteste Formen sind das:
- Niedersachsenmodell und
- Kooperationsmodell.

5.5 ORGANISATIONSALTERNATIVEN IM ÜBERBLICK

Einschaltung privater Dritter

	Anlageneigentum	Aufgabendurchführung
1. Eigenbewirtschaftung	Aufgabenträger	Aufgabenträger
2. Betriebsführung - im Namen und für Rechnung des Aufgabenträgers	Aufgabenträger	Privater - nur Personalgestellung
- im eigenen Namen und für Rechnung des Betriebsführers	Aufgabenträger	Privater
3. Pacht- und Leasinglösung	Privater	Aufgabenträger
4. Betriebsführung und Eigentum beim Betriebsführer - Niedersachsenmodell - Kooperationsmodell	Privater	Privater

6. KOSTEN UND GEBÜHRENKALKULATIONEN IM VERGLEICH

Bei der Entgeltsgestaltung für die Abwasserbeseitigung sind die Gemeinden grundsätzlich insoweit frei, als sie zwischen öffentlich-rechtlichen Entgelten (Kommunalabgaben) oder privatrechtlichen Entgelten wählen können. Allgemein anerkannt ist jedoch, daß die Gemeinden bei der Entgeltsgestaltung auf privatrechtlicher Basis nicht vollkommen frei sind. Allgemeinen und wesentlichen Grundsätzen des Abgabenrechts können sie sich nicht entziehen. Im übrigen können die Gemeinden nicht nur, sondern sie müssen auch kostendeckende Entgelte erheben, so daß es grundsätzliche Finanzierungsprobleme nicht geben kann. Probleme kann es insoweit höchstens geben, wenn die Entgelte in ihrer Höhe nicht mehr vertretbar sein sollten.

Durch die Einschaltung eines privaten Dritten kann dieses Problem nicht gelöst werden. Im übrigen muß die Gemeinde bei der Einschaltung eines Dritten darauf achten, daß dessen Entgelt, was sie zu zahlen hat so gestaltet ist, daß sie ihrerseits in der Lage ist, die von ihr gewählten Entgelte sachgerecht zu kalkulieren.

Maßgebend für die Fragen der optimalen Organisationsalternativen sind deshalb Kostenvergleiche. Diese haben auf der Basis betriebswirtschaftlicher Kostenrechnung, auf der Grundlage von Vermögenserfassung und -bewertung sowie Vermögensfortschreibungen unter Beachtung der unterschiedlichen Finanzierungsmöglichkeiten zu erfolgen.

Unabhängig von der rechtlichen und organisatorischen Gestaltung der Abwasserbeseitigung sind für die Gebührenkalkulationen die einschlägigen Vorschriften der Kommunalabgabengesetze zu beachten.

6.1 STEUERLICHE AUSWIRKUNGEN BEI DER INVESTITIONSFINANZIERUNG

6.1.1 FINANZIERUNG DURCH DEN AUFGABENTRÄGER IN EINEM HOHEITSBEREICH

Die hoheitliche Betätigung des Aufgabenträgers wird steuerlich nicht erfaßt. Das bedeutet, daß bei der Anschaffung und Herstellung von Vermögensgegenständen zwar keine Vorsteuer geltend gemacht werden kann, gleichzeitig aber künftig auch keine Umsatzsteuer auf die Entgelte insbesondere auf Abschreibungen und Zinsen erhoben werden muß.

6.1.2 FINANZIERUNG IN EINER KAPITALGESELLSCHAFT

Kapitalgesellschaften sind kraft Rechtsform unbeschränkt steuerpflichtig.

Die wichtigsten Steuerarten, die zu berücksichtigen sind, sind die

- Umsatzsteuer
- Gewerbesteuer
    - Gewerbeertragsteuer
    - Gewerbekapitalsteuer (in den neuen Bundesländern z.Z. ausgesetzt)
- Körperschaftsteuer
- Vermögensteuer (in den neuen Bundesländern z.Z. ausgesetzt)
- Grunderwerbsteuer

6.1.3 **KOSTENVERGLEICH BEI PRIVATISIERUNG DES EIGENTUMS**

Bei gleichen Investitionssummen und gleichen Zinssätzen verhält sich die Umsatzsteuer neutral. Dem Vorsteuerabzug bei der Kapitalgesellschaft steht die Umsatzsteuer auf Abschreibungen und Zinsen gegenüber. Die übrigen Steuerarten - mit Ausnahme der Ertragsteuern - führen bei einer Finanzierung über eine Kapitalgesellschaft gegenüber dem Hoheitsbereich jedoch zu zusätzlichen Kosten.

In der Praxis ist die Kapitalgesellschaft zusätzlich dadurch benachteiligt, daß
- die Zinsssätze für Privatkredite höher sind als für Kommunalkredite,
- vorhandenes Vermögens ohne Vorsteuerentlastung erworben und mit Umsatzsteuer weiterbelastet werden muß, was zu einer Kostenerhöhung beiträgt,
- Risiken in der Erhöhung von künftigen Umsatzsteuersätzen liegen.

Der Vorteil einer Investition durch Kapitalgesellschaften soll darin liegen, daß

- optimalere und damit kostengünstigere Investitionsalternativen realisiert werden,
- die Investitionskosten geringer sind als die durch öffentliche Ausschreibung erzielten Baupreise,
- möglicherweise Investitionszulagen erlangt werden können.

Im Einzelfall kann aus reiner finanzieller Sicht nur ein Kostenvergleich Klarheit bringen.

7. BETRIEBSKOSTENVERGLEICH

Bei der Betrachtung der Betriebskosten ist von einer Vollkostenanalyse auszugehen, das heißt, verglichen werden müssen die Kosten bei gesetzlicher Aufgabenerfüllung.

Dabei sind besonders zu beachten:

- Mehrbelastungen bei privater Betriebsführung durch Umsatzsteuer auf alle nicht durch Vorsteuer entlasteten Aufwendungen (Abwasserabgabe, Personalkosten usw.)
- Steuerbelastung durch die übrigen Steuerarten als Kostenfaktor
- Höhere Fremd- und Eigenkapitalzinsen sowie höhere Versicherungsprämien
- Kalkulation eines Gewinns
- Zusatzkosten durch Überwachung des privaten Betreibers
- Ggf. Minderung durch kostengünstigere Betriebsführung infolge besonderen Know-hows oder Synergieeffekte.

Von besonderer Bedeutung dabei ist die Voraussetzung, daß der Kostenvergleich auch tatsächlich unter Beachtung der gesetzlichen Aufgabenerfüllung angestellt wird. Wir stellen häufig fest, daß gerade bei gemeindlich betriebenen Abwassereinrichtungen nicht alle notwendigen Maßnahmen zur ordnungsgemäßen Abwasserentsorgung ergriffen werden. Beispielhaft sei aufgeführt:

- regelmäßiges Spülen der Netze im notwendigen Umfang,
- permanente Untersuchung des Zustandes der Netze,
- regelmäßige Überwachung der Direkt- und Indirekteinleiter.

Diese Handlungen werden bei kommunal betriebenen Einrichtungen häufig unterlassen bzw. nur beschränkt durchgeführt, um Kosten zu sparen, d.h. die Gebühren zu entlasten.

Mittel- und langfristig gesehen, führen diese "politischen Einsparungen" jedoch, zumindest betriebswirtschaftlich gesehen, zu Mehrbelastungen der

Bürger. Durch Vermeidung von unerwünschten Abwässern können Investitionskosten vermieden werden. Dasselbe gilt für Reparatur- bzw. Erneuerungs- und Sanierungskosten durch sachgemäße Wartung und Unterhaltung der Anlagen.
Auf die strafrechtliche Relevanz von unterlassenen Handlungen sei hier nicht eingegangen.

8. MÖGLICHE ÄNDERUNGEN DES STEUERRECHTS

Die Bundesregierung verfolgt das Ziel für privatrechtliche und öffentlich-rechtliche organisierte Entsorgungsbetriebe gleiche steuerliche Rahmenbedingungen herzustellen.

Dabei werden Überlegungen angestellt, die Abwasserbeseitigung nicht mehr als Hoheitsbetrieb einzustufen, sondern als Betrieb gewerblicher Art unbeschränkt körperschaftsteuer- und gewerbesteuerpflichtig zu machen.

Damit würden die Abwasserbetriebe auch umsatzsteuerpflichtig. Allerdings sollen die Leistungen dem ermäßigten Steuersatz von 7 % unterworfen werden. Mit dieser Regelung soll der Versuch unternommen werden, die Mehrbelastung durch Einführung der allgemeinen Steuerpflicht zu neutralisieren.

Der steuerliche Entlastungseffekt ist darin zu sehen, daß das Unternehmen insbesondere bei Investitionsmaßnahmen einen Vorsteueranspruch von 15 % hat, für seine Leistungen aber nur einer 7 %-igen Umsatzsteuer unterwerfen muß. Hierdurch entsteht ein Finanzierungsvorteil gegenüber dem Status quo.

Modellhafte Vergleichsberechnungen, die das Bundesumweltministerium in Auftrag gegeben hatte, belegen, daß in Einzelfällen bei hohen Investitionen Gebührenminderungen eintreten können. Das konkrete Ergebnis kann nur durch Einzelkalkulationen belegt werden und hängt entscheidend von dem anstehenden Invesititonsvolumen ab.

Der Gutachter kommt für seine Modellrechnung zu folgendem Ergebnis:

" Der Gebührenzahler hat, unabhängig von der Gemeindegröße, mit einer Gebührenerhöhung nicht zu rechnen, wenn das Kanalnetz und die Kläranlage in seiner Gemeinde in einem schlechten Zustand ist und demnächst komplett erneuert werden muß. Dieser Modellfall ist sehr häufig in den neuen Bundesländern anzutreffen.

Gebührenzahler in Gemeinden, in denen demnächst das Kanalnetz saniert und die Kläranlage zum Teil erneuert oder um eine Reinigungsstufe erweitert werden muß, haben durch die geplante Steueränderung mit einer geringfügigen Erhöhung der Abwassergebühr zu rechnen. Dieser Modellfall kann repräsentativ für die alten Bundesländer angesehen werden.

In den Gemeinden, in denen das Kanalnetz und die Kläranlage auf dem neuesten Stand sind, hat der Gebührenzahler einen geringen Anstieg der Abwassergebühr zu erwarten."

Im Hinblick auf das Auslaufen der Legislaturperiode wird die Gesetzesänderung jetzt nicht mehr eingebracht; sie soll in der nächsten Legislaturperiode wieder aufgegriffen werden.

9. ZUSAMMENFASSENDES ERGEBNIS

Entscheidungskriterium für die optimale Organisation ist die geringste Entgeltsbelastung für den Bürger bei gleichzeitiger Einhaltung der gesetzlichen Normen.

Kostenminimierungen können erreicht werden durch geschickten:

- Einsatz von Know-how
- Ausnutzung von Synergieeffekten
- Eigenverantwortlichkeit der Mitarbeiter

Dabei sind bei gegebener Rechtslage auch Dienstleistungen der privaten Wirtschaft miteinzubeziehen.

Eine Privatisierung - in welcher Form auch immer - kann vorteilhaft sein. Diese Vorteile sind jedoch nicht einer Privatisierung immanent. Ergebnisse bereits durchgeführter Ausschreibungen belegen sowohl das eine als auch das andere.

Kosteneinsparungen bei der Privatisierung können durch entsprechende Maßnahmen auch durch einen kommunalen Betrieb erreicht werden.

Mit einer Privatisierung sind zwangsläufig Mehrkosten verbunden. Im wesentlichen sind es die im Entgelt des Privaten kalkulierten Komponenten

- Gewinn,
- Kostensteuern,
- Differenz zwischem dem Zins für Gewerbekredite und dem Zins für Kommunalkredite,
- eventuell höhere Personalaufwendungen,
- Umsatzsteuer auf die im Entgelt kalkulierten Kosten, für die der Private keine Vorsteuer geltend machen kann (im wesentlichen Personalkosten).

Insgesamt sollte die öffentliche Hand Wege suchen, Vorteile der Privatwirtschaft selbst zu nutzen.

Durch eine optimale Bündelung von technischem, rechtlichem und kaufmännischem Sachverstand - Know-how -, bezogen auf die jeweilige Entscheidungssituation, können angebliche Vorteile der Privatwirtschaft auch für öffentlich rechtliche Aufgabenträger zugänglich gemacht werden. Sofern der notwendige Sachverstand fehlt, kann er partiell eingekauft werden.

Bei einem ausreichenden Sachverstand sind auch keine besonderen Kostenvorteile der Privatwirtschaft in der Investitionsphase zu erwarten. Sollten in diesem Zusammenhang Zweifel an der Effizienz der VOB - die sich, wie ich meine, in der Vergangenheit bewährt hat und mit der die Bundesrepublik gut gefahren ist - bestehen, so sollte nicht das Unterlaufen dieser Verordnung durch eine Flucht in Kapitalgesellschaften öffentlich befürwortet, sondern die betreffenden "hemmenden" Vorschriften geändert werden.

Der Eigenbetrieb ist im Gegensatz zum Regiebetrieb und der Eigengesellschaft für die Erfüllung der Aufgabe "Abwasserbeseitigung" eine geeignete Rechtsform.

Die Organisationsstrukturen des Eigenbetriebes lassen sich fast ebenso flexibel gestalten wie bei einer GmbH. Steuerliche Nachteile einer GmbH-Lösung werden vermieden.

Mit einer Privatisierung wird kein Wettbewerb geschaffen. Das hoheitliche Monopol wird lediglich in ein privates Monopol umgewandelt. Der kommunale Einfluß wird vermindert.

Um auch künftig den notwendigen Einfluß auf die Aufgabe Abwasserbeseitigung ausüben zu können, sollten die öffentlichen Körperschaften möglichst das Eigentum an den Anlagen nicht aufgeben. Nur so bleibt die Entscheidungskompetenz bei der Körperschaft, die bei Einbeziehung privater Dritter zur Erfüllung der Aufgabe in gewissen Zeitabschnitten das Vertragsverhältnis mit diesen neu prüfen und gegebenenfalls ändern kann.

Zusammenfassend kann festgestellt werden,
- daß die Organisationsentscheidung von verschiedenen Kriterien abhängt,
- daß eine Organisationsform gewählt werden sollte, die spätere Korrekturen noch zuläßt,
- daß private (Dienst-)Leistungen in die Betrachtung einbezogen werden sollen.

Ausschlaggebend für die Organisation muß allerdings sein:
"Erfüllung der Aufgabe Abwasserbeseitigung unter Beachtung der gesetzlichen Anforderungen bei der für den Bürger günstigsten Entgeltsbelastung"

Europäische Normung der Kanalisation und ihre Auswirkungen

Rolf Pecher

1. Vorbemerkungen

Bei der Planung und beim Betrieb von privaten und öffentlichen Abwassernetzen waren in der Vergangenheit technische Regeln zu beachten, die von nationalen Gremien wie z.B. von der Abwassertechnischen Vereinigung (ATV) oder vom Deutschen Institut für Normung (DIN) aufgestellt wurden. Die technischen Regeln des Auslandes dienten hierbei gelegentlich als Orientierungshilfe. Während das DIN sich überwiegend mit Regeln der Rohrmaterialien und für den privaten Grundstücks- und Rohrleitungsbereich beschäftigte, entwickelte die ATV fast ausschließlich technische Regelwerke für die Planung im öffentlichen Bereich. Zahlreiche Arbeitsblätter, Merkblätter und Hinweise sowie Arbeitsberichte sind in den vergangenen 20 Jahren durch die Arbeitsgruppen der ATV für die Abwassersammlung und -ableitung entstanden.

In der Zukunft müssen die Ingenieure der Abwassertechnik zusätzlich noch die Regeln des Europäischen Komitees für Normung (CEN) beachten. Diese werden in kurzer Zeit für Entwässerungsanlagen allgemein verbindlich für 18 Staaten in Europa (nicht Osteuropa) erarbeitet und eingeführt. Die ergänzenden nationalen technischen Regeln haben sich diesen unterzuordnen. Die ersten europäischen Normen sind bereits gültig. Ab 1995 muß mit der Einführung weiterer EN-Normen gerechnet werden.

2. Übersicht über die europäische Abwassernormung

Die Leitung der europäischen Normung für die Abwassertechnik liegt beim Technischen Komitee TC 165 mit dem Sekretariat beim DIN in Berlin. Es gliedert sich in 17 Arbeitsgruppen (Working Groups WG) auf, wobei die WG 3 „Kunststoffrohre“ neuerdings an das TC 155 „Kunststoff-Rohrleitungssysteme-Schutzrohrsysteme“ angekoppelt ist. Die Arbeitsgruppen WG 1 bis WG 11 behandeln Produktnormen und allgemeine Anforderungen, die WG 21 bis WG 23 Verfahrensnormen für Entwässerungssysteme und die WG 41 bis WG 43 Normen für Kläranlagen. Die genauen Bezeichnungen der europäischen Arbeitsgruppen sowie ihre Eingliederung können der Anlage 1 entnommen werden.

Die Arbeitsaufnahme der einzelnen Arbeitsgruppen für die insgesamt 90 Normprojekte erfolgte in den Jahren 1988 bis 1991 (12). In zahlreichen Sitzungen wurden beachtlich viele Normentwürfe und auch einige europäische Normen erarbeitet. In Anlage 2 sind diese aufgelistet (Stand November 1994). Dabei war vor allem die Vereinheitlichung der Begriffe besonders wichtig. Außerdem liegen dem TC 165 viele Arbeitspapiere zur Freigabe als Vornorm (prEN) vor. Im Jahre 1995 werden daher etliche europäische Vornormen und Normen im Bereich der Kanalisation (Produkt- und Verfahrensnormen) veröffentlicht werden.

3. Auswirkungen auf die Kanalisation

3.1 Grundsätzliche Überlegungen

Liegt eine europäische Norm im Weißdruck vor, ist sie in allen 18 europäischen Mitgliedsländern der Europäischen Union (EU) und der EFTA gültig. Nationale Regeln wie z.B. in Deutschland ATV-Arbeitsblätter oder DIN-Normen, die den europäischen Normen widersprechen, sind umgehend zurückzuziehen. Generell ist festzustellen, daß die europäischen Normen nicht Kompromisse mit dem kleinsten gemeinsamen Nenner darstellen. Vielmehr sind die Anforderungen an Kanalisationen relativ hochgeschraubt. Die gewählten Formulierungen lassen jedoch trotzdem einen großen Ermessensspielraum zu.

Die europäische Normung geht von einer anderen Philosophie als die deutsche Normung aus. Hier wird nicht mehr nach Grundstücksentwässerung und öffentlicher Entwässerung entschieden, sondern nur noch nach der Entwässerung innerhalb und außerhalb von Gebäuden. Für Abwasserleitungen in den privaten Grundstücken und für die Abwasserkanäle im öffentlichen Bereich gelten nach den neuen europäischen Normen grundsätzlich die gleichen Anforderungen. Diese Anforderungen erfassen sowohl die baulichen (z.B. Verlegung, hydraulische Leistungsfähigkeit) als auch die betrieblichen Belange (z.B. Dokumentation, Inspektion, Wartung). Es ist daher zu erwarten, daß zukünftig die unterschiedliche Qualitätsentwicklung im privaten und öffentlichen Bereich in Deutschland nicht mehr stattfindet. Hier wird sicherlich ein erhebliches Umdenken zugunsten einer funktionsfähigen Gesamtkanalisation erfolgen müssen. Die in den europäischen Normen festgelegten Regelungen werden hoffentlich zu einer gesamtheitlichen Betrachtung von Grundstücksleitungen und öffentlichen Abwasserkanälen führen.

3.2 Rohrverlegung und Rohrstatik

Diese Thematik wird in der europäischen Arbeitsgruppe WG 10 behandelt. In der europäischen Normung wird zukünftig eine Methode zur statischen Berechnung sowohl für Wasserleitungen als auch für Abwasserkanäle empfohlen. Da die wenigen europäischen Berechnungsmethoden sehr unterschiedliche Ansätze haben, konnten diese zunächst nicht harmonisiert werden. Daher wird zunächst in der europäischen Norm EN 1295 auf „eingeführte Methoden" verwiesen, die für einen gewissen Zeitraum angewendet werden können. Das ATV-Arbeitsblatt A 127 (5) kann daher auch zukünftig für eine gewisse Übergangszeit angewendet werden. Parallel dazu wird aber in dieser Arbeitsgruppe bereits daran gearbeitet, ein gemeinsames europäisches Verfahren für die statische Berechnung von Wasserleitungen und Kanälen zu entwickeln.

Gegenüber dem ATV-Arbeitsblatt A 139 (6) und der DIN 4033 (16) werden nach der europäischen Norm EN 476 zukünftig höhere Anforderungen an die Überwachung und Einhaltung der Lastannahmen beim Bau von Abwasserkanälen gestellt. Der Planer wird verpflichtet, das Rohrauflager, die Rohrbettung und das Verfüllmaterial für die örtlichen Gegebenheiten stärker zu überprüfen. Vor allem wird auf die Einflüsse des Verbaues und hier besonders auf seine Entfernung hingewiesen.

Außerdem gibt es wesentliche Änderungen bei der Dichtheitsprüfung. Zukünftig ist eine Dichtheitsprüfung mit Wasser und Luft möglich. Die Wasserprüfung ist gegenüber DIN 4033 (16) und ATV-A 139 (6) stark vereinfacht. Bei der Luftprüfung gibt es voraussichtlich 3 unterschiedliche Druckstufen mit 10, 100 und 300 mbar. Je nach Druckstufe sind innerhalb einer vorgegebenen Prüfzeit unterschiedliche Druckverluste in Abhängigkeit vom Durchmesser möglich. Dabei sind im Gegensatz zu der bisherigen Praxis in Deutschland Dichtheitsprüfungen für die noch nicht verfüllte Rohrleitung und für die fertig verlegte Rohrleitung vorzunehmen. Außerdem werden für Schächte erstmals Anforderungen an die Dichtheit gestellt.

3.3 Hydraulische Auslegung

In der europäischen Norm EN 752, Teil 2 „Anforderungen“ (13), wird eine Begrenzung der Überlastung und Überflutung der Abwasserkanäle gefordert. Diese Begrenzung wird gewisse Änderungen bei der Planung und Berechnung von Abwasserkanälen in Deutschland bewirken (10, 11). Wichtig sind dabei die Aussagen in Abschnitt 5 dieses Normteiles, die wie folgt lauten:

„Bei kleineren Entwässerungssystemen ist ein relativ einfaches, aber sicheres Verfahren zu empfehlen. Abwasserkanäle sind in der Regel für den Betrieb mit Vollfüllung ohne Überlastung für relativ häufige Regenereignisse auszulegen, im Bewußtsein, daß dies einen Schutz gegen Überflutung bei stärkeren Regenfällen darstellt. Falls die zuständige Stelle keine Regenhäufigkeit vorgibt, sollte die Regenhäufigkeit der Tabelle 1 angesetzt werden. Der Planer hat die zutreffende Regenintensität und -dauer für das jeweilige Gebiet zu verwenden.

Bei kleineren und größeren Entwässerungssystemen, die mit einem Abfluß-Simulationsmodell bemessen werden, wird empfohlen, den Überflutungsschutz direkt abzuschätzen, besonders wenn das Risiko für Schäden oder für die öffentliche Gesundheit bedeutend ist. Das Kanalnetz sollte zunächst wie vorher mit einer geeigneten Regenhäufigkeit ohne Überlastung bemessen werden. Dann sollte ein Abfluß-Simulationsmodell verwendet werden, um die Überflutungshäufigkeit zu überprüfen und die Bemessung dort anzupassen, wo der Überflutungsschutz noch nicht erreicht ist.“

Die in der zukünftigen europäischen Normung geforderten Häufigkeiten für die Bemessungsregen und für die Überflutung sind in nachfolgender Tabelle 1 aufgeführt.

Tabelle 1: Empfohlene Häufigkeiten für den Entwurf

Häufigkeit der Bemessungsregen *) **(1-mal in „n" Jahren)**		**Überflutungshäufigkeit** **(1-mal in „n" Jahren)**
1 in 1	ländliche Gebiete	1 in 10
1 in 2	Wohngebiete	1 in 20
  1 in 2 1 in 5	Stadtzentren, Industrie- und Gewerbegebiete a) mit Überflutungsprüfung b) ohne Überflutungsprüfung	 1 in 30 ---
1 in 10	unterirdische Verkehrsanlagen, Unterführungen	1 in 50
*) Für Bemessungsregen dürfen keine Überlastungen auftreten.		

Diese Überprüfungen sind nach pr EN 752-4 (13) besonders bei steilen Einzugsgebieten wichtig. In diesem Teil 4 wird auch ausgeführt, daß kleinere Entwässerungssysteme eine Einzugsgebietsfläche bis zu 200 ha oder Fließzeiten bis 15 min besitzen.

Danach sollte zukünftig die Kanalnetzberechnung für eine vorgegebene Regenhäufigkeit und bei größeren Netzen zusätzlich nach der Überflutungshäufigkeit erfolgen. Einschränkend wird aber darauf hingewiesen, daß die zuständige Behörde auch andere Zahlenwerte vorschreiben kann.

Unter Überflutungshäufigkeit ist nach EN 752-1 (13) die Häufigkeit aller Wasserspiegellagen zu verstehen, die eine Überschwemmung in Gebäuden verursachen. Diese Wasserspiegellagen könnten wie z.B. in anderen europäischen Ländern auch unter Geländeoberkante liegen, wenn die Keller keine Rückstauverschlüsse besitzen. In Deutschland wird jedoch die Überflutungshäufigkeit in der Regel aus Wasserspiegellagen in Höhe der Geländeoberkante ermittelt, da sich nach DIN 1986 (15) die Anlieger gegen Wassereintritt bis auf Geländeoberkante durch den Einbau von Rückstauverschlüssen zu sichern haben.

Der Nachweis der Überflutung kann mit vorgegebenen Modellregen oder mit Hilfe einer Langzeitsimulation erfolgen. Die verwendeten Abflußmodelle sind allerdings vorher zu kalibrieren und zu verifizieren.

Es läßt sich aber nicht leugnen, daß die rechnerische Überflutungshäufigkeit - vor allem bei größeren Kanalnetzen - entscheidend vom verwendeten Rechenmodell und von den zugrunde gelegten Regendaten abhängt. Wünschenswert wäre daher bei bestehenden Kanalnetzen, die tatsächlich auftretende Überflutungshäufigkeit zu ermitteln. Diese könnte aus Wasserstandsmessungen oder aus Auswertungen von Überflutungen in der Vergangenheit gewonnen worden, z.B. durch Auswertung von Feuerwehreinsätzen bei Starkregen. Dies läßt die europäische Norm ausdrücklich zu.

Für die Sparte „Stadtzentren, Industrie-, Gewerbegebiete" ist auch für größere Einzugsgebiete der Nachweis allein für die Regenhäufigkeit n = 0,2/a möglich. Alternativ kann der Nachweis für die Regenhäufigkeit n = 0,5/a und zusätzlich für die Überflutungshäufigkeit von 0,033/a geführt werden. Diese Möglichkeit wurde wegen der unterschiedlichen Schutzvorstellungen in den europäischen Ländern eingearbeitet.

Die in Tabelle 1 aufgelisteten Regen- und Überflutungshäufigkeiten gelten für neue und sanierte Kanalnetze. Auf die Vorgabe einer Mindestleistungsfähigkeit bestehender Kanalnetze wurde verzichtet, da hierüber innerhalb der Arbeitsgruppe WG 22 keine Einigung erzielt werden konnte.

Die zukünftig gültigen Europanormen EN 752-2 und EN 752-4 werden dazu führen, daß neben der Bemessung mit der Regenhäufigkeit (mit Ausnahme ländlicher Gebiete und kleiner Kanalnetze) auch die Überflutungshäufigkeit nachzuweisen ist. Die bisher veröffentlichten Untersuchungen über die Zusammenhänge zwischen Regenhäufigkeit und Überflutungshäufigkeit (7, 8, 10) lassen vermuten, daß die Überflutungshäufigkeit das kritische Bemessungskriterium darstellt (10, 11). Dies ist von der CEN-Arbeitsgruppe WG 22 auch gewollt, da bei allen geführten Diskussionen die Gefahren und

Schäden durch Überschwemmungen als maßgebendes Kriterium zur Kanalbemessung angesehen wurde. Diese Auffassung deckt sich auch in vollem Umfang mit den Urteilen des Bundesgerichtshofes von 1989 (14) und 1991.

Die verhältnismäßig kleine Überflutungshäufigkeit ist aber nicht mit der Überstauhäufigkeit der ATV-Arbeitsgruppe 1.2.6 (7, 8) zu verwechseln. Die Überstauhäufigkeit bezieht sich auf die Häufigkeit des Wasserspiegels auf Geländehöhe. Die Überflutungshäufigkeit ist aber die Häufigkeit einer Überschwemmung von Gebäuden oder von Unterführungen. Ein Wasserspiegelanstieg auf Geländehöhe (mit Ausnahme der Unterführungen) muß zwangsläufig noch keine Überflutung zur Folge haben. Nach den bisherigen Erörterungen in der CEN-Arbeitsgruppe WG 22 könnte die Überflutungshäufigkeit gegenüber der Überstauhäufigkeit durch ingenieurtechnische Maßnahmen an den kritischen Stellen im Kanalnetz z.B. durch Anhebung der Bordsteine oder der Hauszufahrten durchaus vermindert werden.

Welche Konsequenzen ergeben sich daher aus der europäischen Norm EN 752 für die praktische Bemessung neuer und die Sanierung bestehender Kanalnetze?

Wie in der Vergangenheit wird bei kleinen Einzugsgebieten eine Bemessung mit der Regenhäufigkeit mit herkömmlichen, relativ einfachen Bemessungsverfahren durchgeführt. Es ist lediglich darauf zu achten, daß i.d.R. kleinere Regenhäufigkeiten als bisher zugrunde zu legen sind. Die dafür aufzubringenden Mehrkosten stehen aber in keinem Verhältnis zur gewonnenen Sicherheit gegenüber Überflutungen.

Bei größeren bestehenden Kanalnetzen wird zukünftig ebenfalls eine Bemessung mit Regenhäufigkeiten mit herkömmlichen Verfahren, die die Besonderheiten des Kanalnetzes besser erfassen (z.B. Summenlinienverfahren, Flutplanverfahren), erfolgen. Hier sind mindestens zwei Häufigkeiten der Bemessungsregen nach Tabelle 1 anzusetzen. Nach der planerischen Sanierung der Kanalnetzengpässe sollte dann erst der Überflutungsnachweis mit einem hydrodynamischen Berechnungsmodell erfolgen (13).
Die Erfahrungen der Vergangenheit haben gezeigt, daß bestehende Kanalnetze in Deutschland nur an wenigen Netzpunkten Überflutungen verursa-

chen. Daher darf eine Sanierung eines bestehenden und überlasteten Kanalnetzes nicht dazu führen, daß viele Kanäle allein aus hydraulischen Gründen aufgrund neuerer europäischer Normen auszuwechseln sind. Wenn mit Bemessungsverfahren rechnerisch starke Überlastungen eines Kanalnetzes ausgewiesen werden, liegt dies meist an der unzulänglichen Erfassung der Randbedingungen wie z.B. der Befestigungsgrade, der Abflüsse aus der Oberfläche, der Verteilung des Niederschlages im Einzugsgebiet. Aus diesem Grunde könnte ich mir für die zukünftige hydraulische Sanierung bestehender größerer Kanalnetze folgenden Ablauf vorstellen:

- Nachrechnung des bestehenden Kanalnetzes mit der Regenhäufigkeit n = 1/a mit einem herkömmlichen Berechnungsverfahren
- Feststellung der dabei überlasteten Kanalstrecken
- Erneute Berechnung des Kanalnetzes für die Regenhäufigkeit n = 0,5/a bzw. n = 0,2/a mit demselben herkömmlichen Berechnungsverfahren
- Ermittlung der erforderlichen Kanalquerschnitte für die rechnerischen Abflüsse der Regenhäufigkeiten n = 0,5/a bzw. n = 0,2/a für die bei n = 1/a überlasteten Kanalstrecken
- Aufteilung der zu sanierenden Kanalstrecken in vier bis fünf Ausbaustufen, die nach hydraulischen Prioritäten gestaffelt sind
- Überflutungsnachweis mit einem hydrodynamischen Berechnungsmodell unter der Voraussetzung, daß die beiden ersten Ausbaustufen bereits verwirklicht sind
- Ermittlung der Stellen im Kanalnetz, bei denen der Wasserspiegel rechnerisch bis auf Geländehöhe ansteigt, wenn die ersten beiden Ausbaustufen gedanklich realisiert sind
- Überprüfung, ob diese kritischen Stellen durch sonstige bauliche Maßnahmen (z.B. Anhebung der Bordsteine, Schaffung anderer Abflußwege) gesichert werden können. Gibt es keine Sicherungsmaßnahmen oder reichen diese nicht aus, muß eventuell eine weitere hydrodynamische Berechnung des Kanalnetzes unter der Voraussetzung vorgenommen werden, daß gedanklich bereits die dritte Ausbaustufe verwirklicht ist.
- Erneute Überprüfung der Schwachstellen im Kanalnetz wie vorher unter der Voraussetzung, daß die ersten drei Ausbaustufen realisiert sind.

Mit einer derartigen Vorgehensweise kann gezielt und mit einem Minimum an Investitionskosten die geforderte Überflutungshäufigkeit sichergestellt werden. Parallel mit der baulichen Sanierung des Kanalnetzes sollten aber an den kritischen Punkten im Kanalnetz einfache Wasserstandsmeßstellen zur Registrierung des Wasserstandes bei Starkregen eingebaut und nach einigen Jahren ausgewertet werden. Diese Messungen geben dann darüber Auskunft, ob die restlichen Ausbaustufen noch durchgeführt werden müssen.

Der hydraulische Leistungsnachweis selbst kann wie bisher nach dem ATV-Arbeitsblatt A 110 (1) erfolgen. In der europäischen Norm EN 752 ist dieser Nachweis als Empfehlung enthalten (13).

Für die Auslegung von neuen und für die Überprüfung von bestehenden Kanalnetzen sind unterschiedliche Problemstellungen zu lösen. Für die Auswahl der Berechnungsmethoden bietet die europäische Norm EN 752-4 (13) einige Entscheidungshilfen, die in Tabelle 2 aufgelistet sind. Damit können hydraulische Fragestellungen objektiver als in der Vergangenheit gelöst werden. Die hydrologischen Berechnungsmethoden können danach für alle Anwendungsbereiche mit Ausnahme des Überflutungsnachweises eingesetzt werden.

Tabelle 2: Anwendungsbereiche der Methoden zur Abflußsimulation

Anwendungsbereich	Methoden		
	Einfache empirische Methoden	Hydrologische Methoden	Hydrodynamische Methoden
Auslegung von kleinen Entwässerungssystemen	E	E	*
Auslegung von großen Entwässerungssystemen	-	E	*
Überprüfung der Überflutungshäufigkeit	-	-	E/D
Nachrechnung bestehender Systeme	-	E/D	E/D
Planung von Ausläufen/ Entlastungen	-	E/D	E/D
Qualitative Auswirkungen auf Vorfluter	-	E	E/D
Quantitative Auswirkungen auf Vorfluter	-	E	E/D
Echtzeit-Kontrolle eines Systems	-	E/D	*

Hinweise:
- E Oberflächenabfluß auf einfache Weise berücksichtigt
- D Oberflächenabfluß auf detaillierte Weise berücksichtigt
- \- Nicht anwendbar
- * Im allgemeinen nicht empfohlen

3.4 Wartung und Betrieb

Wartung und Betrieb eines Entwässerungssystems sollen sicherstellen, daß die allgemeinen Anforderungen an die Kanalisation eingehalten werden können. Der wirkungsvolle Betrieb und eine ordnungsgemäße Wartung erfordern daher

- vorausschauende Planung
- ausreichendes und qualifiziertes Personal
- klare Abgrenzung der Verantwortlichkeiten
- geeignete Ausrüstung mit Geräten und Fahrzeugen
- Kenntnis des Kanalnetzes und seiner Betriebselemente
- entsprechende Betriebsaufzeichnungen.

Diese Empfehlungen sind weitgehend im ATV-Arbeitsblatt A 140 (4) enthalten. Allerdings sollten zukünftig verstärkt die Anforderungen an die Betriebsaufzeichnungen wegen der z.T. hohen Kosten für Zwecke

- des Managements (der Verwaltung)
- der regelmäßigen Berichte
- Bestandserfassung

angepaßt werden. Für die Verarbeitung der massenhaft anfallenden Daten werden daher geographische Informationssysteme (z.B. Kanaldatenbanken) als wirkungsvolle Werkzeuge empfohlen. Von einigen Kommunen werden bereits solche Systeme aufgebaut. Jedoch sind hier in Deutschland - aber auch in den übrigen Ländern - noch erhebliche Anstrengungen erforderlich, um die Gesamtkosten zu vermindern.

4. Zusammenfassung

Die Harmonisierung der technischen Regeln in Europa geht mit großen Schritten voran. Im Bereich der Kanalisation muß in Kürze mit weiteren europäischen Normen für die Planung und Bauausführung gerechnet werden. Wichtig ist dabei, daß diese in allen 18 europäischen Mitgliedsländern der EU und EFTA Gültigkeit besitzen. Dies ist auch dann der Fall, wenn das jeweilige Mitgliedsland im Abstimmungsverfahren der vorgelegten Norm nicht zugestimmt hat. Widersprechende nationale Regeln und Normen müssen dann zurückgezogen werden.

Die deutsche Delegation in den europäischen Arbeitsgruppen (WG) konnte viele ATV-Arbeits- und Merkblätter in die Normung einbringen und durchsetzen, so daß relativ wenige ATV-Blätter geändert werden müssen.

Lediglich bei den Kanalnetzberechnungen werden zum Teil neuartige Nachweise zu führen sein. Neben geringeren Regenhäufigkeiten der Bemessungsregen werden in größeren Kanalnetzen zukünftig auch die Überflutungshäufigkeiten nachzuweisen sein. Dabei sind in Deutschland aufgrund der Rechtsprechung des BGH für die Überflutungshäufigkeit Überschwemmungen von der Geländeoberkante her maßgebend. Diese könnte man neben einer möglichen Kanalquerschnittsvergrößerung auch durch gezielte technische Maßnahmen wie z.B. durch Anheben der Bordsteine in kritischen Kanalnetzbereichen positiv beeinflussen.

Außerdem wurde ein Vorschlag unterbreitet, wie in Zukunft die hydraulische Sanierung eines überlasteten Kanalnetzes erfolgen kann. Insgesamt ist aber zukünftig ein höherer Planungsaufwand als in der Vergangenheit notwendig, um die Bau- und Betriebskosten eines Kanalnetzes zu senken.

Wichtig ist außerdem, daß die europäischen Kanalisationsnormen für die Grundstücksentwässerung genauso gelten wie für das öffentliche Kanalnetz. Damit besteht die Chance, daß zukünftig die Anschlußkanäle im privaten Bereich mit gleicher Qualität wie im öffentlichen verlegt werden.

Bei der Wartung und beim Betrieb der Kanalnetze werden weitgehend die deutschen Erfahrungen bestätigt. Für die Zukunft werden aber zur besseren Bewältigung der zusätzlichen Betriebsaufgaben elektronische Werkzeuge wie z.B. Kanaldatenbanken empfohlen.

LITERATUR

(1) ATV: Richtlinien für die hydraulische Dimensionierung und den Leistungsnachweis von Abwasserkanälen und -leitungen, Arbeitsblatt A 110, GFA, St. Augustin, 1988

(2) ATV: Richtlinie für die hydraulische Berechnung von Schmutz-, Regen- und Mischwasserkanälen, Arbeitsblatt A 118, GFA, St. Augustin, 1977

(3) ATV: Richtlinien für die Bemessung und Gestaltung von Regenentlastungen in Mischwasserkanälen, Arbeitsblatt A 128, GFA, St. Augustin, 1992

(4) ATV: Regeln für den Kanalbetrieb, Teil 1: Kanalnetz, Arbeitsblatt A 140, GFA, St. Augustin, 1990

(5) ATV: Richtlinie für die statische Berechnung von Entwässerungskanälen und -leitungen, Arbeitsblatt A 127, GFA, St. Augustin, 1988

(6) ATV: Richtlinien für die Herstellung von Entwässerungskanälen und -leitungen, Arbeitsblatt A 139, GFA, St. Augustin, 1988

(7) ATV: Überlastungshäufigkeit von Kanalnetzen, Definition und Nachweisrechnungen, Arbeitsbericht der ATV-Gruppe 1.2.6 „Hydrologie der Stadtentwässerung“, Korrespondenz Abwasser 35 (1988), Heft 2, S. 149

(8) ATV: Überlastungshäufigkeit von Kanalnetzen, Vorschlag zur Festlegung von Grenzwerten für Nachweisrechnungen und Bemessungen, Arbeitsbericht der ATV-Arbeitsgruppe 1.2.6 „Hydrologie der Stadtentwässerung“, Korrespondenz Abwasser 36 (1989), Heft 8, S. 909

(9) Howe, H.; Purde, H.-J.: Stand der europäischen Normung für die Abwasserableitung und Abwasserreinigung, Die europäische Harmonisierung von technischen Regeln für Abwasserrohre, Rohrstatik und Rohrverlegung von CEN/TC 165, Korrespondenz Abwasser 41 (1994), Heft 3, S. 376

(10) Pecher, R.: Leistungsfähigkeit der Abwasserkanalnetze in Relation zu den Kosten, ATV-Workshop „Bemessung von Kanälen und Regenwasserbehandlungsanlagen“, ATV, St. Augustin 1993

(11) Pecher, R.: Europäische Normung der Entwässerungsanlagen, Korrespondenz Abwasser 41 (1994), Heft 3, S. 386

(12) Weiler, W.: Überblick über die europäische Normung in der Abwassertechnik, Korrespondenz Abwasser 41 (1994), Heft 3, S. 371

(13) -: prEN 752, Entwässerungssysteme außerhalb von Gebäuden, Teil 1: Allgemeines, Teil 2: Anforderungen, Teil 3: Planung, Rosadruck 1992, Teil 4: Hydraulische Berechnungen und Umweltschutzaspekte, Rosadruck 1993, Beuth Verlag, Berlin und Köln

(14) -: Urteil des Bundesgerichtshofes (III ZR 66/88) vom 05.10.1989, Korrespondenz Abwasser 37 (1990), Heft 3, S. 292

(15) -: DIN 1986, Entwässerungsanlagen für Gebäude und Grundstücke, Juni 1988, Beuth Verlag, Berlin und Köln

(16) -: DIN 4033, Entwässerungskanäle und -leitungen aus vorgefertigten Rohren, Richtlinien für die Ausführung, November 1979, Beuth Verlag, Berlin und Köln

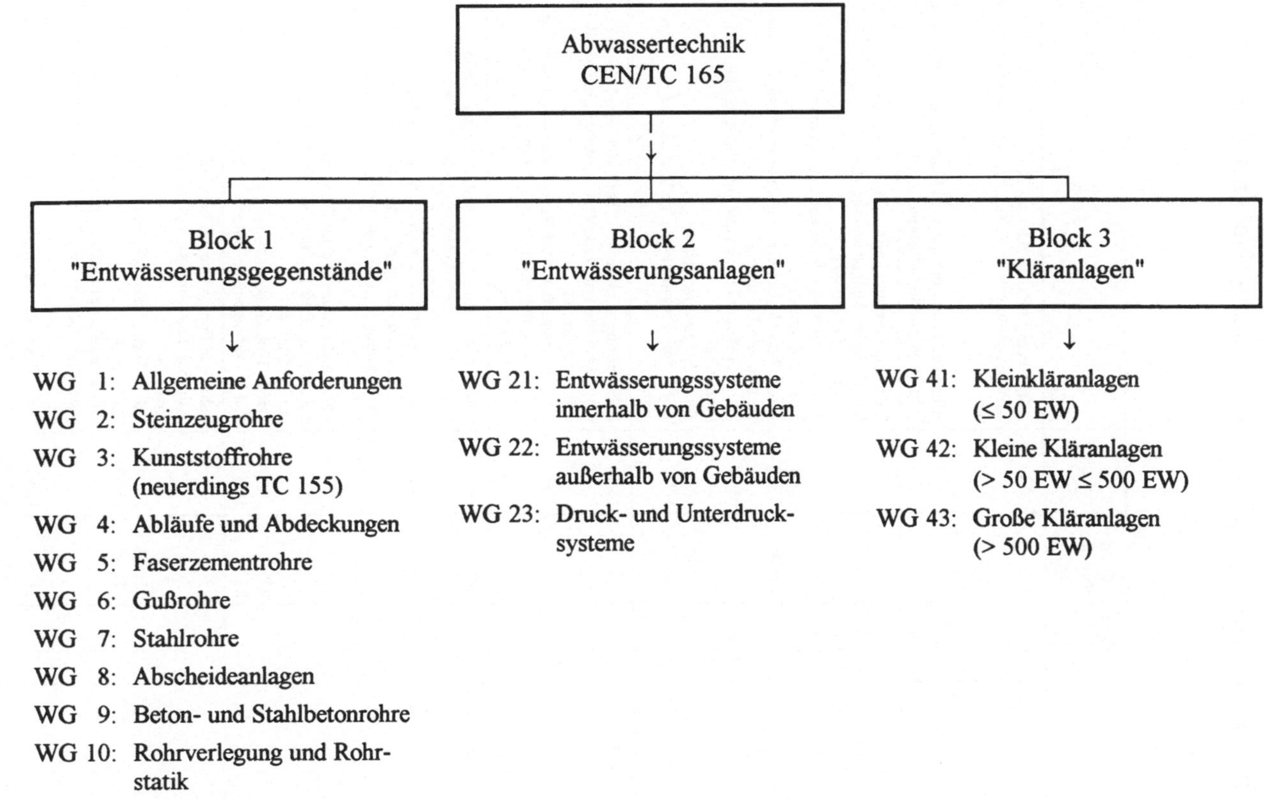

Anlage 1: Organigramm der europäischen Normung im Abwasserbereich

Anlage 2: Stand der europäischen Normung (November 1994)

Arbeitsgruppe	Normen (DIN EN)	Norm-Entwürfe (prEN)	Ausgabe	Titel
WG 1: Allgemeine Anforderungen		476	6/91	Allgemeine Anforderungen an Bauteile für Abwasserkanäle und -leitungen für Schwerkraftentwässerungssysteme
		773	10/92	Allgemeine Anforderungen an Bauteile für hydraulisch betriebene Abwasserdruckleitungen
WG 2: Steinzeugrohre				Steinzeugrohre und Formstücke sowie Rohrverbindungen für Abwasserleitungen und -kanäle
	295-1		10/91	Teil 1: Anforderungen
	295-2		10/91	Teil 2: Güteüberwachung und Probenahme
	295-3		10/91	Teil 3: Prüfverfahren
		295-4	2/93	Teil 4: Anforderungen an Sonderformstücke, Übergangsbauteile und Zubehörteile
	295-5		05/94	Teil 5: Anforderung an gelochte Steinzeugrohre und Formstücke
		295-6	1/93	Teil 6: Steinzeugschächte
		295-7	1/93	Teil 7: Steinzeugrohre und Verbindungen beim Rohrvortrieb
WG 4: Abläufe und Abdeckungen	124		06/94	Entwässerungsrinnen für Verkehrsflächen; Klassifizierung, Bau- und Prüfgrundsätze, Kennzeichnung und Güteüberwachung
		124	7/92	Entwässerungsrinnen für Verkehrsflächen; Klassifizierung, Bau- und Prüfgrundsätze, Kennzeichnung und Güteüberwachung
WG 5: Faserzementrohre		588-1	1/92	Faserzementrohre für Abwasserkanäle und -leitungen; Teil 1: Rohre, Rohrverbindungen und Formstücke
WG 6: Abwasserleitungen aus Gußeisen		598	4/92	Rohre, Formstücke, Zubehörteile aus duktilem Gußeisen und ihre Verbindungen für die Abwasser-Entsorgung; Anforderungen und Prüfverfahren (gemeinsam mit TC 203)
				Rohre und Formstücke aus Gußeisen, Verbindungen und Zubehör zur Entwässerung von Gebäuden (gemeinsam mit TC 203)
		877-1	1/93	Teil 1: Technische Anforderungen
		877-2	1/93	Teil 2: Prüfungen und Güteüberwachung
WG 7: Stahlrohre				Rohre und Formstücke aus längsnahtgeschweißtem Stahlrohr, feuerverzinkt, mit Steckmuffe für Abwasserleitung
		1123-1	12/93	Teil 1: Technische Lieferbedingungen
		1123-2	12/93	Teil 2: Maße
				Rohre und Formstücke aus längsnahtgeschweißtem, nicht rostendem Stahlrohr mit Steckmuffe für Abwasserleitungen
		1124-1	12/93	Teil 1: Technische Lieferbedingungen
		1124-2	12/93	Teil 2: Maße

Arbeitsgruppe	Normen (DIN EN)	Norm-Entwürfe (prEN)	Ausgabe	Titel
WG 8: Abscheider				Abscheideranlagen für Leichtflüssigkeiten (z.B. Öl und Benzin);
		858-1	9/92	Teil 1: Bau-, Funktions- und Prüfgrundsätze, Kennzeichnung und Güteüberwachung
WG 10: Rohrverlegung und Rohrstatik		1295	4/94	Statische Berechnung von erdverlegten Rohrleitungen unter verschiedenen Belastungsbedingungen
WG 11: Ablaufgarnituren	274		01/92	Ablaufgarnituren für Waschtische, Sitzwaschbecken und Badewannen; Allgemeine technische Anforderungen
	329		12/93	Sanitärarmaturen; Ablaufgarnituren für Duschwannen; Allgemeine technische Anforderungen
		411		Sanitärarmaturen; Ablaufgarnituren für Spülen; Allgemeine technische Anforderungen
WG 22: Entwässerungssysteme außerhalb von Gebäuden				Entwässerungssysteme außerhalb von Gebäuden;
		752-1	892	Teil 1: Allgemeines
		752-2	8/92	Teil 2: Anforderungen
		752-3	8/92	Teil 3: Planung
		752-4	7/93	Teil 4: Hydraulische Berechnung und Umweltschutzaspekte
		752-5	5/94	Teil 5: Sanierung
WG 23: Druck- und Unterdruckentwässerungssysteme		1091	9/93	Unterdruckentwässerung außerhalb von Gebäuden; Leistungsanforderungen

Untersuchungen zur Vergleichbarkeit der deutschen und europäischen Anforderungen an die kommunale Abwasserreinigung*

H. Johannes Pöpel und Stefan Rettig, Darmstadt

1. Einführung

Die Anforderungen an den Nährstoffgehalt im Ablauf kommunaler Abwasserbehandlungsanlagen in der Bundesrepublik haben sich in der zweiten Hälfte der achtziger Jahre stürmisch entwickelt, ehe sie in der "Allgemeinen Rahmen-Verwaltungsvorschrift über Mindestanforderungen an das Einleiten von Abwasser in Gewässer" vom 08.09.1989 [1] mit Ergänzungen vom 27.07.1991 [2] festgelegt worden sind. Etwa parallel dazu wurden "die Richtlinie des Rates vom 21.05.1991

Tabelle 1: Anforderungen nach deutschem Recht: Mindestanforderungen nach der Rahmen-Abwasserverwaltungsvorschrift - Anhang 1

Größenklasse	EW auf Basis von 60 g $BSB_5/(E \cdot d)$	CSB mg/l	BSB_5 mg/l	NH_4-N*) mg/l	anorg.N*) mg/l	gesamt-P mg/l
1	< 1.000	150	40	-	-	-
2	1.000 bis < 5.000	110	25	-	-	-
3	5.000 bis < 20.000	90	20	10	18**)	-
4	20.000 bis < 100.000	90	20	10	18**)	2
5	≥ 100.000	75	15	10	18**)	1

*) Diese Anforderung gilt bei einer Abwassertemperatur von 12°C und größer im Ablauf des biol. Reaktors der Abwasserbehandlungsanlage. An die Stelle von 12°C kann auch die zeitliche Begrenzung vom 1.5.bis 31.10. treten.

) **25 mg/l wenn die *Gesamt-N-Tagesfracht* um ≥ 70 % reduziert wird

Überwachungswerte:	2-h-Mischprobe oder qualifizierte Stichprobe
Einhaltungskriterium:	höchstens **eine** der letzten fünf Überprüfungen übersteigt den Grenzwert, **höchstens** um 100 %
Erhöhte Anforderungen:	
Höhe der Werte:	z.B.: 5 mg/l NH_4-N; 10 mg/l anorg. N; 0,5 mg/l P_{ges}, auch für BSB_5 und CSB
Temperatur:	für N-Anforderungen: z.B. 5°C oder T_{min}

* nach einem Vortrag gehalten am 21.09.1994 auf der ATV-Bundestagung in Saarbrücken

über die Behandlung von kommunalem Abwasser" [3] erarbeitet. Beide Vorschriften unterscheiden sich in einer Reihe von Aspekten. Die wichtigsten ergeben sich aus der Gegenüberstellung beider Anforderungssysteme in den Tabellen 1 und 2, auf die andernorts bereits detailliert eingegangen wurde [4].

Tabelle 2: Anforderungen nach der EG-Richtlinie

Grundanforderungen ("Normalgebiet"):	**CSB** ≤ 125 mg/l (75 %) **BSB_5** ≤ 25 mg/l (70 - 90 %)
Anforderungen **"empfindliche Gebiete":**	zusätzlich **Nährstoffelimination**

Anforderungen nach der EG-Richtlinie für "empfindliche Gebiete"

Parameter	jahresmittlere Konzentration bei 10^4 bis 10^5 EW	jahresmittlere Konzentration bei >100.000 EW	prozentuale Verringerung
Gesamt-P	2	1	80 %
Gesamt-N	15	10	70 - 80 %

Probenart:	abfluß- oder zeitproportionale **24-h-Mischprobe**
Mindestprobenzahl:	≤ 50.000 EW: 12 pro Jahr > 50.000 EW: 24 pro Jahr
Einhaltungskriterium:	
BSB_5, CSB:	zulässige **Anzahl** der Proben **über Grenzwert** hängt vom Probenumfang ab Höchstüberschreitung der einzelnen Probe: **100 %**
Nährstoffe N und P:	**Jahresmittelwert** der Proben
eigene Regelungen:	in den Mitgliedstaaten **möglich**, sofern die Anforderungen der **EG-Richtlinie gerecht** werden

Im Hinblick auf die vielen nach den deutschen Anforderungen gebauten bzw. sanierten Anlagen haben diese Unterschiede die grundlegende Frage nach der Gleichwertigkeit der Anforderungen aufgeworfen. Diese Frage erhält ihre Kompexität dadurch, daß sich das Niveau der Anforderungen (Grenzwerte) zum Teil unterscheidet, insbesondere aber die Probenahme (qualifizierte Stich-/2-h-Mischprobe und 24-h-Mischprobe) und der Probenumfang sowie die Bewertung der Einhaltung der Anforderungen (4-aus-5-Regel und probenumfangabhängige Überschreitung für die organischen Schmutzstoffe bzw. Jahresmittelwert für die Nährstoffe). Zur angesprochenen Problematik sind bisher zwei Stellungnahmen [5, 6] veröffentlicht worden, auf die im Abschnitt 2 kurz eingegangen wird.

An der Technischen Hochschule Darmstadt werden derzeit im Auftrag des Landesamtes für Wasser und Abfall NRW und des Kuratorium für Wasserwirtschaft Untersuchungen zur Gleichwertigkeit der Anforderungen auf mathematisch-statistischer Grundlage am Institut WAR - Wasserversorgung · Abwassertechnik · Abfalltechnik · Umwelt- und Raumplanung (Arbeitsgruppe Professor Pöpel) sowie von der Arbeitsgruppe Stochastik und Operations Research (Professor Lehn) durchgeführt. Die Arbeiten sollen Anfang 1995 abgeschlossen werden. Entsprechend liegen derzeit (Abfassung des Manuskripts) noch keine Ergebnisse vor. Auf den Hintergrund und die Methodik dieser Untersuchungen wird im Abschnitt 3 detailliert eingegangen. Eine Zusammenfassung mit Ausblick bildet den Abschluß des Beitrags.

2. Bisherige Ansätze

Nach Veröffentlichung der EG-Richtlinie wurde die ATV-ad-hoc-Arbeitsgruppe zur Umsetzung der EG-Richtlinie "Kommunales Abwasser" gebildet, die ihre Ergebnisse im Juni 1993 veröffentlichte [5]. Beim **Stickstoff** wird der qualitative Unterschied zwischen beiden Anforderungsniveaus ($N_{ges} - N_{anorg} = N_{org}$) mit 2 mg/l N angesetzt und festgestellt, daß die EG-Anforderung von 15 mg/l N_{ges} in etwa der BRD-Anforderung entspricht, daß jedoch die Anforderung von 10 mg/l N_{ges} "eine schärfere Anforderung als 18 mg/l $N_{ges,anorg}$ gemäß Anhang 1 darstellt". Bezüglich der Anforderungen an **Phosphor** unterstreicht die ad-hoc-Gruppe: "die im Anhang 1 geforderte Phosphorelimination ist bei gleichen Grenzwerten aufgrund kürzerer Probenahmezeiten schärfer als die Maximalforderungen der EG-Richtlinie". Der Anforderungsunterschied für Anlagengrößen von 10.000 bis 20.000 EW wird zusätzlich diskutiert.

Gleichzeitig mit der obigen Stellungnahme wurde ein statistischer Anforderungsvergleich zur Stickstoffelimination veröffentlicht [6]. Dabei wird zusammenfassend konstatiert: "Der statistische Vergleich der Anforderungen der EG-Richtlinie und des Anhanges 1 zur RahmenabwasserVwV für Stickstoff auf der Basis einer Normal- und einer logarithmischen Normalverteilung führt zu dem Ergebnis, daß für den praxisrelevanten Streuungsbereich der Daten und unter Berücksichtigung der unterschiedlichen Randbedingungen im Größenklassenbereich 10.000 bis 100.000 EW nur geringfügige Unterschiede bestehen, wohingegen für Anlagen über 100.000 EW die EG-Richtlinie mit 10 mg/l gesamt gebundener Stickstoff als Jahresmittel die deutlich schärfere Anforderung darstellt".

Damit kommen beide Analysen im wesentlichen zu dem gleichen Ergebnis, daß die EG-Richtlinie bei Anlagen über 100.000 EW für Stickstoff schärfere Anforderungen stellt, während für die übrigen Bereich von einer Vergleichbarkeit ausgegangen werden kann. Die noch zu erarbeitenden Ergebnisse der im nächsten Abschnitt erläuterten Untersuchungen müssen ausweisen, ob sich dies auch auf Basis einer genaueren mathematisch-statistischen Analyse ergibt.

3. Neue Untersuchungen zur Vergleichbarkeit

3.1 Übersicht über den neuen Ansatz

Das Grundkonzept des neuen Ansatzes sieht vor, daß umfangreiches Datenmaterial der Ablaufwerte von Abwasserbehandlungsanlagen einer Zeitreihenanalyse unterworfen wird, welche die Kennwerte für ein zu erstellendes Simulationsmodell liefert. Das Modell hat zwei wesentliche Eigenschaften:

- ❑ die simulierten Ablaufschwankungen stimmen (fast) genau mit der Wirklichkeit überein;

- der langfristige Mittelwert M der Ablaufdaten kann verändert werden, wodurch eine Leistungssteigerung bzw. -senkung der Anlage simuliert wird.

Mit diesem Modell erfolgt eine möglichst naturgetreue Nachbildung von realen Ablaufschwankungen bei unterschiedlicher *mittlerer* Leistungsfähigkeit M über einen beliebig langen Zeitraum. Aus den auf diese Weise erzeugten Ablaufwerten werden Proben entsprechend den deutschen bzw. EG-Vorschriften gezogen. Anschließend wird die Einhaltung der jeweiligen Ablaufanforderung überprüft. Aufgrund der umfangreichen Probenahme kann die *mittlere relative Akzeptanz- bzw. Annahmehäufigkeit* $H_A(M)$ (Ablaufanforderungen sind eingehalten) - im folgenden kurz *Annahmehäufigkeit* genannt - in Abhängigkeit von der mittleren Leistungsfähigkeit M der Anlage mit Hilfe der Simulation ermittelt werden. Diese Funktion $H_A(M)$ wird mit *"Gütekennlinie"* bezeichnet.

Der quantitative Vergleich beider Richtlinien erfolgt abschließend durch eine Gegenüberstellung der Gütekennlinien beider Anforderungssysteme. Dabei stellt eine Richtlinie dann strengere Anforderungen, wenn ihre Annahmehäufigkeit $H_A(M)$ geringer ist als die der anderen.

Die Übersicht über den neuen Ansatz zur Überprüfung der Vergleichbarkeit der Richtlinien wird nachfolgend detailliert ausgearbeitet. Dabei wird zunächst auf das gesammelte Datenmaterial von Kläranlagenabläufen eingegangen. Diesem schließt sich eine Darlegung der Zeitreihenanalyse der Daten und die Beschreibung des Simulationsmodells an. Danach wird die eigentliche Ablaufsimulation einschließlich der Probenahme aus den simulierten Daten beschrieben. Den Abschluß bildet die Bewertung der Probenahme und Aufarbeitung zu Gütekennlinien sowie das Verfahren zur Beurteilung von Unterschieden der Kennlinien und damit des Anforderungsniveaus.

3.2 Das Datenmaterial

Als Datenmaterial sollten die Bundesländer Zu- und Ablaufwerte von mindestens neun Anlagen zur Verfügung stellen und zwar von jeweils mindestens drei Anlagen der Größenbereiche 10.000 bis 20.000 EW, 60.000 bis 70.000 EW und 500.000 bis 800.000 EW, die nach oder in Anlehnung an ATV A 131 ausgeführt und zu 70 bis 90 % ausgelastet sind. Für die Parameter BSB_5, CSB, Stickstofffraktionen, Phosphor, Temperatur und Abwassermenge erschienen (nicht unterbrochene) Zeitreihen von Tagesmischproben über 1 Kalenderjahr und 2-h-Mischproben über einen Winter- und einen Sommermonat (ohne starken Urlaubseinfluß) erforderlich.

Die vom Auftraggeber durchgeführte Datensammlung war sehr mühsam und zeitraubend. Schließlich stand Material von 21 Anlagen zur Verfügung, das jedoch insgesamt dem obigen Anforderungsprofil nicht genügte. Zulaufdaten fehlten vollkommen und die Ablaufdaten der Nährstoffe von nur fünf Anlagen ließen vom Umfang und der zeitlichen Stetigkeit eine Zeitreihenanalyse zu. Kontinuierliche Ablaufwerte von BSB_5 und CSB fehlten bis auf eine CSB-Woche gänzlich. Das übrige Datenmaterial war insofern wertvoll, als damit zunächst nicht erwartete Tendenzen eingehender überprüft werden konnten.

Aufgrund des Fehlens von Zulaufdaten mußte auf eine Überprüfung der Vergleichbarkeit auf Basis des Frachtabbaus, wie es die EG-Richtlinie als Möglichkeit vorsieht, verzichtet und der Vergleich auf die Ablaufkonzentrationen begrenzt werden. Der geringe Umfang an kontinuierlichen Ablaufwerten der Konzentration machte es erforderlich, daß nicht - wie ursprünglich geplant - jeweils drei, gegebenenfalls etwas unterschiedlich arbeitende Anlagen aus drei Größenbereichen (s. oben) modelliert werden konnten, sondern daß vielmehr aus diesem Material typische Eigenschaften von Ablaufschwankungen durch die Zeitreihenanalyse abgeleitet und in ein Simulationsmodell eingearbeitet werden mußten.

Da Ablaufdaten einen ausgesprochenen Tagesgang aufweisen und das Ablaufmaximum häufig erst während der Nacht auftritt, spielt der *Zeitpunkt* der Probenahme bei der Rahmen-AbwasserVwV eine wichtige, bei der EG-Richtlinie aufgrund der Tagesmischprobe jedoch keine Rolle. Neben dem Datenmaterial war daher die Art der Probenahme der Bundesländer zu erheben. Die entsprechenden Ergebnisse sind in Tabelle 3 übersichtlich zusammengefaßt. Trotz vieler Unterschiede im Einzelnen ergibt sich daraus folgende häufigste Probenahmemodalität: qualifizierte Stichprobe, die nur werktags zwischen 8^{00} und 17^{00} Uhr gezogen wird.

Tabelle 3: Übersicht über Probenahmemodalität der Bundesländer

Parameter	Größenklasse 2	Größenklasse 3	Größenklasse 4	Größenklasse 5
Proben pro Jahr	1 - 6	1 - 6	1 - 12	1 - 12
2-h-Mischprobe	0 - 33 %	0 - 80 %	0 - 100 %	0 - 100 %
qual.Stichprobe	67 - 100 %	20 - 100 %	0 - 100 %	0 - 100 %
Probenahmetag Wochenende:	nur werktags 1 BL: 0,3 %	nur werktags 2 BL: ≤ 1,1 %	nur werktags 2 BL: ≤ 1 %	nur werktags 2 BL: ≤ 2 %
Probenahmezeit	meist 8 - 17^{00} z.T.6 - 22^{00} nachts 0-2 %	meist 8 - 17^{00} z.T.6 - 22^{00} nachts 0-4 %	meist 8 - 17^{00} z.T.6 - 22^{00} nachts 0-12 %	meist 8 - 17^{00} z.T.6 - 22^{00} nachts 0-12 %

3.3 Zeitreihenanalyse

Im Gegensatz zu den bisherigen statistischen Untersuchungen, die auf geeignet gewählten Verteilungsannahmen über die zugrundeliegenden Parameter (Stickstoff, Phosphor, usw.) basieren und eine Analyse der Auswirkungen von zeitlichen Effekten im Datenmaterial auf die Güte des verwendeten Prüfplans nicht zulassen, wurde im hier vorzustellenden Ansatz versucht, ein stochastisches Modell zur Beschreibung von Ablaufwerten zu entwickeln, das die Berücksichtigung von zeitlichen Einflüssen in den Daten ermöglicht. Solche zeitlichen Effekte in den Ablaufwerten können sich auch auf die Aussage und Schärfe von Überwachungsstrategien erheblich auswirken:

- Tritt z.B. das Maximum der Inhaltsstoffkonzentration zu Zeitpunkten auf, an denen in der Regel keine Probenahme erfolgt, so verringert sich in diesem Fall die Beanstandungshäufigkeit und damit die Schärfe der Überwachungsstrategie.

- Das Maximum im Tagesgang der Abwassermenge kann zeitlich mit dem Minimum im Tagesgang der Inhaltsstoffkonzentration zusammenfallen. Dadurch werden bei der abflußproportionalen 24-h-Mischprobe geringe Konzentrationen (bezogen auf den Tagesgang) mit einem hohen Gewicht bei der Mittelwertbildung belegt.

Während der erstgenannte Effekt bei der Überwachung gemäß der Rahmen-AbwasserVwV berücksichtigt werden könnte, wird sich der zweite Effekt auf die Schärfe einer Überwachungsstrategie gemäß der EG-Richtlinie auswirken.

In den vorhandenen Meßreihen kontinuierlicher 2-h-Mischproben weisen zeitlich aufeinanderfolgende Werte - wie oben erwähnt - eine starke Abhängigkeit voneinander auf. Dies kann zur Folge haben, daß ein Einfluß des Zeitpunktes der Probenahme auf den zugehörigen Wert vorliegt, wenn nämlich die Inhaltsstoffkonzentrationen einen ausgesprochenen Tagesgang aufweisen. Das Hauptziel der statistischen Auswertung des vorhandenen Datenmaterials war daher, die offensichtlich vorhandenen Abhängigkeiten innerhalb der Daten qualitativ, aber vor allem auch quantitativ zu erfassen. Dazu wurden die Methoden der Zeitreihenanalyse herangezogen.

Zur Durchführung solcher Analysen werden Meßreihen von Ablaufdaten benötigt, deren Werte aus *kontinuierlichen* und *nicht unterbrochenen* 2-h-Mischproben bestehen, wobei die Messungen über einen längeren Zeitraum (ca. 1 Monat) vorgenommen sein sollten. Solche Daten lagen von mehreren Anlagen für unterschiedlich lange Beobachtungszeiträume für die Inhaltsstoffe Ammonium (NH_4-N), Nitrat (NO_3-N) und Gesamtphosphor P sowie für die Abwassermenge Q vor. Für die organischen Schmutzparameter BSB_5 und CSB lag nur eine einzige Zeitreihe mit CSB-Werten über *eine* Woche vor, so daß hier des zu geringen Umfangs des Datenmaterials wegen keine Analysen über zeitliche Effekte durchgeführt werden konnten. Es wird daher bei der Beschreibung der Ablaufschwankungen von BSB_5 und CSB auf die für die anderen Parameter entwickelten Modelle zurückgegriffen, wobei allerdings die Abhängigkeiten zwischen BSB_5- und CSB-Werten durch Anwendung von Regressionstechniken berücksichtigt werden.

In einem ersten Auswertungsschritt wurden die vorhandenen Zeitreihen für die Inhaltsstoffe NH_4-N, NO_3-N und P sowie für die Abwassermenge Q dahingehend untersucht, welche qualitativen Effekte in den beobachteten Ganglinien auftreten. Die Analyse zeigte, daß die einzelnen Ganglinien folgende Komponenten enthalten:

- Die Ablaufwerte sind zunächst bestimmt durch einen langfristigen Mittelwert M, der die mittlere Güte der Anlagenablaufs beschreibt und die im folgenden als *Ablaufniveau* bezeichnet wird.

- Es treten Abhängigkeiten von der Tageszeit der Probenahme auf, die sich in einem Tages- bzw. Wochenrhythmus wiederholen, d.h. es liegt den Ablaufschwankungen ein deutlicher Tages- bzw. Wochengang zugrunde.

- Erhöhte bzw. verminderte Konzentrationen im Zufluß führen zu Änderungen des Niveaus der Ablaufkonzentrationen. Diese Niveauschwankungen bewirken, daß die Ablaufwerte über mehrere 2-h-Perioden hinweg über bzw. unter dem langfristigen Mittelwert liegen, bevor sie sich wieder dem den Ablauf charakterisierenden Niveau nähern.

- Es treten Extremwerte auf, z.B. bei der Abwassermenge Q durch Regenereignisse, die kurzfristig eine starke Erhöhung der Ablaufwerte bedingen. Diese Extremwerte prägen sich in den beobachteten Ganglinien deutlich als Spitzen aus.

Während die erstgenannte Komponente im wesentlichen die Größenordnung, also die Lage der Ablaufwerte auf einer vorgegebenen Skala beschreibt, charakterisieren die anderen Komponenten das Schwankungsverhalten der Meßwerte.

Um für real existierende Anlagen die beschriebenen Komponenten auch quantitativ zu erfassen, müssen die beobachteten Ganglinien, die durch Überlagerung dieser Komponenten entstanden sind, in die einzelnen Bestandteile zerlegt werden. Dies geschieht mit speziellen Methoden der Zeitreihenanalyse wie z.B. Trendberechnungen, Filtertechniken zur Schätzung der Tages- bzw. Wochengangfiguren und Korrelationsanalysen [7].

Die durchgeführten Untersuchungen haben außerdem gezeigt, daß neben den zeitlichen Einflüssen, die durch die obigen Komponenten beschrieben werden, auch direkte Abhängigkeiten zwischen den Ablaufwerten verschiedener Parameter bestehen. So zeigen die Daten, daß sehr oft auf Extremwerte der Abwassermenge Q Extremwerte bei den Inhaltsstoffen NH_4-N, NO_3-N und P folgen. Auch diese Abhängigkeiten wurden bei der stochastischen Modellierung berücksichtigt. Dagegen wies das gesamte Datenmaterial keine Temperatureffekte auf- selbst bei NH_4-N und NO_3-N nicht (siehe Abbildungen 1 und 2) - und auch keine jahreszeitlichen Effekte. Dies kann nur darauf zurückgeführt werden, daß die nach den Bemessungsvorschriften ausgelegten Anlagen so viel Reserve aufweisen, daß bei den erfaßten niedrigen Temperaturen (bis etwa 5°C) noch kein nachteiliger Effekt auftritt.

Für die Abwassermenge Q sowie für die einzelnen Inhaltsstoffe NH_4-N, NO_3-N und P sollen nun die charakteristischen Eigenschaften der Ganglinien beschrieben werden. Als Beispiel wird jeweils die Ganglinie der Anlage Hildesheim im Monat August 1992 dargestellt (pro Zeitreihe 31 Tage $*$ 12 2-h-Werte pro Tag = 372 Werte).

Abwassermenge

Die Ganglinien der Abwassermenge weisen einen deutlichen Tagesgang auf (siehe Abbildung 3), wobei beim vorliegenden Datenmaterial der Anlage Hildesheim das Minimum des Tagesgangs in den frühen Morgenstunden (5^{00} bis 7^{00} Uhr) liegt und

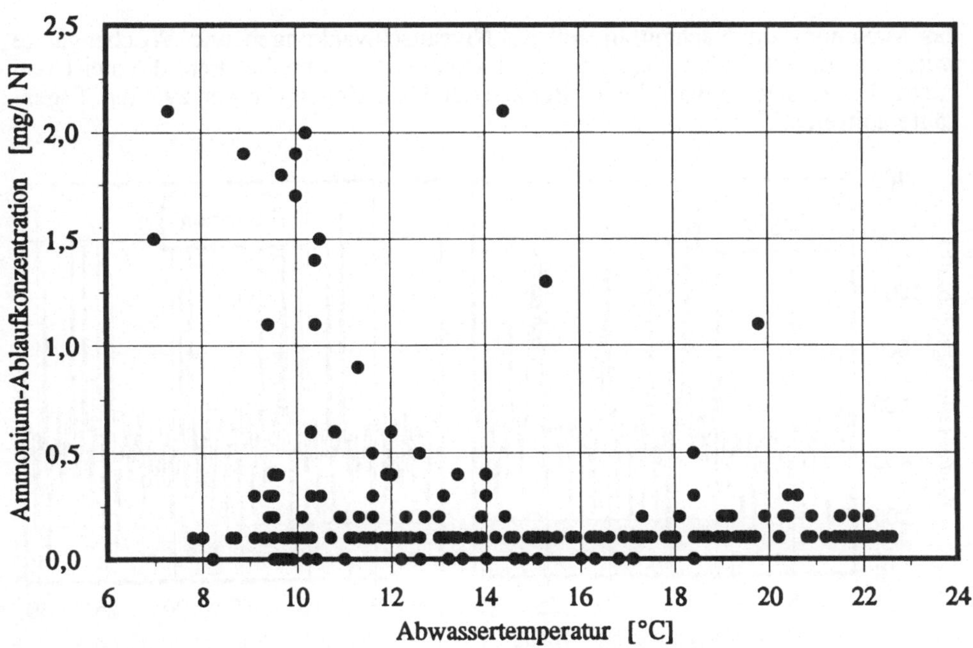

Abb. 1: Temperaturunabhängigkeit des Ammoniumstickstoffs (Crailsheim)

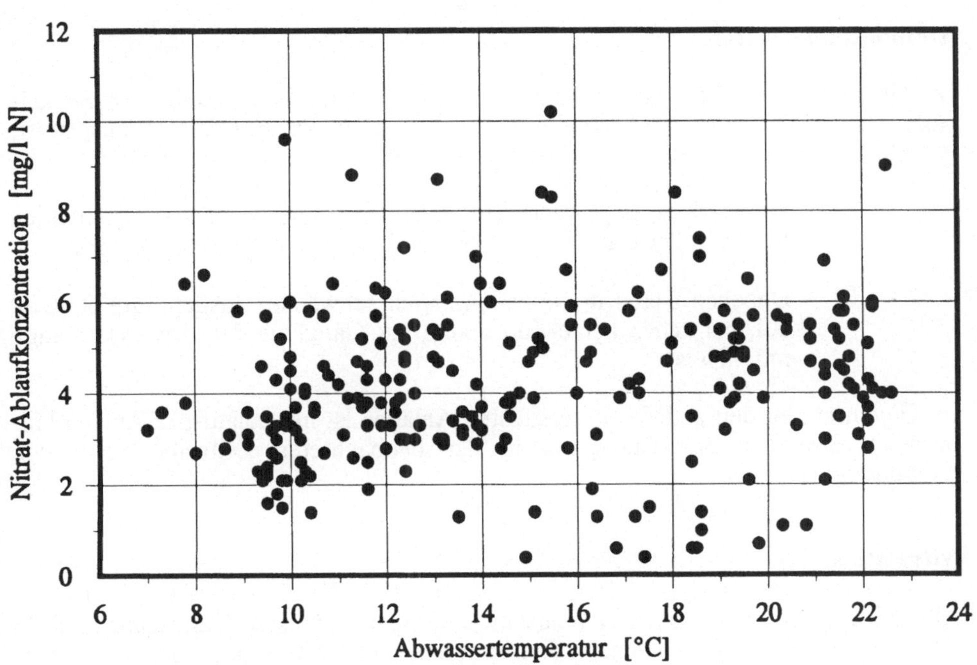

Abb. 2: Temperaturunabhängigkeit des Nitratstickstoff (Crailsheim)

das Maximum am Nachmittag auftritt. Niveauschwankungen und Wochengänge wurden nicht festgestellt. Dagegen sind Extremwerte zu beobachten, die meist von kurzer Dauer sind (etwa 4 bis 6 Stunden) und vorwiegend in der zweiten Tageshälfte auftreten.

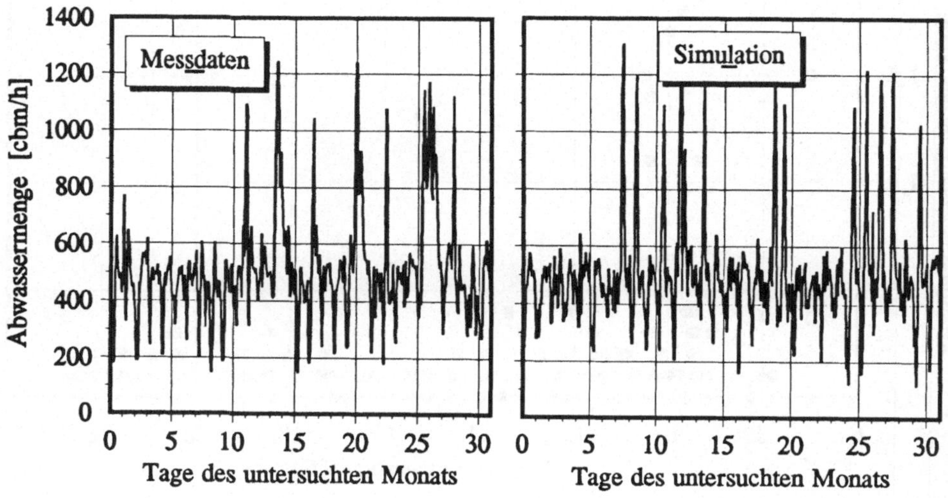

Abb. 3: Gemessene und simulierte Ganglinie der Abwassermenge Hildesheim

Ammoniumstickstoff

Die Ganglinien verharren zumeist auf dem (sehr niedrigen) Niveau des Anlagenablaufs. Dieses Verhalten wird nur durch das Auftreten von Extremwerten gestört, wobei zwei Typen von Spitzen zu unterscheiden sind:

- Die stark ausgeprägten Spitzen können meist einer vorausgehenden Spitze in der Ganglinie der Abwassermenge zugeordnet werden.
- Daneben treten in einigen Anlagen schwächer ausgeprägte Spitzen auf, bei denen keine Zuordnung zur Ganglinie der Abwassermenge möglich ist.

Im Gegensatz zu den anderen untersuchten Anlagen ist im Ablauf der Anlage Hildesheim zusätzlich ein Tagesgang in der beobachteten Zeitreihe vorhanden (Abbildung 4).

Nitratstickstoff

Alle Nitratganglinien weisen Niveauschwankungen und einen Tagesgang auf. In der Anlage Hildesheim sind nach Extremwerten in der Ganglinie der Abwassermenge oftmals sehr niedrige Konzentrationen in der Nitratganglinie zu beobachten (Abbildung 5).

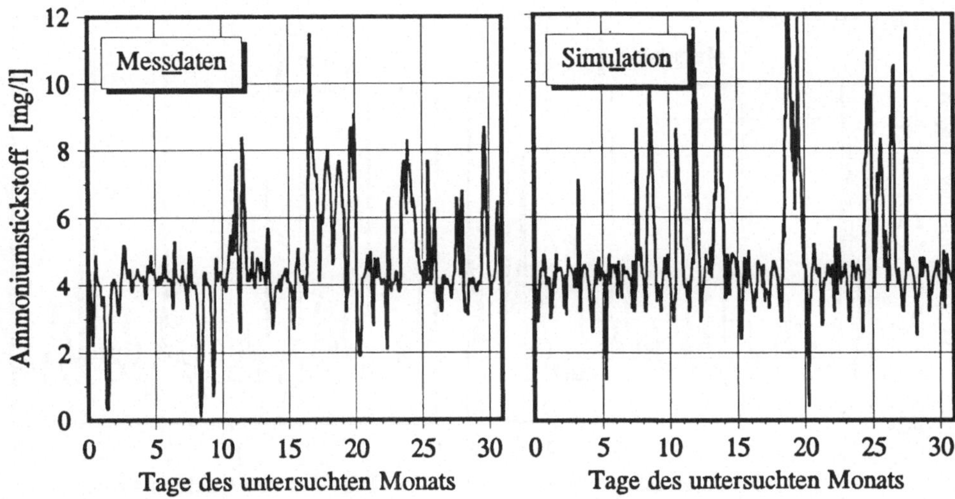

Abb. 4: Gemessene und simulierte Ablaufganglinie des NH_4-Stickstoff Hildesheim

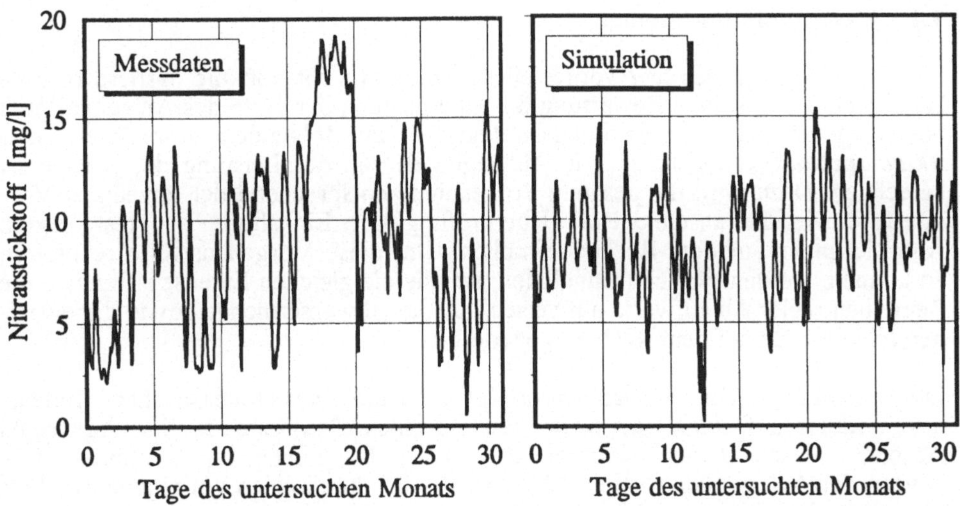

Abb. 5: Gemessene und simulierte Ablaufganglinie des NO_3-Stickstoff Hildesheim

Gesamtphosphor

Die Phosphorganglinien zeigen ein ähnliches dynamisches Verhalten wie die Nitratganglinien, d.h. sie enthalten Niveauschwankungen und Tagesgänge. Bei allen Anlagen konnten viele der Spitzenwerte in den Phosphorganglinien vorangehenden Extremwerten der Abwassermenge zugeordnet werden (Abbildung 6).

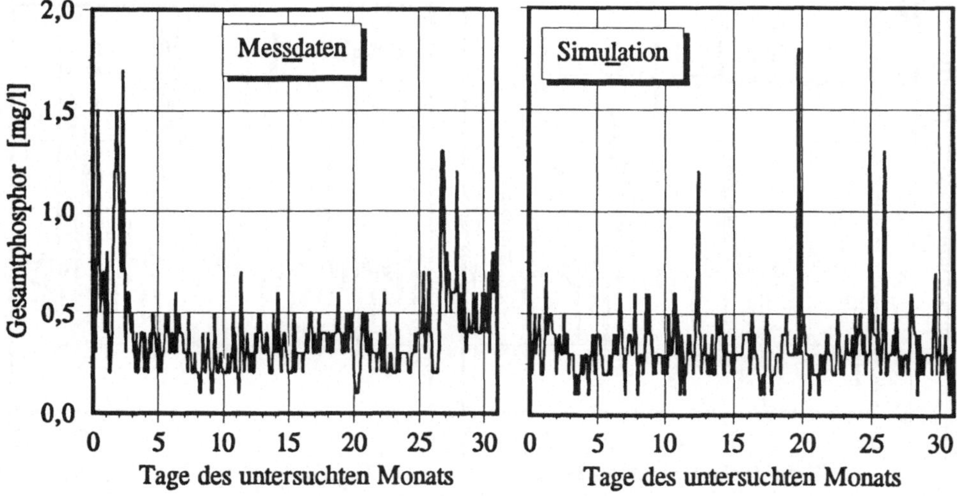

Abb. 6: Gemessene und simulierte Ablaufganglinie des Gesamtphosphor Hildesheim

3.4 Das Simulationsmodell

Das Grundkonzept des hier vorgestellten Ansatzes sieht vor, die mittlere relative Häufigkeit der positiven Bewertung der Überprüfung der Güte des Anlagenablaufs bei vorgegebener Überwachungsstrategie - im folgenden *Annahme-* oder *Akzeptanzhäufigkeit* genannt - in Abhängigkeit von der Leistung der Anlage zu berechnen. Dazu wird die gesamte Probenahme entsprechend der jeweiligen Vorschrift sowie die anschließende Überprüfung der Einhaltung der festgelegten Anforderungen auf dem Rechner simuliert. Um diese Vorgehensweise realisieren zu können, werden typische Ganglinien, welche die gleichen Eigenschaften wie die Zeitreihen realer Ablaufwerte aufweisen, für die Abwassermenge sowie die einzelnen Inhaltsstoffe auf dem Rechner generiert.

Die Erzeugung solcher Ganglinien erfolgt mit Hilfe eines stochastischen Modells, das modular aufgebaut ist, wobei die einzelnen Bausteine die im vorherigen Abschnitt beschriebenen Komponenten realer Ganglinien repräsentieren. Das Niveau der Anlage (langfristiger Mittelwert) wird durch einen vorgegebenen Wert festgelegt. Die Tages- und Wochengänge werden durch eine kombinierte Tages- und Wochensaisonfigur beschrieben, wobei die Tagessaisonfigur keine rein deterministische Größe ist, sondern stochastische Anteile enthält. Die Niveauschwankungen werden durch einen geglätteten autoregressiven Prozeß 1. Ordnung modelliert. Das Auftreten von Extremwerten wird durch einen speziellen Baustein realisiert, in dem auch die zu einer Spitze in der Ganglinie gehörenden Anlauf- und Ablaufvorgänge sowie die Zeitpunkte des Auftretens von Extremwerten berücksichtigt werden. In die Module des stochastischen Modells wurden außerdem die vorher beschriebenen Abhängigkeiten der Werte der Inhaltsstoffe von den Werten der Abwassermenge integriert. Ein auf dem Rechner generierter Ablaufwert für eine 2-h-Mischprobe ergibt sich durch Aufsummieren der Einzelwerte aus den jeweiligen Modulen.

Die Erzeugung einer simulierten Ganglinie soll exemplarisch für die Abwassermenge Q dargestellt werden. Der additive Zeitreihenansatz hat die Form

$$Q_t = q_o + T_t + W_t + E_t \qquad \text{wobei}$$

Q_t simulierter Wert
q_o Niveau des Anlagenablaufs (langfristiger Mittelwert)
T_t Wert des kombinierten Tages- und Wochenganges (Saisonfigur)
W_t Wert der Niveauschwankung (Änderung des Mittelwerts)
E_t Erhöhung durch Extremwerte

Alle vier Modellbausteine enthalten stochastische Komponenten. Die Variable t beschreibt die Zeit, wobei eine Zeiteinheit hier einem 2-h-Intervall entspricht (2-h-Mischprobe). In Abbildung 7 sind zunächst die Werte der einzelnen Summanden anschaulich dargestellt: oben links ist der langfristige Mittelwert der Abwassermenge (m^3/s) angegeben, darunter die Mittelwertschwankungen, deren langfristiger Mittelwert Null beträgt. Oben rechts sind die vorhandenen Spitzenwerte simuliert, während darunter der Tagesgang, der hier zusätzlich einen ausgeprägten Wochengang enthält, dargestellt ist. Die endgültige Ganglinie Q_t (unten im Bild) ergibt sich schließlich durch additive Überlagerung der Einzelkomponenten. Die Simulationsmodelle für die Inhaltsstoffe NH_4-N, NO_3-N und P sind vom gleichen Typ wie der vorher beschriebene Ansatz für die Abwassermenge.

Die einzelnen Modelle enthalten jeweils ca. 50 freie Modellparameter. Abhängig von der Größe der Modellparameter können auf der Basis des gleichen stochastischen Modells typische Ganglinien für sehr unterschiedlich arbeitende Anlagen erzeugt werden. Geeignete Schätzwerte für die einzelnen Modellparameter erhält man aus den beobachteten Meßreihen durch Anwendung der im vorherigen Abschnitt beschriebenen Methoden der Zeitreihenanalyse.

Die Abbildungen 3 bis 6 (rechts) zeigen die Ergebnisse einer solchen Anpassung für die Anlage Hildesheim. Dabei ist den beobachteten Meßreihen jeweils eine mit dem Simulationsmodell generierte Ganglinie gegenübergestellt.

Um den Zusammenhang zwischen der Ablaufgüte der Anlage und der Annahmehäufigkeit bei fest vorgegebener Überwachungsstrategie untersuchen zu können, wird bei der Simulation die Leistung der Anlage durch Anheben des Ablaufniveaus (Erhöhung des langfristigen Mittelwerts) rechnerisch verringert bzw. durch Absenken des Ablaufniveaus rechnerisch erhöht. Dabei ist zu beachten, daß eine Veränderung des langfristigen Mittelwerts Auswirkungen auf das Schwankungsverhalten der Ganglinie hat. Die Leistung der Anlage wird insgesamt so modifiziert, daß mit steigendem Niveau die *absolute* Streuung der Ablaufwerte ebenfalls zunimmt, die *relative* Streuung, d.h. der Variationskoeffizient, sich dagegen vermindert - und umgekehrt.

3.5 Durchführung der Simulation und Probenahme

Das Ziel der Simulationsstudie ist die Berechnung von relativen Annahme- bzw. Akzeptanzhäufigkeiten für verschiedene Ablaufniveaus bei festgelegten Anforderungen (EG-Richtlinie bzw. Rahmen-AbwasserVwV). Dazu wird bei festgehalte

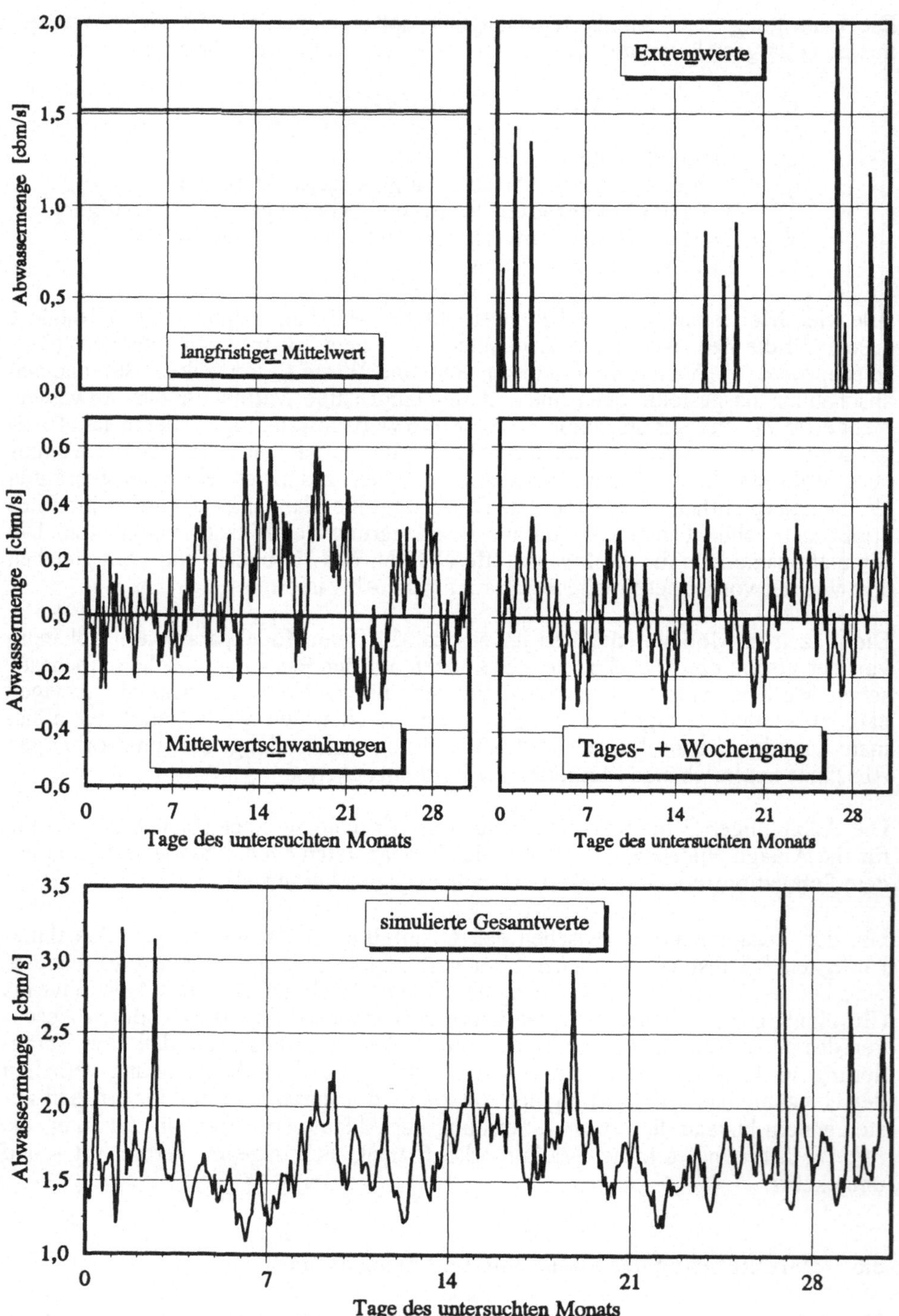

Abb. 7: Bausteine des Simulationsmodells

nem Ablaufniveau zunächst eine typische Ganglinie für die zu untersuchenden Parameter (Q, NH_4-N, NO_3-N und P) für einen sehr langen Beobachtungszeitraum generiert. Anschließend werden die einzelnen Probenahmen simuliert, indem aus der generierten Zeitreihe Werte von 2-h-Mischproben zu bestimmten Zeitpunkten abgelesen werden. Auf diese Proben wird danach das zu bewertende Überwachungskriterium angewandt. Die relative Annahmehäufigkeit ergibt sich dadurch, daß die Anzahl der nicht beanstandeten Proben auf die Gesamtzahl der Probenahmen bezogen wird. Das Ablaufniveau wird anschließend erhöht, d.h. die Leistung der Anlage wird vermindert, und der gesamte Vorgang für das neue Ablaufniveau wiederholt.

Unterschiede bei der Durchführung der Simulation ergeben sich durch die unterschiedlich festgelegten Probenahmemodalitäten und Ablaufwerte für Stickstoff:

- Bei Anwendung der Rahmen-AbwasserVwV ist der Ganglinie bei jeder Probenahme jeweils nur ein Ablaufwert zu entnehmen, da die Überwachung auf Basis von 2-h-Mischproben erfolgt. Daher muß zunächst der Zeitpunkt der Probenahme festgelegt werden, wobei die in Tabelle 3 enthaltenen Angaben berücksichtigt werden.

- Bei Zugrundelegung der EG-Richtlinie müssen der Ganglinie stets die 12 Ablaufwerte der 2-h-Mischproben eines Tages nacheinander entnommen werden. Bei Betrachtung der abflußproportionalen 24-h-Mischprobe müssen außerdem noch die zeitlich zugehörigen Werte in der Ganglinie der Abwassermenge bestimmt werden. Aus diesen Daten kann anschließend der Probenwert durch entsprechende Mittelwertbildung (abfluß- bzw. zeitproportional) berechnet werden.

- Der Unterschied zwischen beiden Anforderungen beim organischen Stickstoff, der üblicherweise im Anlagenablauf 2 mg/l N im Mittel beträgt, kann bei der Simulation dadurch berücksichtigt werden, daß die berechnete anorganische Stickstoffsumme um 2 mg/l N erhöht oder daß der Grenzwert der EG-Richtlinie um den gleichen Wert, d.h. auf 13 bzw. auf 8 mg/l, herabgesetzt wird.

3.6 Das Prinzip der Gütekennlinie

Aus der Probenahme aus den simulierten Ablaufdaten und der Bewertung der Probenahme im Sinne der Ablaufanforderungen kann die mittlere relative Häufigkeit der Annahme bzw. Akzeptanz der Prüfung $H_A(M)$ und die mittlere relative Häufigkeit der Verwerfung bzw. Beanstandung der Prüfung $H_V(M)$ in Abhängigkeit von dem der Simulation jeweils zugrundegelegten Mittelwert M ermittelt werden, wobei $H_A(M) + H_V(M) = 1$. Die Funktion $H_A(M)$ wird als *"Gütekennlinie"* bezeichnet.
In Abbildung 8 ist ein Beispiel für eine Gütekennlinie dargestellt. Die Abbildung zeigt für extrem niedrige Mittelwerte M des Anlagenablaufs eine Annahmehäufigkeit aufgrund der Bewertung der Probenahme von nahezu 100 %, während die Akzeptanz bei sehr hohen Mittelwerten M etwa 0 % beträgt. Dazwischen liegt ein mehr oder weniger schneller Übergang, der durch die Steilheit der Linie die Trenn-

schärfe des Prüfverfahrens zwischen "gut" und "schlecht" kennzeichnet. Diese ist vor allem von der vorgeschriebenen Probenzahl des Prüfverfahrens abhängig: ein großer Probenumfang bringt eine hohe Trennschärfe (steile Gütekennlinie) mit sich - und umgekehrt.

Die Gütekennlinie verdeutlicht die beiden Fehlermöglichkeiten, die bei der Bewertung aufgrund eines begrenzten Probenahmeumfangs gemacht werden können:

- Die Ablaufgüte kann durch das Prüfverfahren als unzureichend bewertet werden, obwohl sie in Wirklichkeit die Anforderungen erfüllt. Diese Fehlbeurteilung trifft den Betreiber und kann daher als das *"Betreiberrisiko"* bezeichnet werden.

- Die Ablaufgüte kann durch das Prüfverfahren als ausreichend bewertet werden, obwohl die Ablaufanforderungen in Wirklichkeit nicht erfüllt sind. Diese Fehlbeurteilung geht primär zu Lasten der Überwachungsbehörde - und natürlich der Gewässergüte - und kann entsprechend *"Überwachungsrisiko"* genannt werden.

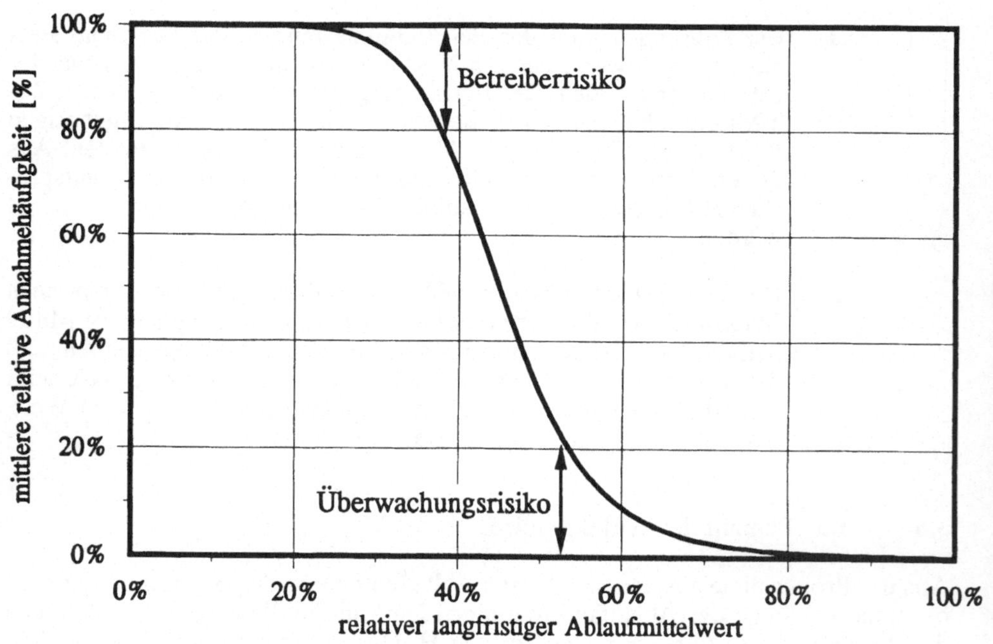

Abb. 8: Das Prinzip der Gütekennlinie mit "Betreiber-" und "Überwachungsrisiko"

Bei der Überprüfung der industriellen Produktion einigen sich "Produzent" und "Abnehmer" auf die Risiken, die sie eingehen wollen, und richten das Prüfverfahren entsprechend ein. Die EG-Richtlinie wie auch die Rahmen-AbwasserVwV legen ein Prüfverfahren mit nicht explizit fixierten Risiken fest. Diese ergeben sich erst aus der Simulation von Ablaufdaten und aus der oben beschriebenen Aufstellung von Gütekennlinien.

Insgesamt wird damit deutlich, daß die Gütekennlinie zum einen von der Funktionstüchtigkeit und den Ablaufschwankungen der Abwasserreinigungsanlage und von dem an sie gestellten Anforderungsniveau (Größe des Grenz- bzw. Überwachungswerts) abhängt und zum zweiten von Art und Bewertung der Probenahme. Funktionstüchtigkeit und Ablaufschwankungen sind durch die Simulation festgelegt. Damit bleiben als einzige Ursachen für Unterschiede von Gütekennlinien die geforderte Ablaufgüte (Grenz- bzw. Überwachugswert) und die Art und Bewertung der Probenahme übrig. Die Vergleichbarkeit der Ablaufanforderungen nach der EG-Richtlinie und nach der Rahmen-AbwasserVwV kann daher über einen Vergleich der Gütekennlinien beider Prüfverfahren festgestellt werden. Dies wird im nächsten Abschnitt näher erläutert.

3.7 Zur Bewertung der Gütekennlinien

In Abbildung 9 sind Gütekennlinien unterschiedlicher Eigenschaften beispielhaft dargestellt. Dabei ist auf der Abszisse nicht ein absoluter, sondern ein relativer langfristiger Mittelwert in Prozent eines fiktiven Werts angegeben. Dieser stellt den jeweils wirklichen Ablaufmittelwert der Abwasserreinigungsanlage dar. An Hand dieser Linien sollen Unterschiede der Prüfverfahren (EG-Richtlinie/Rahmen-AbwasserVwV) und damit die Vergleichbarkeit der entsprechenden Anforderungen diskutiert werden.

Die drei dünn gezeichneten *Gütekennlinien (1) bis (3)* beziehen sich auf ein und dieselbe Abwasserreinigungsanlage (gleicher langfristiger Mittelwert M und gleichartige Ablaufschwankungen) und auf ein gleiches mittleres Anforderungsniveau (Grenz- bzw. Überwachungswert), zeigen aber starke Abweichungen in der Trennschärfe der Gütekennlinien z.B. aufgrund einer unterschiedlich umfangreichen Probenahme. Das Prüfverfahren mit der höchsten Trennschärfe [kurz gestrichelte Linie (3)] stellt im Sinne der Überwachung die höchsten Anforderungen,

- denn im Bereich höherer Ablaufmittelwerte, die vor allem durch das Prüfverfahren aufgespürt werden sollen, ist die Güteakzeptanz $H_A(M)$ am geringsten, d.h. die Ablaufgüte wird am häufigsten beanstandet.

- im Bereich niedriger Ablaufmittelwerte, d.h. guten Funktionierens der Anlage, führt das Prüfverfahren mit geringer Trennschärfe zwar zu häufigerer Beanstandung, die wirkliche Gewässerbelastung, für die sich die Überwachung einsetzt, ist jedoch geringer. Der Betreiber unterliegt in diesem Ablaufgütebereich einem größeren Risiko, das sich letztlich nur aus der Natur des Überwachungsverfahrens ergibt. Dieser Nachteil wird gewissermaßen durch die häufigere Akzeptanz bei schlechter funktionierender Anlage (höherer Mittelwert) kompensiert.

Auch bei den stark ausgezogenen Gütekennlinien (4) bis (6) handelt es sich um die Überprüfung von Ablaufwerten derselben Anlage (gleicher langfristiger Mittelwert

M und gleichartige Ablaufschwankungen). Die in etwa parallel verlaufenden Gütekennlinien (4) und (5) weisen auf deutlich unterschiedliche Anforderungsniveaus (Grenz- bzw. Überwachungswert) bei fast gleicher Trennschärfe, d.h. bei nahezu gleicher Probenzahl. Die Anforderung bei (4) liegt bei einem relativen Mittelwert von etwa 45 % und ist damit wesentlich schärfer als die der Kennlinie (5) mit einem solchen von etwa 110 %. Ein Vergleich der Gütekennlinien (5) und (6) zeigt geringe Unterschiede im Anforderungsniveau (110 % bzw. 115%) bei starken Differenzen der Trennschärfe (Probezahl). Hier muß aus den vorher erläuterten Gründen das Prüfverfahren der Kennlinie (5) als das strengere angesehen werden.

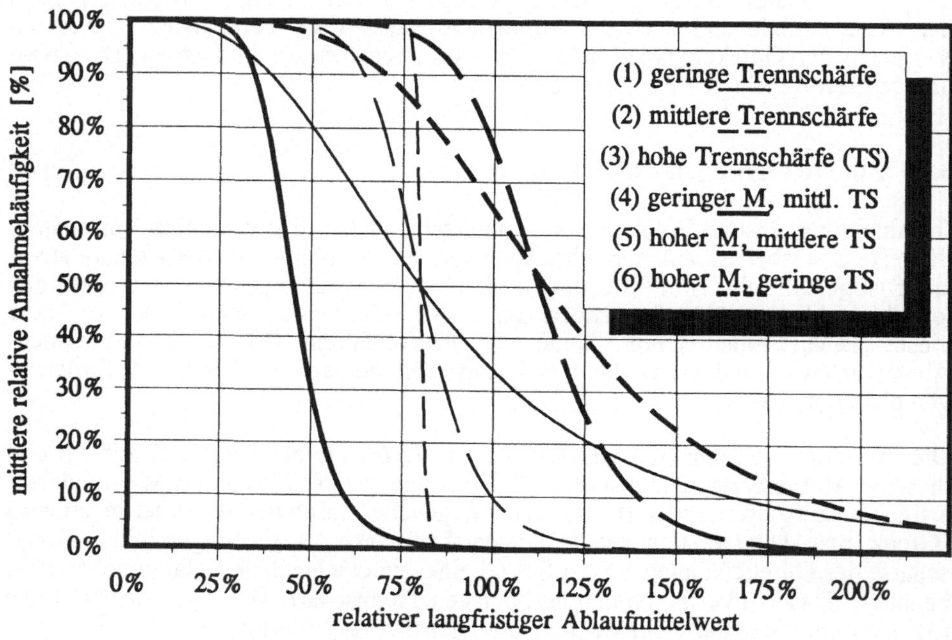

Abb. 9: Gütekennlinien von unterschiedlichen Überwachungsverfahren

Die vorstehenden Erläuterungen haben die Gütekennlinie als Instrument zur Differenzierung der Schärfe von Überwachungsverfahren und damit zum Vergleich der Anforderungen nach der EG-Richtlinie und nach der Rahmen-AbwasserVwV verdeutlicht. Obwohl die Untersuchungen im Detail derzeit noch laufen und abschließende Ergebnisse daher nicht mitgeteilt werden können, ergeben sich aus den diskutieren Zusammenhängen bereits einige wichtige Schlußfolgerungen, die wie folgt zusammengefaßt werden können:

- ❑ Aufgrund der 4-aus-5-Regel beruht die Prüfung der Rahmen-AbwasserVwV bei günstigem Analysenbefund auf *einer* Probe, bei ungünstigem auf fünf Proben und damit auf einem wesentlich geringeren Probenumfang als die EG-Richtlinie mit einer Mindestprobenzahl von 12 pro Jahr (d.h. pro Bewertung) bzw. 24 pro Jahr bei größeren Anlagen (s. Tabelle 2). Damit ist die Überprüfung nach der EG-Richtlinie wesentlich trennschärfer und die Annahmehäufigkeit $H_A(M)$ bei gleichem Anforderungsniveau im Bereich höherer langfristiger Mittelwerte geringer.

- Bei den Nährstoffen ist bei der EG-Richtlinie *nicht* die *Einzelprobe* sondern der Jahresmittelwert des geforderten Probenumfangs Maßstab für die Beurteilung der Anlagenablaufgüte. Das Auftreten hoher Werte ist dadurch weniger wahrscheinlich als bei der 4-aus-5-Regel - jedoch ebenso wie das Vorkommen geringer Werte!

- Inwieweit die qualifizierte Stichprobe bzw. die 2-h-Mischprobe eine strengere Anforderung als die Tagesmischprobe darstellt, hängt vom Probenahmezeitpunkt ab: je näher dieser beim Ablaufmaximum des Tagesrhythmus liegt, umso schärfer ist die Anforderung auf Basis der Kurzprobe, je näher dieser beim Tagesminimum liegt, umso strenger ist die Anforderung über die Tagesmischprobe.

- Weitere Unterschiede der Prüfverfahren (Anforderungsniveau und Erfassung von organischem Stickstoff) schließen generelle Aussagen zur Vergleichbarkeit vollständig aus und machen schlußendlich den vorgeschlagenen Ansatz der Simulation mit Bewertung der dadurch zu gewinnenden Gütekennlinien zum einzigen Instrument zur Beurteilung der Vergleichbarkeit beider Überwachungsverfahren.

3.8 Derzeitiger Stand der Untersuchungen

Die Bemühungen um weitere Ablaufdaten, die dem Anforderungsprofil besser als das vorhandene Material entsprechen, sind inzwischen eingestellt worden. Die typischen Eigenschaften von Ablaufschwankungen, die aus dem vorhandenen Datenmaterial abgeleitet werden konnten, werden derzeit in Simulationsmodelle für die verschiedenen Ablaufparameter eingebaut. Die Simulationsmodelle werden derzeit weiter verbessert, damit sie den vorhandenen Ablaufschwankungen möglichst genau entsprechen.

Für einzelne Ablaufparameter ist die Modellentwicklung abgeschlossen und die Simulation mit Probenahme bis zu Erstellung der Gütekennlinien ist derzeit in Arbeit. Es wird erwartet, daß die Gütelinien für alle Ablaufparameter und beide Überwachungsvorschriften - bei der Rahmen-AbwasserVwV auch für unterschiedliche Zeitpunkte der Probenahme - bis zum Herbst abgeschlossen werden kann. Der Abschlußbericht kann dann bis zum Jahresende fertiggestellt werden.

4. Zusammenfassung

Die bisher durchgeführten Untersuchungen zur Vergleichbarkeit der Anforderungen nach der EG-Richtlinie und der Rahmen-AbwasserVwV beruhen auf (vereinfachenden) statistischen Ansätzen und damit zu weniger aussagekräftigen Ergebnissen. Der vorgeschlagene neue Ansatz geht vom typischen Schwankungsverhalten von Anlagenabläufen aus, wie dies aus gesammeltem Datenmaterial von einer Reihe von Abwasserbehandlungsanlagen mit Hilfe der Zeitreihenanalyse abgeleitet werden kann.

Das auf dieser Basis entwickelte Simulationsmodell enthält neben stochastischen Anteilen vier Bausteine: den langfristigen Ablaufmittelwert M; den kombinierten Tages- und Wochengang; Mittelwertschwankungen und Spitzenwerte. Mit dem Modell können typische Ablaufganglinien (2-h-Mischproben) über lange Zeiträume generiert werden. Daraus werden Proben entsprechend beiden Vorschriften gezogen und bewertet. Auf Grundlage der langfristigen Simulation ergibt sich die mittlere relative Annahmehäufigkeit H_A, d.h. der Prozentsatz der Bewertungen mit der Aussage, daß die Ablaufanforderungen eingehalten sind. Durch Anheben bzw. Senken des langfristigen Mittelwerts M bei gleichzeitiger sachgerechter Anpassung der Schwankungen kann die mittlere relative Annahmehäufigkeit als Funktion von M berechnet werden. Die so ermittelte Funktion $H_A(M)$ wird mit Gütekennlinie des Überwachungsverfahrens bezeichnet.

Die Frage nach der Vergleichbarkeit beider Anforderungen wird schließlich aufgrund von Unterschieden zwischen den Gütekennlinien beantwortet: diejenige Anforderung ist strenger, die bei gleichem langfristigen Mittelwert eine geringere Annahmehäufigkeit $H_A(M)$ aufweist. Schneiden sich die Gütekennlinien beider Überwachungsstrategien - d.h. ist unterhalb eines bestimmten Werte M_s die eine Richtlinie schärfer, über diesem die andere - muß entsprechend dem erläuterten Prinzip des "Überwachungsrisikos" nur der Bereich $M > M_s$ zur Beurteilung der Vergleichbarkeit herangezogen werden.

Die Untersuchungen befassen sich derzeit mit der weiteren Verbesserung der Simulationsmodelle und der Erstellung der Gütekennlinien. Die Arbeiten werden bis Anfang 1995 abgeschlossen.

Literatur

[1] Allgemeine Rahmen-Verwaltungsvorschrift über Mindestanforderungen an das Einleiten von Abwasser in Gewässer vom 08.09.1989, GMBI 40 (1989) 25, S. 518 - 521

[2] Allgemeine Rahmen-Verwaltungsvorschrift über Mindestanforderungen an das Einleiten von Abwasser in Gewässer vom 27.07.1991, GMBI 42 (1991) 26, S. 686

[3] Rat der Europäischen Gemeinschaften: Richtlinie des Rates vom 21.05.1991 über die Behandlung von kommunalem Abwasser, Amtsblatt der Europäischen Gemeinschaften 1991, Nr. L 135, S. 40 - 51

[4] Pöpel, H. J.: Anforderungen an die Nährstoffelimination bei kommunalen Abwässern nach deutschem und europäischem Recht, 27. Essener Tagung vom 9. bis 11. März 1994, Vortrag Nr. 13, Reihe Gewässerschutz · Wasser · Abwasser - im Druck

[5] ATV-ad-hoc-Arbeitsgruppe : Nährstofffrachten sind entscheidend - Ergebnisse der ATV-ad-hoc-Arbeitsgruppe zur Umsetzung der EG-Richtlinie "Kommunales Abwasser", Korrespondenz Abwasser 40 (1993), S. 914-917

[6] Neitzel, V. und R. Klopp : Statistischer Vergleich der Anforderungen der EG-Richtlinie über die Behandlung kommunaler Abwässer und des Anhanges 1 zur Rahmen-Abwasser-VwV für Stickstoff, Korrespondenz Abwasser 40 (1993), S. 948-957

[7] Brockwell, P. J. und R. A. Davis: Time Series Theory and Methods, Second Edition, Springer Verlag, New York, Berlin, Heidelberg, 1991

Europäische Regelungen für Indirekteinleiter

Predrag Ilic

1. Einführung

Die Richtlinie des EG-Rates vom 21. Mai 1991 über die Behandlung von kommunalem Abwasser (91/271/EWG) enthält auch Rahmenvorgaben für die Indirekteinleitungen. Danach soll die Einleitung von Industrieabwasser in die öffentliche Kanalisation den allgemeinen Vorschriften oder Regelungen und/oder speziellen Genehmigungen unterliegen. Als Industrieabwasser im Sinne dieser Regelungen ist das Abwasser aus Anlagen für gewerbliche oder industrielle Zwecke, soweit es sich nicht um häusliches Abwasser und Niederschlagswasser handelt, zu verstehen

Die Richtlinie verpflichtet die Mitgliedsstaaten noch vor Ablauf des Jahres 1993 das Einleiten von industriellem Abwasser in öffentliche Kanalisationen und in kommunale Abwasserbehandlungsanlagen einer vorherigen Regelung und/oder Erlaubnis durch die zuständige Behörde bzw. Stelle zu unterziehen, so daß folgende Anforderungen an das in die öffentlichen Kanalisationen und kommunalen Abwasserbehandlungsanlagen eingeleitete industrielle Abwasser erfüllt werden:

- die Gesundheit des in der Kanalisation und der Behandlungsanlage tätigen Personalsdarf nicht gefährdet werden,

- die Bausubstanz der Kanalisation, Abwasserbehandlungsanlage und der zugehörigen Ausrüstung darf nicht geschädigt werden,

- der Betrieb der Abwasserbehandlungsanlage und die Klärschlammbehandlung dürfen nicht beeinträchtigt werden,

- die Ableitung aus der Abwasserbehandlungsanlage darf die Umwelt nicht schädigen oder dazu führen, daß der Vorfluter nicht mehr den Gewässerbestimmungen anderer Gemeinschaftsrichtlinien entspricht und

- eine umweltverträgliche Klärschlammbehandlung und -beseitigung darf nicht erschwert werden.

Eine auf dieser Grundlage aufgebaute europäische Norm zur Regelung der Indirekteinleitungen mit präzisen Angaben der Anforderungen, die bei der Einleitung in eine öffentliche Kanalisation zu erfüllen sind, z. B. durch Vorgabe der Parameter mit den zugehörigen Grenzwerten, die eingehalten werden sollen, ist nicht vorhanden. Vielmehr haben die einzelnen Mitgliedsländer, teilweise in Erfüllung der EG-Norm über die Behandlung des kommunalen Abwassers stark voneinander abweichende nationale Regelungen für Indirekteinleiter erlassen. Die Unterschiede liegen nicht nur in den Anforderungen an die Indirekteinleitungen, sondern auch im administrativen Aufwand, der zur Erlangung einer erforderlichen Einleitergenehmigung zu bewältigen ist. Unter Berücksichtigung der unvermeidbaren Vollzugsdefizite in einzelnen Ländern erscheinen die Unterschiede noch größer und Wettbewerbsverzehrungen noch deutlicher.

2. Derzeitige Situation in einigen europäischen Ländern

2.1. Dänemark

Bei der generellen Gliederung der Wasserbehörden in nationale, regionale und kommunale Ebene sind in erster Linie die Kommunen für die Genehmigung der Indirekteinleitungen und Festlegung der Auflagen zuständig. Die Kommune erteilt auf Antrag des Indirekteinleiters eine Einleitegenehmigung, die Fristen und Auflagen zur Vorbehandlung des gewerblichen Abwassers als Voraussetzung für die Einleitung enthalten kann. Die Auflagen richten sich nach der Leistungsfähigkeit des Kanalnetzes und Aufnahmekapazität der Kläranlage sowie nach den Anforderungen, die von der Kommune selbst am Kläranlagenablauf einzuhalten sind.

Allerdings gibt es keine nationalen Standards oder Empfehlungen für Anforderungen an Abwassermenge und -zusammensetzung, die bei der Erteilung von Indirekteinleitegenehmigungen berücksichtigt werden müßten. Die einzigen verbindlichen Standards sind die aus der EG-Richtlinie 76/464/EWG, in der die Emissionsgrenzwerte für giftige Stoffe aus bestimmten Industrie-Branchen festgelegt sind.

Die Kommune ist verantwortlich für den ordnungsgemäßen Betrieb ihrer Kläranlage und für die Einhaltung der Anforderungen an den Kläranlagenablauf und hat aus dieser Verpflichtung heraus dafür Sorge zu tragen und zu kontrollieren, daß der Indirekteinleiter die Fristen und die Auflagen aus der Einleitegenehmigung einhält.

Die amtliche Überwachung der Indirekteinleiter erfolgt durch Eigenkontrolle. Die Indirekteinleiter erhalten die Auflage, jährlich einen Bericht über Abwassermenge und -inhaltsstoffe der Kommune vorzulegen. Bei großen Industrieanlagen wird die Eigenkontrolle durch unabhängige Labors durchgeführt.

2.2. Frankreich

Die kommunalen Regelungen für die Indirekteinleiter sehen üblicherweise eine Vereinbarung zwischen dem Indirekteinleiter und der Kommune vor. Diese Vereinbarungen regeln generell, daß in der Einleitung die Qualitätsanforderungen aus den Landesverordnungen erfüllt werden, einschließlich der Begrenzung für pH-Wert, Temperatur, suspendierte Stoffe, BSB und Stickstoff. Für den Fall, daß giftige Substanzen eingeleitet werden sollen, enthält die Vereinbarung die Hinweise, daß die Konzentration nicht die Werte aus der Einleitebefugnis, die zusätzlich bei der Präfektur einzuholen ist, überschreiten darf. Dabei wird unterschieden, ob die Einleitung in die Abwasseranlage mit oder ohne eine Abwasserbehandlung erfolgt !

Durch ein Gesetz wurden 1976 die meisten gewerblichen/industriellen Produktionsanlagen registriert und in Klassen eingeteilt. Hier sind unterschiedliche Industriebranchen und -produktionsverfahren unter Angabe der Schwellenwerte für bestimmte Parameter im Abwasserteilstrom in über 400 Sparten erfaßt. Ableitungen unterhalb der Anforderungsschwelle müssen nur in der Präfektur angezeigt werden. Liegen die Werte im Ablauf höher als der Schwellenwert, ist eine Einleitebefugnis von der Präfektur erforderlich.

Die Regionale Direktion für Industrie und Forschung überprüft die Indirekteinleitungen aus den registrierten Produktionsanlagen. Ihr Personal hat das Recht, zu jeder Zeit das Grundstück zu betreten und kann überall nach eigenem Ermessen Proben nehmen. Die Proben werden in unabhängigen Labors, die eine Zulassung vom Ministerium für Umwelt haben müssen und regelmäßig an Ringversuchen teilnehmen sollen, untersucht. Die Kosten für diese Untersuchung werden von den Indirekteinleitern getragen.

2.3. Niederlande

Nach dem Gesetz über die Verschmutzung von Oberflächengewässern sind die Kommunen verpflichtet, Regelungen für die Indirekteinleiter zu treffen. Die in Verbindung mit diesem Gesetz erlassene Verordnung über die Einleitung in die Kanalisation enthält grundsätzliche Anforderungen, die an die Indirekteinleiter zu stellen sind. Darüber hinaus wurde durch Erlasse für bestimmte Industriebranchen für die Einleitung in die Kanalisation die Genehmigungspflicht eingeführt.

Bei großen Indirekteinleitern wird im Regelfall eine individuelle Einleitegenehmigung erteilt, während die kleineren Indirekteinleiter üblicherweise eine branchenspezifische Einleitegenehmigung auf der Grundlage branchenspezifischer Empfehlungen für die Festsetzung der Anforderungen bekommen.

Für die Einleitung der Substanzen aus der „schwarzen Liste" (hierzu gehören in den Niederlanden die Parameter der EG-Liste I und II) im gewerblichen Abwasser sind die Wasserverbände zuständig, die bei der Erteilung der Einleiteerlaubnis Empfehlungen vom Institut für nationale Wasserwirtschaft und Abwasserbehandlung zu berücksichtigen haben.

2.4. Zusammenfassende Beurteilung

Während in Dänemark nur allgemeingültige Anforderungen ohne einheitliche Richtlinien einen sehr breiten Spielraum bei der Gestaltung von Genehmigungen für Indirekteinleitungen ermöglichen, ist die Situation in Frankreich durch einheitliche Richtlinien zwar besser geeignet, landesweit gleichstrenge Auflagen an die Indirekteinleiter zu formulieren, führt aber durch das unübersichtliche und umständliche Verfahren zum Abschluß der „Einleitevereinbarung" zu Einbußen in der Effektivität. Die Verhältnisse in den Niederlanden kommen der Situation in Deutschland am nächsten und geben den zuständigen Behörden und den Betreibern der Abwasseranlagen eine gute Grundlage für effektvolle Maßnahmen zur Regelung der Indirekteinleitungen.

Die in Deutschland geltenden Regelungen, wie sie sich aus der Abwasserrahmenverwaltungsvorschrift mit ihren Anhängen in Verbindung mit dem kommunalen Satzungsrecht ergeben, genügen sogar einer schärferen Auslegung der EG-Norm über die Behandlung von kommunalem Abwasser und stellen bei entsprechendem Vollzug ein wirksames Instrument für den aktiven Umweltschutz dar.

3. Der Rahmen für eine europäische Regelung

Das Europäische Komitee für Normung (CEN) ist nicht zuletzt auch unter dem Aspekt der Harmonisierung bestehender Indirekteinleiter-Regelungen der Frage von schädlichen und gefährlichen Substanzen im Abwasser, das in eine Abwasseranlage eingeleitet werden soll, nachgegangen und hat einen Arbeitsbericht erstellt. Es ist noch offen, ob diese Arbeit in einer Norm oder einer Empfehlung endet, auf jeden Fall soll sie einen Rahmen für die Gestaltung nationaler Regelungen bilden. Dabei ist sie vor allem an Länder gerichtet, die Defizite in der nationalen Administration aufweisen. Soweit nationales Recht bereits strengere Vorschriften vorsieht, behalten diese selbstverständlich ihre Gültigkeit bei.

3.1. Grundsätzliches

Eine gemeinsame Behandlung häuslicher und gewerblicher Abwässer soll grundsätzlich angestrebt werden, wenn die gewerblichen Abwässer biologisch abbaubar sind und die Kapazität der öffentlichen Abwasserbehandlungsanlage zur Aufnahme dieser Abwässer vorhanden ist, da sie nach wie vor eine sinnvolle, wirtschaftliche und umweltfreundliche Entsorgung der gewerblichen Abwässer darstellt. Dabei ist allerdings zu bedenken, daß gewerbliche Abwässer auch giftige und schädliche Substanzen in erhöhten Konzentrationen enthalten können, so daß ein Gesundheitsrisiko für das in der Kanalisation oder auf der Kläranlage beschäftigte Personal bzw. ein Schadensrisiko für die Bausubstanz der Abwasseranlagen nicht auszuschließen ist, die Stabilität des Abwasserbehandlungsprozesses in Frage gestellt wird bzw. ganz generell die Umwelt gefährdet werden kann. Eine weitere, ggfs. negative, Auswirkung der gewerblichen Abwässer hängt daneben von der Art der Abwasserbehandlung, der Kapazität der Behandlungsanlage, der Abwasserzusammensetzung und weiteren örtlichen Bedingungen ab.

Vor dem Hintergrund der bereits angesprochenen Unterschiede der nationalen Regelungen für Indirekteinleiter kann vorerst nur der Rahmen für eine stufenweise Harmonisierung europäischer Indirekteinleiteranforderungen vorgegeben werden. Die Detailfragen müssen dagegen nach wie vor durch nationales Recht, d. h. „vor Ort“ geklärt werden. Die allgemeingültigen Rahmenvorgaben können allenfalls Hinweise enthalten für die Überwachung und Begrenzung von Substanzen, die als schädlich gelten, wenn sie in entsprechender Konzentration und Fracht im Abwasser aus Haushalten bzw. gewerblichen und industriellen Einrichtungen, das in die Abwasseranlage eingeleitet wird, enthalten sind. Die Auflistung einzelner Substanzen kann ebenso den nationalen Verhältnissen durch Hinzufügen oder Weglassen von Parametern entsprechend angepaßt werden.

Das Ziel einer solchen europaweiten Regelung kann nur sein, zu verhindern, daß Substanzen in bestimmter Konzentration oder in bestimmter Fracht in das Abwassersystem eingeleitet werden, wenn dadurch

- Schädigung der Bauwerke der Abwasserbehandlungsanlage oder des dort beschäftigten Personals,

- Behinderung der Funktionstüchtigkeit der Kanalisation und der Abwasserbehandlungsanlage bzw.

- generell eine Schädigung der Umwelt durch die Einleitung oder durch den bei der Abwassersammlung und Abwasserbehandlung anfallenden Schlamm zu befürchten ist.

3.2. Häusliches Abwasser

Als häusliches Abwasser gelten Abflüsse aus Küchen, Waschräumen, Badezimmern, Toiletten und ähnlichen Plätzen aus Haushalten oder gewerblichen und industriellen Anwesen, ohne Anteile des gewerblichen oder industriellen Abwassers. Es ist angebracht, in einer solchen Regelung auch Anforderungen an das häusliche Abwasser, ähnlich wie sie in Deutschland in DIN 1986 „Entwässerungsanlagen für Gebäude und Grundstücke", Teil 3: Regeln für Betrieb und Wartung bzw. im ATV-Arbeitsblatt A 115 „Einleiten von nicht häuslichem Abwasser in eine öffentliche Abwasseranlage" formuliert sind, aufzunehmen (Tabelle 1). Die in der Tabelle 1 aufgeführten Stoffe sollen nach Möglichkeit nicht in die Kanalisation eingeleitet werden. Überall dort, wo es möglich ist, sind diese Subanzen sowohl in der Menge als auch in der Konzentration auf ein Minimum zu reduzieren.

3.3 Gewerbliches und industrielles Abwasser

Das sind Abwässer, die ganz oder teilweise im Verlauf eines industriellen oder gewerblichen Prozesses entstehen. Wie bereits erwähnt, existieren in den meisten europäischen Ländern bereits Vorschriften für die Genehmigung der Einleitung von industriellen und gewerblichen Abwässern in die Kanalisation. Die Tabelle 1 gilt hier genauso wie im häuslichen Bereich.

In gewerblichen und industriellen Abwässern spielen vor allem die gefährlichen Stoffe und deren Einleitung in die Gewässer eine bedeutende Rolle. Entsprechende Rahmenbedingungen zur Verhinderung oder Verringerung der Verschmutzung der Inlands-, Küsten- und Hoheitsgewässer durch gefährliche Stoffe sind durch EG-Richtlinien bereits erarbeitet. Die gefährlichen Stoffe sind auf der Grundlage ihrer Giftigkeit, Stabilität und Anreicherungsfähigkeit ausgewählt und in zwei Gruppen aufgeteilt.

Die erste Gruppe umfaßt jene Substanzen, die als sehr gefährlich gelten. In der Tabelle 2 sind diese gefährlichen Substanzen, deren Einleitung in die Kanalisation durch Recycling bzw. Vermeidungsmaßnahmen im Produktionsprozeß oder durch entsprechende Abwasserbehandlung auf das niedrigste mögliche Maß reduziert werden soll, enthalten. Selbstverständlich darf die Reduzierung nicht durch Verdünnung herbeigeführt werden. Die Tabelle 2 soll entsprechend der Fortschreibung der EG-Richtlinien ergänzt werden.

Die zweite Gruppe schließt Substanzen ein, die weniger gefährlich sind, die aber überwacht werden müssen und auf ein solches Maß reduziert werden sollen, daß sie die Umwelt nicht schädigen und die Sicherheit der örtlichen Entsorgung nicht gefährden. Diese Substanzen sind in der Tabelle 3 wiedergegeben.

Bei der Entscheidung, ob Reduzierung der Stickstoff- und Phosphorfrachten im gewerblichen/industriellen Abwasser ebenfalls erforderlich sind, soll der Eutrophierungsgrad des aufnehmenden Gewässers und die technische Leistungsfähigkeit der Reinigungsanlage in Betracht gezogen werden. Was die Fracht und Konzentration oxidierbarer organischer Substanzen angeht, die im gewerblichen Abwasser zugelassen werden können, muß ebenfalls die Leistungsfähigkeit der Reinigungsanlage und die örtliche Gegebenheit berücksichtigt werden.

Tabelle 1: Häusliche und Gewerbliche/Industrielle Abwässer: Beispiele von Substanzen, deren Einleitung einzuschränken ist

Art	Beispiele
Feste Abfälle (einschließl. Grund- und Bodenabfälle)	Kehricht, Müll, Schutt, Glas, Sand, Schlamm, Asche, Küchenabfälle, Plastik und Textilien
Erzeugnisse der Körper- und Gesundheitspflege	Damenbinden, Babywindeln, Berufskleidung der Chirurgen, Plastik und Textilien
Substanzen, die in der Entwässerungsanlage leicht ausfällen oder erhärten	Zement, Kalk, Kalkmilch, Gips, Mörtel, Klebemittel, Kunstharze, Bitumen und Teer
Feuergefährliche und explosionsfähige Gemische bildende Stoffe	Abscheidbare, emulgierte und gelöste Leichtflüssigkeiten, z. B. Benzin, Heizöl, Lösungsmittel, Farben und Lacke
Organische Lösungsmittel	Chlorierte Lösungsmittel
Konzentrierte Waschmittel, die bei der Reinigung und Desinfektion anfallen (andere als in Übereinstimmung mit dem allgemein üblichen Gebrauch)	
Tierische Abfälle (in größeren Mengen)	Jauche und Mist, allgemeine Abfälle aus der Tierhaltung
Medizinische Abfälle	Infizierter Abfall, Arzneimittel
Radioaktive Abfälle	
Aggressive und/oder giftige Stoffe	Konzentrierte Säuren und Laugen, Fungizide, Insektizide, Herbizide, Holzschutzmittel, photo- und medizinisch-chemische Stoffe, Abfälle von chemischen Toiletten, Desinfektionsbäder für Schafe

Tabelle 1: Fortsetzung

Art	Beispiele
Reinigungsmittel für Gräben und Rohre	Konzentrierte Säuren und Alkalien, Chlor
Stark gefärbte Abfälle	Färbemittel

Tabelle 2: Gewerbliche/Industrielle Abwässer: Substanzen, deren Einleitung in die Kanalisation auf ein Minimum beschränkt werden soll

Aldrin
Atrazin
Azinphos-methyl
Cadmium und seine Verbindungen
Tetrachlorkohlenstoff
Chloroform
DDT (einschließlich Metaboliten DDD und DDE)
1, 2-Dichlorethan
Dichlorvos
Dieldrin
Endosulfan
Endrin
Fenitrothion
Hexachlorbutadien
Hexachlorcyclohexan
Isodrin
Malathion
Quecksilber und seine Verbindungen
PCB (Polychlorbiphenyle)
Pentachlorphenol
Simazin
Tetrachlorethylen
Trichlorbenzol (alle Isomere)
Trichlorethylen
Trifluralin
Tributylzinn-Verbindungen
Triphenylzinn-Verbindungen

Tabelle 3: Gewerbliche/Industrielle Abwässer: Substanzen, die nach Möglichkeit auf ein Minimum zu reduzieren sind

Zink
Kupfer
Nickel
Chrom
Blei
Kobalt
Fluorid
Selen
Arsen
Antimon
Cyanid
Molybdän
Barium
Silber
Anorganische S-Verbindungen
Anorganische N-Verbindungen
Anorganische P-Verbindungen und elementarer Phosphor
Metall-Komplexbildner
Biocide (z. B. Mottenschutzmittel)
Abwässer mit hohem und niedrigem pH-Wert
Abwässer mit hohen Temperaturen
Stark gefärbte Abwässer (Färbemittel)
Waschmittel (anionisch, kationisch und nichtionisch)
Phenole
Polyzyklische aromatische Kohlenwasserstoffe

Ermessensentscheidungen bei der Planung von Kanalisationsanlagen

Prof. Johannes Bosold

Kanalisationsleitungen müssen entsorgungstechnischen, ökologischen und wirtschaftlichen Gesichtspunkten gerecht werden.
Die Planung von Kanalisationsanlagen besitzt mehrere Zielstellungen, wie z.B.

- Schadlose Sammlung und Ableitung von Schmutz- und Regenwasser aus hygienischen Gründen.
- Verringerung der Gewässerbelastung durch die Sanierung bestehender oder durch den Bau ausreichend dimensionierter neuer Entlastungsbauwerke.
- Herstellung von dauerhaft dichten und Sanierung von undichten Kanälen.
- Optimierung von Herstellungs- und Betriebskosten.
- Vermeidung unvertretbarer Beeinträchtigungen der Natur und Umwelt.

Aus den unterschiedlichen Zielstellungen der aufgeführten Bereiche ergeben sich Konfliktsituationen, die z.T. nur im Sinne eines Kompromisses gelöst werden können.
In unterschiedlichen Teilbereichen, z.B. der Regenwasserbehandlung, gibt es wegen unzureichender wissenschaftlicher Erkenntnisse noch kein einheitliches Regelwerk. Trotzdem müssen Regenwasserbehandlungsanlagen vorgesehen werden.
Zur technischen Realisierung von Kanalisationsanlagen bietet der Markt eine große Palette von Materialien, aus der letztlich welche ausgewählt werden müssen. Alle diese Aufgaben verlangen Entscheidungen, die weitgehend im Bereich des Ermessens angesiedelt sind. Weil nicht eindeutig begründbar, sind Entscheidungen dieser Art besonders schwierig und nur in der Kombination von Spezial- und Breitenwissen zu treffen.

Gesetze, Normen, Empfehlungen

Ermessensentscheidungen sind immer dann notwendig, wenn für die zu lösende Aufgabe

- keine Vorschriften oder Vorgaben bestehen
- vorhandene Richtlinien nicht angewandt werden sollen bzw. sich widersprechen.

  Vorschriften und Vorgaben haben bindenden Charakter. Hierzu zählen u.a.

- Gesetzliche Regelungen
  - Wasserhaushaltsgesetz des Bundes (WHG)
  - Landeswassergesetz (LWG)
  - Abwasserabgabengesetz
- DIN-Normen
- Vorschriften der Auftraggeber
  - Ortssatzungen
  - Grundsatzfestlegungen der Versorgungsunternehmen

Empfehlungen bzw. Richtlinien für Kanalisationsanlagen sind insbesondere im ATV-Regelwerk enthalten.
Obwohl das ATV-Regelwerk nur Empfehlungen enthält, besitzen die Arbeitsblätter insofern große Bedeutung, da sie als anerkannte Regeln der Technik gelten. Bei gerichtlichen Streitfragen um technische Belange werden diese meist auch zur Klärung herangezogen.
Ermessensentscheidungen sind auch bei vorhandenen Vorschriften, Vorgaben und Richtlinien für zu lösende Aufgaben im Rahmen der angegebenen Alternativen und Toleranzbereiche erforderlich. Nachstehend sollen für Teilbereiche von Kanalisationanlagen wesentliche Ermessensentscheidungen diskutiert werden.

2. Abwasserableitung

Für die Wahl des Entwässerungsverfahrens kommen gruandsätzlich in Frage

- Mischverfahren
- Trennverfahren
- Modifiziertes Mischverfahren

Beim modifizierten Mischverfahren werden das häusliche, gewerbliche und industrielle Schmutzwasser sowie das erheblich verschmutzte Niederschlagswasser gemeinsam in einem Kanal der Kläranlage zugeleitet. Der gering verschmutzte Niederschlagsabfluß kann versickert oder in naheliegende Oberflächengewässer abgeleitet werden /2/.

Das modifizierte Mischverfahren scheidet jedoch aus, wenn man davon ausgeht, daß nur behandlungsbedürftiges Niederschlagswasser anfällt.

Nahezu ohne Widerspruch bleibt die Forderung nach Minimierung des Niederschlagsabflusses durch einen geringen Versiegelungsgrad. Zur Begrenzung des Anteils der befestigten Flächen bestehen Möglichkeiten über den Bebauungsplan, die Gestaltungssatzung und die Gebührensatzung darauf Einfluß zu nehmen.

3. Regenwasserbehandlung

Unter Regenwasserbehandlung soll ausschließlich die Behandlung von Regenwasser in Trennsystemen verstanden werden.

Planungsempfehlungen zu Mischwasserbehandlungsanlagen gibt das ATV-Arbeitsblatt A 128.

Zur Regenwasserbehandlung ist der Wissensstand noch nicht so, daß allgemein anerkannte Regeln aufgestellt wurden. In den einzelnen Bundesländern existieren Merkblätter (z.B. Bayern /2/) oder Arbeitshilfen (z.B. Sachsen /1/). Die Entsorgungsunternehmen stellen an die Regenwasserbehandlung ebenfalls unterschiedliche Anforderungen.

Bei dem Niederschlagswasser wird oft davon ausgegangen, daß die Behandlungsbedürftigkeit vom Anfallsort abhängt. So wird z.B. im Bayrischen Merkblatt „Beseitigung des Niederschlagswassers von befestigten Verkehrsflächen aus der Sicht des Gewässerschutzes“ das Abwasser in 12 Qualitätsstufen eingeordnet, wobei das Niederschlagswasser die Qualitätsstufen 3 bis 9 besitzt.

Bis zur Qualitätsstufe 7 bis 9 wird auf den Regenwasserrückhalt orientiert. Für schlechtere Qualitätsstufen 10 bis 12 wird die Ableitung in Schmutz- und Regenwasserkanälen mit Behandlung empfohlen. Hinsichtlich der Behandlung von Niederschlagswasser wird in Abhängigkeit des Vorfluters auf diese verzichtet oder die mechanische bzw. biologische Behandlung vorgesehen.

Das in Bayern entwickelte Konzept ist in sich schlüssig, wenn man die Abhängigkeit der Behandlungsbedürftigkeit vom Anfallsort anerkennt. Geht man jedoch davon aus, daß der Erstanfall immer, d.h. auch das Regenwasser,

von den Dächern mit organischen und anorganischen Inhaltsstoffen verunreinigt ist, so kommt man zu dem Konzept der Anordnung von Regenbecken, wobei das Spülstoßverfahren sehr oft angewandt wird. Absicht des Spülstoßverfahrens ist es, die Belastungsspitze zu fassen und nachfolgend zu reinigen. Einige Untersuchungen weisen darauf hin, daß die nach langen Trockenperioden ausgespülten Verschmutzungen insbesondere auf Kanalablagerungen zurückzuführen sind. Bei den Untersuchungen des Spülstoßes hat man in Hildesheim festgestellt, daß die ersten 50% der Abflüsse rd. 50% bis 80% der absetzbaren Stoffe bzw. 50% bis 70% der CSB-Frachten enthalten. Die Bemessung der Fangbecken erfolgt anhand des spezifischen Volumens in Höhe von 10 bis 20 m^3 je ha angeschlossener befestigter Fläche.
Bei leistungsschwachen Vorflutern muß oft neben der Reduzierung schädlicher Inhaltsstoffe auch eine Drosselung des Zuflusses vorgenommen werden, so daß Fang- und Regenrückhaltebecken angeordnet werden müssen. Bei der Oberflächenentwässerung zur Erschließung „Neue Messe Leipzig“ wurde die Kombination von Fang- und Regenrückhaltebecken wegen der großen Regenwassermengen und leistungsschwachem Vorfluter mehrfach angewandt.
Nicht in allen Fällen läßt sich bei dem derzeitigen Wissensstand zur Regenwasserverschmutzung der Bau einer sehr aufwendigen Regenwasserbehandlungsanlage vertreten. In solchen Fällen sollte in der Planung jedoch die Möglichkeit der künftigen Nachrüstung berücksichtigt werden.

In diesem Zusammenhang soll auch auf die unterschiedlichen Möglichkeiten der Regenwasserbehandlung hingewiesen werden:

- Dezentrale Maßnahmen
  - Straßenreinigung
  - Gullyreinigung
  - Mulden- und Flächenversickerung
- Zentrale Maßnahmen
  - Regenklärbecken
  - Wirbelabscheider
  - Versickerungsbecken
  - Teichanlagen
  - Vegetationspassagen

Bei den Versickerungsmaßnahmen muß einschränkend bemerkt werden, daß sie eine gute Reinigungsleistung besitzen, wobei die Problematik jedoch z.T. auf die zu schützenden Gewässer verlagert wird und daher nicht immer Alternativen darstellen.

4. Berechnungsgrundlagen

Die Berechnungsgrundlagen gehen vorwiegend als Belastungsgrößen in die Berechnungsverfahren für die Kanalisationsanlagen ein. Dabei richtet sich die Wahl der Berechnungsgrundlagen weitgehend nach dem mit dem Berechnungsverfahren verfolgten Ziel.

Wenn es darum geht, das Abwasser schadlos aus dem Entwässerungsgebiet zu transportieren, bildet ein bestimmtes Regenereignis die Berechnungsgrundlage.- Da es sich bei der Belastungsgröße „Regen“ um ein stochastisches Ereignis handelt, welches auch bezahlbar abgeleitet werden muß, kann es kein absolutes schadloses Ableiten geben.

Für die Dimensionierung müssen zur Wahl des Berechnungsregens Ermessensentscheidungen getroffen werden. Der Bemessungsregen r_b in (l/sha) wird letztlich durch die, Vorgabe einer Regenhäufigkeit n und der Regenzeit T festgelegt.

Für Regen- und Mischwasserkanäle empfiehlt die (ATV 1983):

Allgemeine Bebauungsgebiete	n = 1,0/a bis 0,5/a
Stadtzentren, wichtige Gewerbe und Industriegebiete	n = 1,0/a bis 0,2/a
Straßen außerhalb bebauter Gebiete	n = 1,0/a
Straßen-, Autobahnunterführungen	n = 0,2/a bis 0,05/a
U-Bahnanlagen, Flughafen	n = 0,2/a bis 0,1/a

Die vorstehenden Empfehlungen werden trotz ihrer Toleranzbreiten in jüngster Zeit in Frage gestellt. Dies ist auf ein Urteil des Bundesgerichtshofes (III ZR 177/90) zurückzuführen, was ausführt, daß bei der Bemessung nicht nur auf die Regenhäufigkeit Bezug genommen werden darf. Es müssen vielmehr bei der Bemessung alle abwasserwirtschaftlichen, technischen, topographischen und wirtschaftlichen Gegebenheiten berücksichtigt werden. Bei allgemeinen Bebauungsgebieten kann man, um das Urteil besser zu berücksichtigen, vereinbaren.

n = 1/a als Regenhäufigkeit für die Bemessung als Freispiegellleitung
n = 0,5/a als Regenhäufigkeit für die Bemessung mit Rückstau zwischen Scheitel und 0,2 m unter Oberfläche Gelände
n = 0,2/a als Regenhäufigkeit für die Bemessung mit Rückstau bis OFG

Es ist eine Ermessensfrage, ob bei der Wahl der Regenhäufigkeit auch die Art der Abwasserleitung (Schmutz- oder Regenwasser) berücksichtigt wird, was aus ästhetischen Gründen heraus erfolgen sollte.
Im allgemeinen genügt es, für die Beurteilung der Abwasserableitung aus den Entwässerungsgebieten sogenannte Blockregen zu benutzen.

Als maßgebende Regendauer werden Regenzeiten von T = 15 min gewählt. Im einzelnen wird die Regendauer in Abhängigkeit vom Geländegefälle I_G und dem befestigten Flächenanteil gewählt:

$I_G < 1\%$	bef. Flächenanteil $\leq 50\%$	$T_B = 15$ min
$I_G < 1\%$	bef. Flächenanteil $> 50\%$	$T_B = 10$ min
$1\% \leq I_G \leq 10\%$	bef. Flächenanteil $> 0\%$	$T_B = 10$ min
$I_G > 10\%$	bef. Flächenanteil $\geq 50\%$	$T_B = 10$ min
$I_G > 10\%$	bef. Flächenanteil $> 50\%$	$T_B = 5$ min

Wenn es darum geht, das Abwasser schadlos in die Gewässer einzuleiten, so muß dies aus hydraulischer und ökologischer Sicht verträglich erfolgen. Hydraulisch verträglich heißt, daß das Gewässer den Spitzenzufluß aufnehmen und ableiten kann. Ökologisch verträglich heißt, daß die Gewässerorganismen durch das plötzlich auftretende Hochwasser nicht abtriften und die eingebrachten Schmutzfrachten der Regenüberläufe der Mischkanalisation und Regenauslässe der Trennkanalisation in den zulässigen Grenzen verbleiben.
Zur Beurteilung der hydraulischen Belastung schwacher Vorfluter durch Regenentlastungen (Entlastungsspitzen, -mengen, -häufigkeit und -dauer) sollten dynamische Modellregen, besser jedoch Regenreihen oder Regenserien benutzt werden. Regenreihen sind ununterbrochene Niederschlagsaufzeichnungen möglichst über mehr als 10 Jahre. Eine Regenserie ist eine anwendungsbezogene Auswahl von Zeiträumen aus der Regenreihe, z.B. Sommerhalbjahre, repräsentative Jahre.

Bei der Beurteilung der Gewässerverschmutzung, z.B. über Schmutzfrachten müssen ebenfalls Regenreihen oder Regenserien zugrunde gelegt werden. Darüber hinaus müssen Annahmen zu Verschmutzungen des Einzugsgebietes getroffen werden.

5. Berechnungsverfahren für Kanalnetze

Bei der Auswahl des Berechnungsverfahrens sind wiederum Ermessensentscheidungen erforderlich.
Für die Kanalnetzberechnung stehen zur Verfügung

- Fließzeitverfahren
- hydrologische und hydrodynamische Abflußmodelle

Bei dem Fließzeitverfahren werden Blockregen verwendet. Bei kleinen Einzugsgebieten ohne große Speicherwirkung des Kanalnetzes werden damit genügend genaue Ergebnisse erzielt. Zu den Fließzeitverfahren zählen:

- Zeitbeiwertverfahren
- Flutplanverfahren
- Summenlinienverfahren
- Zeitabflußverfahren

Bei größeren Entwässerungsnetzen (> 50 ha) sollte die Rentention berücksichtigt werden. Dies ist mit den hydrologischen und hydrodynamischen Abflußmodellen möglich. Wenn der Einfluß des teilweisen Rückstaues wirklichkeitsnah erfaßt werden soll, müssen hydrodynamische Berechnungsmethoden angewandt werden.

6. Materialien

Bei der Materialauswahl müssen neben des Kosten weitere Gesichtpunkte beachtet werden, wie z.B.

- Montagefreundlichkeit und Gewicht in Abhängigkeit der Bauplatz- und Baugrundverhältnisse
- Festigkeitsverhalten in Abhängigkeit der Bauwerksbelastungen und Einbaubedingungen

- Langzeitverhalten, z.B. bei aggressiven Medien oder Korrosionssicherheit bei langen Kanälen
- Unterhaltungsaufwand unter Beachtung der zum Einsatz kommenden Maschinentechnik

In den meisten Fällen ist mit der Selektion der verschiedenen Materialien trotzdem eine Ermessensentscheidung notwendig, da das Angebot gleichwertiger Erzeugnisse relativ groß ist.

7. Literatur

[1] Arbeitshilfe: Niederschlagswasserbehandlung, Sept. 1993
Sächsisches Landesamt für Umwelt und Geologie
Referat W3
Gewässerschutz/Abwasser (1993)

[2] Beseitigung des Niederschlagswassers von befestigten
Verkehrsflächen aus der Ssicht des Gewässerschutzes
Bayerisches Landesamt für Wasserwirtschaft
Merkblatt Nr. 3-4 vom 01.03.91

Neue Technologien zur Sanierung von Kanalisationen

Dietrich Stein

1. Einleitung

Sowohl die Schadensbehebung an bestehenden Kanalisationen als auch der Neubau von Abwasserkanälen wird eine der großen Umweltschutzaufgaben der Bundesrepublik Deutschland für die nächsten Jahre und Jahrzehnte sein. Ziel dieser Maßnahmen muß es sein, ein funktionsfähiges und dauerhaftes Kanalnetz zu schaffen, welches das Abwasser dicht umschließt und darüber hinaus leicht instand zu halten ist.

Die Einhaltung dieser Forderungen ist mit der bisherigen Praxis der kritiklosen Wiederherstellung des Sollzustandes der öffentlichen Kanäle in vielen Fällen nicht möglich. Hierfür bedarf es einer bau- und entwässerungstechnischen Gesamtbetrachtung der Kanalisationen, die nicht vor dem privaten Bereich des Entwässerungssystems endet, sondern alle erdverlegten Kanäle einschließlich der Anschlußkanäle und Grundleitungen einbezieht und auch offen ist, für die Realisierung neuer Kanalisationskonzeptionen insbesondere im Rahmen größerer innerstädtischer Erneuerungsmaßnahmen. Vor diesem Hintergrund sind zukünftig alle auf dem Markt befindlichen Verfahren zur Schadensbehebung zu betrachten.

2. Verfahren der Schadensbehebung

2.1. Allgemeines

Die Verfahren zur Schadensbehebung in Kanalisationen werden in folgende drei Hauptgruppen eingeteilt [1]:

- Instandsetzung
- Sanierung
- Erneuerung.

Jeder dieser drei Hauptgruppen ist eine Reihe von Spezialverfahren zugeordnet (Bild 1), über die in [2] umfassend berichtet wird.

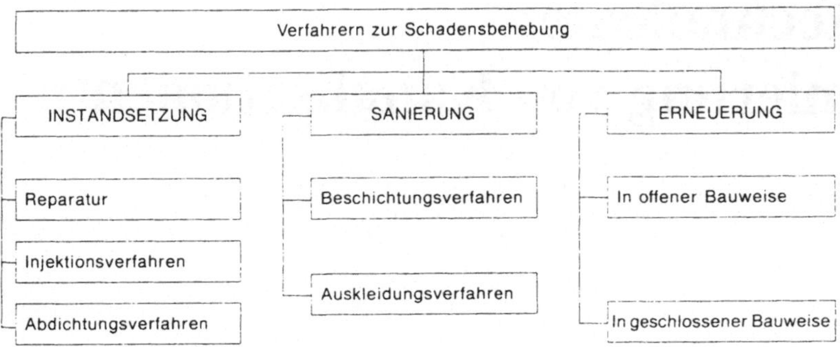

Bild 1: Einteilung der Verfahren zur Schadensbehebung in Kanalisationen

Angesichts der Fülle von Verfahren können an dieser Stelle nur die wichtigsten Neuentwicklungen vorgestellt werden.

2.2 Instandsetzung

Unter Instandsetzung versteht man Maßnahmen zur Wiederherstellung des Sollzustandes bei örtlich begrenzten Schäden [1].

Die Maßnahmen werden ohne Veränderung des Bauwerksstruktur und ohne die Herstellung eines durchgehenden offenen Grabens durchgeführt. Bezüglich der von innen oder außen einzusetzenden Verfahren unterscheidet man zwischen:

Reparatur:
Reparaturen von außen werden sowohl an Einsteigschächten bzw. Schachtbauwerken als auch an dem Kanal selbst durchgeführt. Sie erfordern u. a. die Herstellung einer Baugrube.
Reparaturen von innen werden in begehbaren Kanälen und Bauwerken maschinell oder von Hand und/oder unter Verwendung geeigneter Hilfsmittel oder -geräte und in nichtbegehbaren Kanälen mit Hilfe ferngesteuerter Roboter durchgeführt.

Injektionsverfahren:
Injektionsverfahren dienen zum Einbringen von Injektionsmitteln zur örtlich begrenzten oder abschnittsweisen Abdichtung und/oder Verfestigung von Lockergestein in der Leitungszone, von Rohrverbindungen oder Rissen und Poren in Rohren oder Bauteilen mit oder ohne Einbeziehung des Lockergesteins in der Leitungszone sowie zur Verfüllung von Hohlräumen im umgebenden Baugrund. Jede Injektion, bei welcher eventuell das Grundwasser beeinträchtigt wird, unterliegt dem Gesetz zur Ordnung des Wasserhaushaltes (WHG). Für Stoffe, die in den Boden und in das Grundwasser eingeleitet werden, ist deshalb das ökologische Wirkungsspektrum zu überprüfen.

Abdichtungsverfahren:
Abdichtung undichter Rohrverbindungen bzw. Bauwerksfugen und/oder Rohre bzw. Bauwerksteile, deren Standsicherheit nicht gefährdet ist, durch Oberflächenbehandlung, Abdichtungsstoffe oder selbsthaftende bzw. fixierte Manschetten.

In der Praxis kommen im wesentlichen folgende Abdichtungsverfahren zum Einsatz:

- Abdichtung von außen: Schrumpfmuffen, Außenmanschetten
- Abdichtung von innen: Abdichtungsstoffe (elastische Dichtmittel und Fugendichtungsmassen), Innenmanschetten (Weco Seal bzw. Amex-10), Oberflächenbehandlung.

Neuentwicklungen auf dem Gebiet der Instandsetzung von Kanälen betreffen vornehmlich Roboter und Manipulatoren mit der Zielstellung, Reparaturarbeiten auch im nichtbegehbaren Nennweitenbereich durchzuführen.
Hierzu wurden Robotersysteme entwickelt, mit denen man in der Lage ist, örtlich begrenzte Schäden verschiedener Art, z. B. Risse und undichte Rohrverbindungen, mittels Rißverspachtelung oder Injektion abzudichten sowie Ablagerungen und einragende Abflußhindernisse abzufräsen. Vertreter dieser Technik sind das KA-TE- und Sika-Robot-System.
Das mechanisierte und automatisierte Freischneiden und Vermörteln schadhafter Fugen begehbarer gemauerter Kanäle soll ein Manipulator der Hochtief AG ermöglichen, der sich zur Zeit in der Erprobungsphase befindet.

Nichtbegehbare Kanäle mit Schäden, welche die statische Tragfähigkeit verringern, mußten bisher in der Regel in der offenen Bauweise instand gesetzt werden. Zur Durchführung der entsprechenden Arbeiten in geschlossener Bauweise wurden Verfahren auf der Basis von Innenmanschetten entwickelt, die mit Hilfe von Fernsehkameras ferngesteuert im Schadensbereich positioniert und montiert werden.

2.3 Sanierung

Unter Sanierung versteht man nach ATV M 143 Teil 1 [1] Maßnahmen zur Wiederherstellung des Sollzustandes schadhafter Kanäle durch deren technische Veränderung unter Erhaltung ihrer Substanz.
Die Sanierungsverfahren basieren auf einer nachträglich eingebrachten, durchgehenden Innenbeschichtung oder Auskleidung der Kanäle.

Beschichtungsverfahren

Aufbringen einer Beschichtung auf die Innenwand z. B. aus Zementmörtel, reaktionsharzmodifiziertem Zementmörtel, Reaktionsharzmörtel. Je nach Aufbringungsart unterscheidet man zwischen Auspreß-, Verdrängungs-, Aufspritz- und Anschleuderverfahren.

Auskleidungsverfahren

Hierzu zählen die Hauptverfahrensgruppen

- Auskleidung mit Rohren
- Teil- oder Vollauskleidung aus montierten Einzelelementen (Montageverfahren).

Die weitere Zuordnung der zahlreichen auf dem Markt befindlichen Auskleidungsverfahren vermittelt Bild 2.

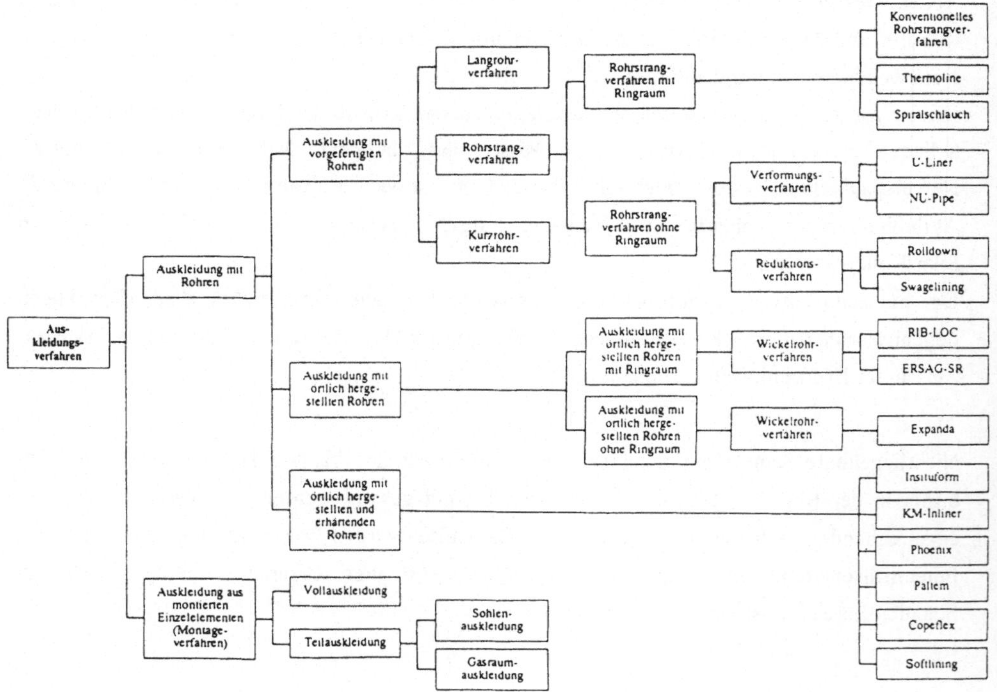

Bild 2: Einteilung der Aufkleidungsverfahren

Neu- und Weiterentwicklungen auf dem Gebiet der Sanierung konzentrieren sich insbesondere auf die Verbesserung der Rohrstrangverfahren (Bild 3).

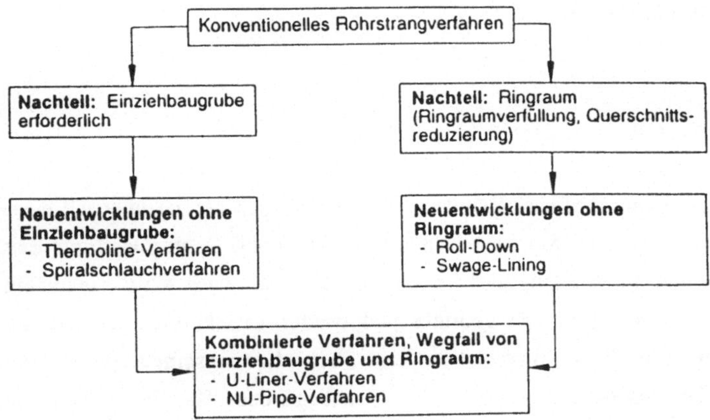

Bild 3: Entwicklungstendenzen am Beispiel der Auskleidung mit Rohrstrangverfahren

So verfolgte die Entwicklung des Thermoline-Verfahrens das Ziel, auf die beim konventionellen Rohrstrangverfahren erforderliche Einziehbaugrube verzichten zu können und das Einziehen des Rohrstranges über den vorhandenen Einsteigschacht zu realisieren [3].

Der beim Rohrstrangverfahren notwendige Ringraum zwischen Inliner und dem zu sanierenden Kanal und die anschließende Verfüllung desselben entfallen bei den Reduktionsverfahren, z. B. Rolldown, Swagelining.

Die Vermeidung von Einziehbaugrube und Ringraum gelang mit den Verformungsverfahren (Nu-Pipe, U-Liner). Hierbei wird der Kunststoffrohrstrang u-förmig vorverformt, so daß er über die vorhandenen Einsteigschächte einziehbar ist. Die gleichen Vorteile werden beim Expanda-Verfahren realisiert, einer Weiterentwicklung des Wickelrohrverfahrens [4].

2.4 Erneuerung

Unter Erneuerung versteht man nach ATV M 143 Teil 1 [1] Maßnahmen zur Herstellung neuer Kanäle, welche die Funktion der alten, außer Betrieb genommenen übernehmen.
Die Maßnahmen können an derselben Stelle durch Auswechselung (Substanzzerstörung) oder anderer Stelle (Substanzaufgabe) durchgeführt werden.

Als Verfahren kommen dabei in Betracht:

- Offene Bauweise
- Geschlossene Bauweise.

Die Ausführung einer Erneuerung in offener Bauweise ist grundsätzlich vergleichbar mit einer entsprechenden Leitungsneuverlegung. Sie stellt in der Bundesrepublik Deutschland zur Zeit das Standardverfahren bei der Erneuerung aller Leitungssysteme dar. Dies führt regelmäßig dazu, daß die Straßenkörper in Abständen geöffnet und wieder verschlossen werden. Im innerstädtischen Bereich unterliegt diese Bauweise bei Leitungserneuerungen im Fahrbahnbereich und hier insbesondere der relativ tiefliegenden Kanäle zunehmend ökologischen Zwängen.
Bei der Erneuerung defekter Kanäle an derselben Stelle (in gleicher Trasse und Gradiente) in geschlossener Bauweise erfolgt das Auswechseln unterirdisch, d. h. ohne Herstellung eines offenen Grabens. Dabei werden im wesentlichen folgende Verfahren eingesetzt:

- Bergmännischer Stollen- oder Tunnelvortrieb mit Getriebezimmerung
- Schildvortrieb
- Rohrvortrieb mit begehbarem Querschnitt
- Vortrieb nichtbegehbarer Vortriebsrohre (Überfahren)
- Berstverfahren.

Trotz der zahlreichen bekannten Nachteile der offenen Bauweise findet sie nach einer von der ATV im Jahre 1990 in 72 Kommunen durchgeführten Umfrage [5] bei 62 % aller Schadensbehebungsmaßnahmen Anwendung. Alle anderen Verfahren einschließlich der Erneuerung in geschlossener Bauweise werden demgegenüber noch relativ selten eingesetzt.

Dies darf jedoch nicht als Indiz für eine zweifelhafte Qualität der Instandsetzungs- und Sanierungsverfahren gewertet werden. Vielmehr bestehen heute noch bei den ausschreibenden Stellen Informationsdefizite bezüglich Beurteilung und Anwendungsgrenzen sowie der Wirtschaftlichkeit derartiger Verfahren. Dies ist nicht zuletzt auf die Praxis der Hersteller und Anbieter zurückzuführen, entsprechende Informationen und Angaben aus geschäftspolitischen Gründen zurückzuhalten, wodurch vergleichbare Beurteilungen der Verfahren z. B. der auf Basis der im ATV M 143 Teil 1 [1] formulierten Kriterien unmöglich sind.

3. Möglichkeiten zur Realisierung neuer Kanalisationskonzeptionen

Der erhebliche Schadensbehebungsbedarf an den Kanalisationen der Bundesrepublik Deutschland wird mit teilweise gravierenden Eingriffen in die vorhandene Bausubstanz verbunden sein. Dies ist vor allem dann der Fall, wenn wie bisher der überwiegende Teil der schadhaften Kanäle in der offenen Bauweise erneuert wird. In Hamburg rechnet man z. B. damit, daß etwa 80 bis 90 % aller Schadensbehebungsmaßnahmen in Form einer Totalerneuerung erfolgen müssen [6] .

Unter dem Aspekt, ein entsprechend ATV A 139 [7] funktionsfähiges, wasserdichtes und dauerhaftes Kanalnetz zu erhalten, welches sich darüber hinaus leicht instand halten läßt, werden z. Zt folgende Lösungen diskutiert [8].

3.1 Ersatz von Grundleitungen durch Sammelleitungen

Grundleitungen sind im Erdreich oder im Bauwerk **unzugänglich verlegte Leitungen,** die das Abwasser in der Regel dem Anschlußkanal zuführen.

Aus der Tatsache, daß Grundleitungen nicht instand zu halten sind, leitet sich die Forderung ab, von dieser Leitungskonzeption zumindest bei Neubau- oder Erneuerungsmaßnahmen Abstand zu nehmen und die Grundleitungen z.B. in einer abgedeckten, in der Kellersohle eingelassenen Leitungstrasse, oder als zugängliche Sammelleitung oberhalb der tiefsten Kellersohle zugänglich verlegt werden.

3.2 Systementflechtung (Einbindung von Anschlußkanälen in Schächte)

Den größten Problembereich unserer Kanalisationen stellen zweifellos die Anschlußkanäle der Grundstücksentwässerungen sowie der Straßenabläufe und ihre Einbindung in die öffentlichen, nichtbegehbaren Kanäle dar. Nach ATV A 241 [9] sollen diese Anschlußkanäle "in der Regel außerhalb der Schächte in die Kanäle eingeführt werden".
Die Anschlußkanäle selbst werden zur Zeit aufgrund ihrer ungünstigen Abmessungen, schlechten Zugänglichkeit und der vielen Formstücke nur sehr selten in die Instandhaltung miteinbezogen [10]. Diese Nachteile lassen sich vermeiden, wenn die Anschlußkanäle weitestgehend in die jeweiligen Einsteigschächte eingebunden werden (Bild 4).

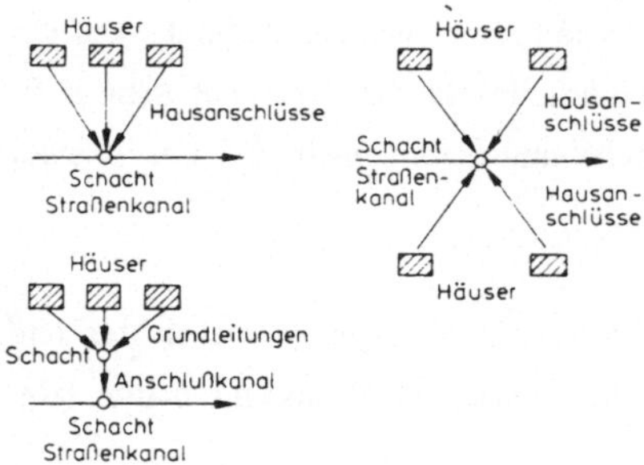

Bild 4: Einbindungsvarianten von Anschlußkanälen an Einsteigschächte [2]

Durch diese indirekte Einbindung der Anschlußkanäle an den Straßenkanal werden folgende Vorteile erzielt [11,12]:

- Leichtere Wartung und Inspektion.
- Einfachere Schadensbehebung sowohl in den Anschlußkanälen als auch im Straßenkanal.
- Jederzeitige Überprüfung des vom Grundstück eingeleiteten Abwassers.

3.3 Querschnittsvergrößerung der Kanäle

Begehbare Kanäle, d. h. Kanäle mit Nennweiten > DN 1200 bereiten, wie die Erfahrungen in der Bundesrepublik Deutschland zeigen, kaum technische Probleme bei der Schadensbehebung, da hier, wenn erforderlich, direkt vor Ort und von Hand gearbeitet werden kann. Die Vorflutsicherung, das Wiedereinbinden vorhandener Anschlußkanäle oder die Verlegung und Einbindung neuer Anschlußkanäle selbst in der geschlossenen Bauweise sind bei entsprechender Querschnittsgröße ohne Schwierigkeiten möglich.

Darüber hinaus wird mit der vorgeschlagenen Querschnittsvergrößerung ein zusätzliches Speichervolumen gewonnen, mit dem eine Begrenzung der Mischwasserentlastungen in den Vorfluter bewirkt wird und das zur Rückhaltung und Behandlung des Regenwetterabflusses herangezogen werden kann.

3.4 Redundante Kanalsysteme

Unter Redundanz versteht man das Vorhandensein von mehr funktionsfähigen Mitteln, als für die Erfüllung vorgesehener Aufgaben einer Betrachtungseinheit erforderlich sind. Redundanz ist also die Eigenschaft einer Betrachtungseinheit, auch bei Ausfall einzelner ihrer technischen Mittel noch funktionsfähig zu sein [13]. Die Schaffung redundanter Kanalsysteme kann auf drei Weisen erfolgen:

- Kanal mit mineralischer Außenabdichtung
  Die Redundanz wird in diesem Fall durch ein ursprünglich für Deponieabdichtungen entwickeltes Mineralgemisch erzielt, das in die Leitungszone eingebracht wird und dort aufgrund seiner Struktur einerseits die Bettungsfunktion für den verlegten Kanal und zusätzlich eine Abdichtungs- und Schadstoffsorptionsfunktion erfüllt [14].

- Doppelwandiger Kanal
  Beim doppelwandigen Kanal wird der eigentliche Abwasserkanal in einem dichten Schutzrohr verlegt.

- Doppelkanal
  Der Doppelkanal wird zum ersten Mal von Hobrecht im Jahre 1884 für nichtbegehbare Leitungen vorgeschlagen [15]. Demnach werden statt eines einzigen Kanals zwei Kanäle im Straßenquerschnitt jeweils unter den Gehwegen verlegt. Durch Querverbindungen beider Kanäle läßt sich jeweils ein Kanal abschnittsweise zur Durchführung von Instandhaltungsmaßnahmen einfach außer Betrieb setzen. Eine Aufrechterhaltung der Vorflut ist somit auch im Falle von Schadensbehebungsmaßnahmen gesichert.

3.5 Leitungsgang

Ein hinsichtlich Ökologie und Ökonomie optimales System stellt der begehbare Leitungsgang dar, in dem sämtliche Leitungen für die

- Wasserversorgung
- Abwasserableitung
- Energieversorung
  * Fernwärmeleitungen
  * Gasleitungen
  * Starkstromkabel
- Kommunikationseinrichtungen der Bundespost
- Steuerungskabel verschiedener Art

zugänglich verlegt sind [16].

4. Zusammenfassung

Eine große Aufgabe der nächsten Jahre, wenn nicht Jahrzehnte, wird es sein, die vorhandenen Kanalisationen in der Bundesrepublik Deutschland im Interesse des Gewässerschutzes instand zu setzen oder zu erneuern und den verschärften Anforderungen des Gewässerschutzes anzupassen. Für die Schadensbehebung in Kanalisationen stehen zahlreiche Verfahren zur Verfügung. Alle weisen Vor- und Nachteile sowie Einsatzbeschränkungen auf. Es gibt kein Universalverfahren, das unter allen möglichen Randbedingungen gleichermaßen technisch und wirtschaftlich sinnvoll einsetzbar ist. Die Schwierigkeiten bei der Anwendung der meisten Verfahren nehmen mit geringer werdender Nennweite des Kanals und steigender Anzahl von Anschlußkanälen innerhalb der Haltung zu.

Um diese Nachteile zu beseitigen, wurden in der Bundesrepublik Deutschland Verfahrensneu- und -weiterentwicklungen betrieben, die im vorliegenden Beitrag vorgestellt werden. Dabei wird jedoch auch deutlich, daß es ohne tiefgreifende Änderungen der gegenwärtigen Praxis bei Planung und Bau von Kanalisationen nicht möglich sein wird, alle gegenwärtigen, und zukünftigen Anforderungen an diese Systme insbesondere unter dem Aspekt der Umweltschutzes zu erfüllen. Neben neuen Verfahrensentwicklungen mit teilweise neuen Werkstoffen werden auch neue Konzeptionen zur Schaffung funktionsicherer und instandhaltungsgerechter Kanalisationen beschrieben.

LITERATUR

[1] ATV M 143: Inspektion, Instandsetzung, Sanierung und Erneuerung von Entwässerungskanälen und -leitungen, Teil 1: Grundlagen (12.89).

[2] Stein, D.; Niederehe, W.: Instandhaltung von Kanalisationen. 2. erweiterte und überarbeitete Auflage. Verlag Ernst & Sohn, Berlin 1992.

[3] Firmeninformation Sewerin, Gütersloh.

[4] Firmeninformation Klug GmbH, Hamburg.

[5] Keding, M.; van Riesen, S.; Esch, B.: Der Zustand der öffentlichen Kanalisationen in der Bundesrepublik Deutschland. Ergebnisse der ATV-Umfrage 1990, Korrespondenz Abwasser (KA) 37 (1990) H.10, S. 1148 - 1153.

[6] Ewert, G.-D.; Stein, D.: Perspektiven für die Schadensbehebung bei undichten Kanalisationen - Handlungsbedarf, künftige Technologien, Kostenaufwand. Dokumentation 23. Essener Tagung, S. 337-362. Aachen 1991.

[7] ATV A 139: Richtlinien für die Herstellung von Entwässerungskanälen und -leitungen (10.88).

[8] Stein, D.: Schadensbehebung als Chance zur Durchsetzung neuer Kanalisationskonzeptionen. Korrespondenz Abwasser (KA) 36 (1989) H.8, S. 842-850.

[9] ATV A 241: Bauwerke der Ortsentwässerung; Empfehlungen und Hinweise (06.78).

[10] Stein, D.: Instandhaltung von Kanalisationen - Probleme und Lösungsmöglichkeiten. Handbuch Wasserversorgungsund Abwassertechnik, 3.Ausgabe, S. 207-242. Vulkan - Verlag, Essen 1989.

[11] Möhring, K.: Möglichkeiten der Heranführungung von Anschlußkanälen an Einsteigschächte. Korrespondenz Abwasser (KA) 34 (1987) H. 5, S. 449 - 458.

[12] Stein, D.; Möllers, K.; Bielecki, R.: Leitungstunnelbau - Neuverlegung und Erneuerung nichtbegehbarer Ver- und Entsorgungsleitungen in geschlossener Bauweise. Verlag Ernst & Sohn, Berlin 1988.

[13] Deixler, A.: Zuverlässigkeitsplanung. In: Masing, W.: Handbuch der Qualitätssicherung. Auflage, S.361-381. Carl Hanser Verlag, München 1988.

[14] Firmeninformation DYWIDAG, München.

[15] Hobrecht, J.: Die Canalisation von Berlin. Verlag von Ernst & Korn, Berlin 1884.

[16] Stein, D.: Erneuerung innerstädtischer Ver- und Entsorgungsleitungen durch Leitungsgänge. In: Beiträge zur Kanalisationstechnik (Band 1): Der begehbare Leitungsgang. Analytica - Verlag, Berlin 1990. S.9-24.

Zustandserfassung und Zustandsbewertung des Berliner Abwassernetzes

Ludwig Pawlowski

1. Einleitung/Kurzfassung

Die Zustandsbewertung der Kanalnetze ist Maßstab für die notwendigen Sanierungsprogramme. Die Bewertung erfolgt nach durchgeführter Inspektion mit Hilfe eines Bewertungsmodells.

Voraussetzungen sind

- TV-Inspektion nach festgelegtem Schadenskatalog und Schadensklassifizierung
- Nachbearbeitung durch den Ingenieur durch Sichtung von Protokollen und Videobändern und Prüfung der eingegebenen Daten
- Bewertung von Haltungen durch ein Bewertungsmodell mit den Kriterien Umwelt, Bau, Betrieb

In Berlin wurden mit der Wende im Jahr 1990 bis zum 30.06.1994 in flächenhafter Inspektion 1439,5 km Kanalnetz untersucht, davon 492,3 km im Westteil (im wesentlichen Mischwassernetz) und 947,2 km im Ostteil (R-, S- und M-Netze).

Festgestellt werden kann, daß das Kanalnetz im Ostteil in einem ungleich schlechteren Zustand ist wie im Westteil. Ursache hierfür ist die völlig unzureichende Wahrnehmung der Instandhaltung in der DDR-Zeit.

2. Inspektion

In der flächenhaften Inspektion sollen in einem Zeitraum von rd. 10 Jahren alle Kanäle inspiziert werden. Diese Aufgabe wird in Berlin zum überwiegenden Anteil mit Vergabe an Inspektionsfirmen erfüllt.

Wegen des durchschnittlich höheren Grades an Verschmutzung sowie der unterschiedlichen Ausstattung an Gerät und Betriebsstellen im Ostteil Berlins wird dort gleichzeitig auch die Kanalreinigung in Fremdleistung durchgeführt. Im Westteil reinigt der Kanalbetrieb bevor die Firmen ihre Inspektion ausführen.

Für die Durchführung dieses Gesamtprogrammes wurde ein Schadenskatalog (Anlage 1) erarbeitet. Er fußt auf der M 143, Teil 2 und teilt die Schäden entsprechend ihrer maßlichen Ausprägung in Schadensklassen ein.

In den Fahrzeugen werden grundsätzlich Videoaufzeichnungen gemacht und Protokolle erstellt. Für die bessere Handhabung der Auswertung werden die Daten in festen, vorgegebenen Datenformaten erfaßt. Dazu wird aus der zentralen Datenbank eine Tourenvorgabe mit Schacht- bzw. Haltungsnummern, Straßenname usw. vorgegeben. Darüber hinaus wird im Videorecorder mit Echtzeitcode gearbeitet, so daß eine Suchlaufsteuerung möglich ist und ein Überspielen der Schadensbilder auf eine optische Platte automatisiert ablaufen kann.

3. Auswertung der Inspektion

Die Auswertung ist die notwendige Ingenieurbearbeitung für die Umsetzung der Inspektion in die Sanierungsprogramme.

Der Datenfluß von der Datenbank in GTIS-Kanal über das Bearbeitersystem in den TV-Wagen und zurück erfordert exakte Regeln (Anlage 2)

Für die Übernahme der Daten in GTIS-Kanal müssen die Daten, die auf dem Fahrzeug erhoben werden, mit der Datenbank abgeglichen werden z. B. für:

- Durchmesser
- Haltungslänge
- Materialart

Für die graphische Datenverarbeitung sind folgende Bearbeitungen notwendig:

- Längenausgleich und Fließrichtung
- Behandlung der Abbrüche
- Längsentwickelte Schäden (Anfangs-Endstationierung).

Nach einem automatisiert ablaufenden Programm werden alle Datensätze auf Korrektheit geprüft. Danach kann die Zustandsbewertung durchgeführt werden.

In GTIS-Kanal werden danach zurückgespielt:

- Schadensdaten jedes Einzelschadens
- Abzweigdaten jedes seitlichen Anschlusses an den Kanal
- Daten eines Schadensabschnittes
- Daten aus der Zustandserfassung und -bewertung (Datum, Inspekteur, mit/gegen Fließrichtung, Bewertungszahlen)

4. Zustandsbewertung

Die Bewertung richtet sich nach der Schwere der Schäden (Anlage 1) und dem möglichen Gefährdungspotential. Es wird unterschieden nach:

- Gefährdung der Umwelt (Grundwasser, Boden)
- Gefährdung der Standsicherheit
- Gefährdung der Betriebssicherheit

Für die Zustandsbewertung werden daher Bewertungsklassen gebildet.

Bewertungsklasse 1:

- Risse
- sichtbarer Boden
- Grundwasserzulauf
- herausfallende Scherben und Kanalklinker
- fehlendes Mauerwerk
- Einsturz

Bewertungsklasse 2:

- Lageabweichung
- Abplatzungen vom tragenden Rohr
- Korrosion
- Fugenauswaschungen
- Inkrustierung
- Rohrverformung

Bewertungsklasse 3:

- Rohrverbindungsfehler
- Abflußhindernisse

Bewertungsklasse 4:

- Fehler an Abzweigungen und Stutzen

In der Zustandsbewertung werden die Schäden nach ihrer Schadensklasse gewichtet und mit den Bewertungsfaktoren multipliziert. Für die Schadensklassen wurden gewählt:

SK 1	7,5
SK 2	5,0
SK 3	3,0
SK 4	2,0
SK 5	1,0

Als Bewertungsfaktoren wurden gewählt:

Bewertungsklasse 1	34
Bewertungsklasse 2	22
Bewertungsklasse 3	12
Bewertungsklasse 4	7

Durch Multiplikation erhält jeder Schaden eine Schadenspunktzahl

z. B. Riß 1 mm

Schadensklasse 3	Wichtungsfaktor 3
Bewertungsklasse 1	Bewertungsfaktor 34

Schadenspunktzahl 3 x 34 = 108

Maßgebend für die Bewertung einer ganzen Haltung ist die höchste Schadenspunktzahl eines Einzelschadens zuzüglich der Summe aller übrigen Schadenspunktzahlen in der Haltung dividiert durch die Zahl aller Schäden in der Haltung.

Maßgebend für die Einteilung der Zustandsklasse ist die Multiplikation der Wichtungsfaktoren entsprechend der Schadensklassen 1 - 5 mit dem Bewertungsfaktor 34. Damit bestimmt der größte Einzelschaden die Zustandsklasse. Jedoch wird durch die übrigen Schäden je nach Art und Menge eine Zustandsbewertungszahl erreicht, die einen Klassensprung bewirkt.

Dies ist sinnvoll, um eine Haltung mit einer Vielzahl von Rissen nach Schadensklasse 2 nicht geringer zu bewerten als eine Haltung mit <u>einem</u> Riß nach Schadensklasse 1.

Bei längsentwickelten Schäden, wie Längsrisse, Korrosion, Verschleiß, feste Ablagerungen wird die Schadenspunktzahl um das Verhältnis der Länge des Schadens zur Länge der Haltung gewichtet.

5. Auswertung der vorliegenden Ergebnisse

5.1 Untersuchungsumfang

Der Umfang der in Fremdvergabe durchgeführten Untersuchung im Verhältnis zum Gesamtbestand ist in Anlage 3 und 4 dargestellt.

Inspiziert wurden im Westteil 46,698 km Regenwassernetz, 145,028 km Schmutzwassernetz und 298,563 km Mischwassernetz und im Ostteil 345,540 km Regenwassernetz, 412,408 km Schmutzwassernetz und 189,300 km Mischwassernetz.

Im Verhältnis zu den Netzlängen ergibt sich, daß im Ostteil 30,8 % des Mischwassernetzes, 32,9 % des Schmutzwassernetzes und 27,3 % des Regenwassernetzes, im Westteil 23,8 % des Mischwassernetzes, 6,7 % des Schmutzwassernetzes und nur 2,9 % des Regenwassernetzes untersucht wurde. Der geringe Grad der Inspektion von Regen- und Schmutzwasserkanalisation ergibt sich aus der Vorgabe schwerpunktmäßig die Mischwasserkanalisation zu untersuchen.

5.2 Vergleich der Mischwassernetze Ost- und Westberlin

Eine vergleichbare Aussage ergibt sich differenziert nur über die Betrachtung der Schäden je km nach dem Schadenskatalog.

Da die Mischwassernetze in Berlin in vergleichbaren Zeiträumen gebaut wurden, spiegeln die unterschiedlichen Ergebnisse vornehmlich die ungenügende Instandhaltung zu DDR-Zeit wieder.

Besonders auffällig ist die wesentlich größere Zahl an Brüchen (7,12 km Ost gegenüber 1,73 km West) und die höhere Zahl bei den Rissen in den Schadensklasse 1 bis 3 (Anlage 5).

Diese Schäden sind Ursache für die sehr schlechte Zustandsbewertung der Ostnetze.

Die Anzahl der Schäden pro km liegen im Mischsystem (Ost) bei 225 und im Mischsystem (West) bei 102,6.

Vergleichsweise gibt Matthes 72,3 Schäden pro km an, mit Schwankungen zwischen 50,7 und 106,5. In einem untersuchten Teilnetz gibt er an, daß die Zahl der Schäden mit dem Alter zunimmt:

1985 - 1991 11,1 Schäden/km
1965 - 1985 68,7 Schäden/km
1950 - 1965 122,5 Schäden/km

Der Mittelwert dieses Teilbereiches lag bei 60 Schäden/km; in der Ortschaft insgesamt bei 95 Schäden/km.

Der Quervergleich läßt die Schlußfolgerung zu, daß das Mischwassernetz ähnliche Schadenshäufigkeiten hat wie ein Netz in den alten Bundesländern. Die Schadenshäufigkeit im Ostteil jedoch überdurchschnittlich hoch ist.

5.3 Vergleich von Beton- und Steinzeugrohren

Ein Materialvergleich ist nur sinnvoll, wenn ein entsprechend großer vergleichbarer Untersuchungsumfang vorhanden ist.

Materialanteil der Untersuchungen bezogen auf Kanalnetzlängen

	Beton	**Steinzeug**	**andere**
Regenwassernetz	58 %	36,2 %	5,8 %
Schmutzwassernetz	2,4 %	92,1 %	5,5 %
Mischwassernetz	1,1 %	97 %	1,9 %

Ein vergleichbar hoher Untersuchungsanteil ist nur für das Regenwassernetz in Ostberlin gegeben, wobei der Anteil der inspizierten Steinzeugrohre gegenüber den anderen Werkstoffen relativ hoch ist (Anlage 3).

Signifikante Unterschiede bei der Anzahl der Schäden pro km sind entsprechend Anlage 6 erkennbar bei

Undichtigkeiten. Ursache dürften die Probleme der Dichtigkeit in den Glocken- und Falzmuffen bei den Betonrohren sein

Hindernisse. haben keine materialspezifischen Ursachen

Wurzeln. dringen überwiegend durch die Rohrverbindung ein, siehe Undichtigkeiten

Schäden an der Rohrverbindung. sind überwiegend Muffenversätze. Bei Steinzeugrohren wird herausgelaufene Vergußmasse als Schaden an der Rohrverbindung mit erfaßt.

Lageabweichung. sind nicht material- sondern mehr einbauspezifisch

Verschleiß. entsteht durch Abrieb bzw. mechanische Beanspruchung beim Reinigen. Da gravierende Unterschiede nur in der Schadensklasse 5 wieder zu finden sind, können keine qualifizierenden Unterschiede benannt werden.

Korrosion. muß hier auf ungenügende Kanalreinigung in den Regenwassernetzen Ostberlins in 40 Jahren DDR zurück geführt werden. Der Eintrag von Korrosion bewirkenden Stoffen in die Regenwasserkanalisation ist nur in Verbindung mit Ablagerungen ein dauerhaftes Problem.

Risse. in den Steinzeugrohren lassen auf eine ungenügende Berücksichtigung der Einbaubedingungen und Lasten bei der statischen Berechnung schließen.

Abzweige. die Unterschiede sind nicht von Bedeutung.

Interessant ist jedoch, daß die Schadenshäufigkeit im Regenwassernetz (Ost) mit 135,22 Schäden pro km bei Steinzeug und 153,88 Schäden pro km bei Beton deutlich niedriger ist, als die Schadenshäufigkeit im Mischwassernetz (siehe Abschnitt 5.2) mit 225 Schäden pro km. Da im Mischwassernetz 97 % der inspizierten Länge in Steinzeug ausgeführt ist, sind hier vergleichsweise doppelt so viel Schäden wie im Regenwassernetz zu verzeichnen. Dies kann auf folgende Ursachen zurückgeführt werden:

- die Mischwassernetze sind älter, somit konnten die Belastungen noch nicht so gut berücksichtigt werden

- im Bereich der Mischwassernetze von Berlin gab es die größten Zerstörungen im Krieg

- durch zahlreiche Bauvorhaben gab es umfangreiche Grundwasserabsenkungen

Die so eingetretenen Schäden sind im Ostteil nicht, im Westteil dagegen in großem Umfang beseitigt worden.

Daraus darf die Schlußfolgerung gezogen werden, daß eine gute Instandhaltung den Bedarf an Erneuerung senkt und damit wirtschaftlich ist. Instandhaltung und Erneuerung sind daher als zwingende Daueraufgaben anzusehen.

5.4 Zustandsbewertung

Die in den Abschnitten 5.2 und 5.3 dargelegten Verhältnisse spiegeln sich auch in den Zustandsbewertungen der Abwassernetze wieder. Dabei wurden die Netze in Ost und West jeweils zusammenfassend ausgewertet.

Vergleich Ost/West

In die Zustandsklasse 1 wurden 32 % (Ost) (Anlagen 7) bzw. 14 % West (Anlagen 10) der untersuchten Netzlängen eingeordnet. Dabei beträgt der Anteil an Haltungen (Länge), die nur einen Schaden der Schadensklasse 1 aufweisen 12 % (Ost) bzw. 5 % (West). Der Anteil an Haltungen (Länge) in dem mehrere Schäden der Schadensklasse 1 sind, beträgt 8 % (Ost) bzw. 2 % (West). 12 % (Ost) bzw. 8 % (West) der Haltungslängen weisen so starke Schäden auf, daß sie ohne einen Schaden nach Klasse 1 aufzuweisen in der Bewertung die Zustandsklasse 1 erhielten (Anlage 8 bzw. 11).

In Anlage 9 ist für den Ostteil dargelegt, welche Schadensarten bei der Zustandsbewertung in die Zustandsklasse 1 führen. Es dominieren die Brüche vor der Kategorie „kein Einzelschaden". Hierunter sind vor allem Längsrisse und mehrere Risse in einer Haltung zu verstehen. Das ergibt sich aus dem Bewertungsmodus sowie aus den Anlagen 5 und 6. Der hohe Anteil Korrosion liegt im Regennetz begründet (Anlage 6).

In Anlage 12 ist für den Westteil dargelegt, welche Schadensarten in die Zustandsklasse 1 führen. Hier dominiert die Kategorie „kein Einzelschaden" (Längsrisse, mehrere Risse) vor den Brüchen. Dies läßt darauf schließen, daß in erheblichem Umfang in der Vergangenheit im Westen bereits Schadensbeseitigung durchgeführt wurde.

Der hoch erscheinende Anteil Korrosion relativiert sich an der absoluten Zahl der Fälle (64).

6. Zusammenfassung

Zusammenfassend sei festgestellt, daß ein Bedarf an Instandsetzung, Sanierung, Erneuerung oder Erweiterung aus den dargelegten Auswertungen nicht unmittelbar abgeleitet werden kann. In der Durcharbeitung von Projekten ergeben sich in der Regel Durchmischungen in der Art der Schadensbehebung.

Außerdem werden oftmals im Fließweg aufeinanderfolgende Haltungen erneuert oder erweitert, die nicht dieselbe Zustandsklasse in der Bewertung aufweisen. Andererseits werden im Zuge von Baumaßnahmen innerhalb einer Straße immer auch die Schäden beseitigt, die nur einer Instandsetzung oder Sanierung bedürfen.

In der praktischen Umsetzung der Auswertungen von flächenhaften Kanalfernsehuntersuchungen müssen neben den Zustandsbewertungen für den baulichen und betrieblichen Zustand auch die hydraulischen Verhältnisse flächenhaft bewertet werden. Erst daraus kann der Ingenieur entscheiden, was, wo, mit welchen Mitteln gebaut werden soll.

Anlage 1

		Schadensklasse 1	Schadensklasse 2	Schadensklasse 3	Schadensklasse 4	Schadensklasse 5
		unverzügliche Schadensbeseitigung	kurzfristige Schadensbeseitigung	mittelfristige Schadensbeseitigung	langfristige Schadensbeseitigung	Schadensbeseitigung im Rahmen anderer Baumaßnahmen
Rohrbruch, Einsturz		Einsturz	fehlende Rohrstücke	-----	-----	-----
Risse (b = Rißbreite in mm)		> 5 mm	2 - 5 mm	0,5 - 2 mm	0,2 - 0,5 mm	< 0,2 mm
sichtbare Undichtigkeiten		fließendes Wasser	feucht, tropfendes Wasser	-----	-----	----
Muffen-versatz	DN < 300	-----	> 2 cm	1 - 2 cm	< 1 cm	-----
	300 < DN < 600	-----	> 3 cm	2 - 3 cm	1 - 2 cm	< 1 cm
	600 < DN < 1000	-----	> 4 cm	3 - 4 cm	2 - 3 cm	< 2 cm
	1000 < DN	-----	> 5 cm	4 - 5 cm	3 - 4 cm	< 3 cm
Verlagerung in % der Profilhöhe		-----	> 50 %	25 - 50 %	10 - 25 %	< 10 %
Verwurzelung	in der Rohrverbindung	> 2 cm	1 - 2 cm	0,5 - 1 cm	0,1 - 0,5 cm	< 0,1 cm
	im Riß	> 1 cm	0,5 - 1 cm	< 0,5 cm	-----	-----
Abflußhindernisse in % der Querschnittsfläche	Ablagerungen	> 50 %	25 - 50 %	10 - 25 %	< 10 %	-----
	feste Hindernisse	> 30 %	15 - 30 %	5 - 15 %	< 5 %	-----
Verschleiß		> 3 cm	1 - 3 cm	< 1 cm	-----	-----
Korrosion		Einsturz	fehlende Rohrstücke	allgemeiner Angriff	-----	-----
Verformung		-----	> 10 %	5 - 10 %	< 5 %	-----

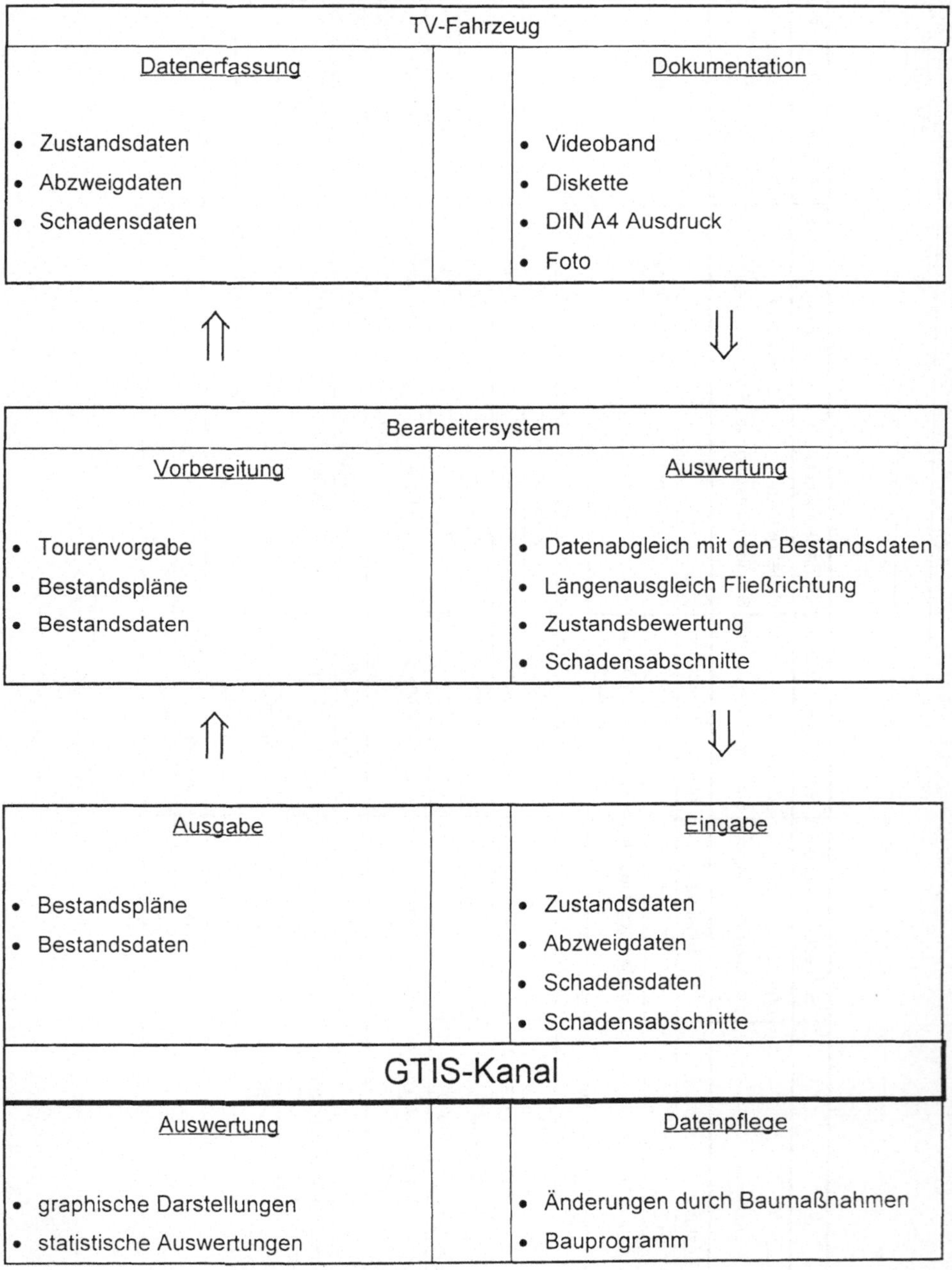

TV-Fahrzeug		
Datenerfassung		Dokumentation
• Zustandsdaten • Abzweigdaten • Schadensdaten		• Videoband • Diskette • DIN A4 Ausdruck • Foto

⇑ ⇓

Bearbeitersystem		
Vorbereitung		Auswertung
• Tourenvorgabe • Bestandspläne • Bestandsdaten		• Datenabgleich mit den Bestandsdaten • Längenausgleich Fließrichtung • Zustandsbewertung • Schadensabschnitte

⇑ ⇓

Ausgabe		Eingabe
• Bestandspläne • Bestandsdaten		• Zustandsdaten • Abzweigdaten • Schadensdaten • Schadensabschnitte
GTIS-Kanal		
Auswertung		Datenpflege
• graphische Darstellungen • statistische Auswertungen		• Änderungen durch Baumaßnahmen • Bauprogramm

Anlage 2

Anlage 3

Vergleich des Bestandes mit der Inspektion für Berlin (Ost)

	R-Netz		S-Netz		M-Netz	
	IST %	Inspektion %	IST %	Inspektion %	IST %	Inspektion %
Länge	100	27,3	100	32,9	100	30,8
Steinzeug	26,9	36,17	85,8	92,14	84,3	97,01
Beton	59,4	57,98	3,6	2,38	1,1	1,14
andere Werkstoffe	13,7	5,85	10,3	5,48	14,6	1,85
DN 200	22,4	17,97	67,0	66,95	7,4	1,72
DN 250	10,1	5,70	5,6	8,31	21,7	28,61
DN 300	20,2	33,75	11,2	8,33	43,5	38,35
DN 400	18,8	16,53	7,3	6,29	14,9	16,98
DN 500	9,7	9,71	4,1	5,04	9,7	11,32
DN 800	8,8	13,55	2,9	4,88	1,7	1,93
> DN 800	10,0	2,80	1,9	0,21	1,1	1,10

Anlage 4

Vergleich des Bestandes mit der Inspektion für Berlin (West)

	R-Netz		S-Netz		M-Netz	
	IST %	Inspektion %	IST %	Inspektion %	IST %	Inspektion %
Länge	100	2,9	100	6,7	100	23,8
Steinzeug	22,8	70,61	78,8	90,77	80,2	94,61
Beton	66,9	23,06	3,4	2,93	3,7	4,66
andere Werkstoffe	10,3	6,33	17,8	6,30	16,1	0,73
DN 200	3,0	0,81	63,8	16,04	4,0	0,99
DN 250	20,6	38,12	16,2	72,19	32,0	39,15
DN 300	13,5	15,84	4,6	2,79	23,9	26,85
DN 400	17,6	22,93	5,9	4,55	11,6	15,61
DN 500	10,8	2,26	4,0	2,34	8,6	10,84
DN 800	15,3	14,12	3,4	1,68	3,5	5,72
> DN 800	19,2	5,92	2,1	0,42	16,4	0,85

Anlage 5

Vergleich Ost- und West-Berlin
Schäden pro km im Mischsystem

Schadensgruppe	Ost						West					
	SK 1	SK 2	SK 3	SK 4	SK 5	Gesamt	SK 1	SK 2	SK 3	SK 4	SK 5	Gesamt
Brüche	7,12	0,00	0,00	0,00	0,00	7,12	1,73	0,00	0,00	0,00	0,00	1,73
Undichtigkeiten	0,05	0,07	0,00	0,00	0,00	0,13	0,00	0,00	0,00	0,00	0,00	0,00
Hindernisse	0,45	0,69	1,43	14,57	0,00	17,14	0,12	0,46	1,65	3,55	0,00	5,78
Wurzeln	0,48	0,39	1,07	9,88	2,66	14,47	0,02	0,09	0,60	7,80	4,04	12,55
Schäden an der Rohrverbindugn	0,16	12,41	10,77	22,17	11,16	56,67	0,05	1,66	7,60	5,42	7,26	21,99
Lageabweichung	0,00	0,52	1,89	5,15	19,52	27,08	0,00	0,64	2,35	4,71	5,68	13,39
Verschleiß	0,02	0,06	0,58	0,00	13,70	14,35	0,02	0,06	0,63	0,00	4,33	5,04
Korrosion 1)	0,03	0,15	0,69	0,00	0,00	0,87	0,06	0,06	0,62	0,00	0,00	0,74
Verformung 2)	0,00	0,02	0,02	0,07	0,00	0,10	0,00	0,00	0,00	0,00	0,00	0,00
Risse	0,21	43,93	30,10	8,64	0,10	82,97	0,04	13,04	13,72	10,87	0,46	38,12
Abzweige	0,05	0,14	0,59	2,93	0,40	4,11	0,01	0,12	0,64	1,89	0,61	3,28
Summe	8,57	58,38	47,14	63,41	47,54	225,04	2,05	16,13	27,81	34,24	22,38	102,61

1) ausschließlich an Betonrohren
2) ausschließlich an Kunststoffrohren

Anlage 6

Vergleich von Beton- und Steinzeugrohren im Regennetz Ostberlin
Schäden pro km

	Betonrohre						Steinzeugrohre					
	SK 1	SK 2	SK 3	SK 4	SK 5	Gesamt	SK 1	SK 2	SK 3	SK 4	SK 5	Gesamt
Brüche	2,31	0,00	0,00	0,00	0,00	2,31	2,64	0,00	0,00	0,00	0,00	2,64
Undichtigkeiten	1,12	0,39	0,00	0,00	0,00	1,51	0,03	0,12	0,00	0,00	0,00	0,14
Hindernisse	0,57	1,17	2,73	12,14	0,00	16,61	0,59	1,02	1,80	5,46	0,00	8,86
Wurzeln	0,09	1,03	5,33	32,39	4,60	43,44	0,11	0,55	2,82	17,09	3,05	23,63
Schäden an der Rohrverbindungen	0,21	8,34	3,28	2,36	4,92	19,12	0,08	7,12	10,20	12,84	8,10	38,34
Lageabweichung	0,00	0,05	0,27	0,96	4,01	5,29	0,00	0,20	0,71	2,09	7,18	10,18
Verschleiß	0,07	0,44	1,72	0,00	15,76	17,98	0,09	0,08	0,34	0,00	6,71	7,21
Korrosion	4,11	1,99	9,61	0,00	0,00	15,71	0,00	0,00	0,00	0,00	0,00	0,00
Risse	0,14	9,69	12,94	2,47	0,47	25,71	0,07	17,68	14,67	7,64	0,68	40,74
Abzweige	0,,07	0,23	1,09	4,33	0,48	6,20	0,04	0,13	0,53	2,43	0,35	3,48
Summe	8,69	23,33	36,97	54,65	30,24	153,88	3,65	26,9	31,07	47,55	26,07	135,22

Anlage 7

Länge der Haltungen nach Zustandsklassen

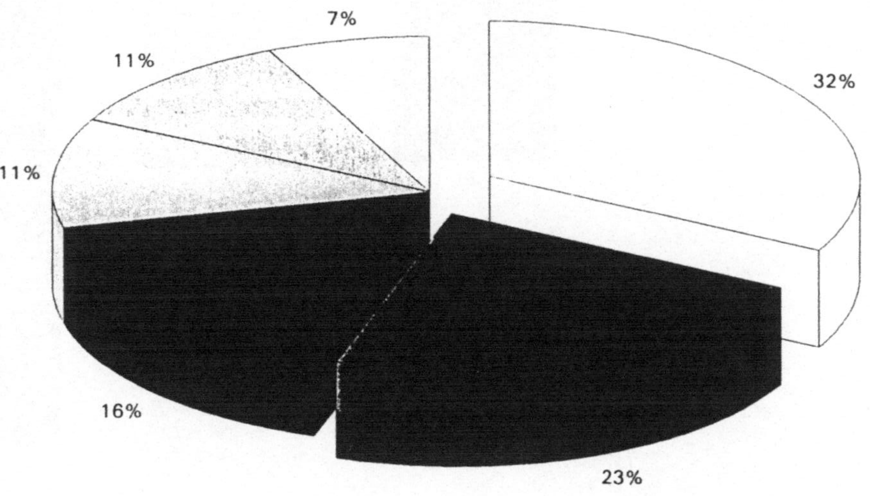

Stand: 30.06.94

(c) Sawatzki & Kerkemeier

Anlage 8

Zustandsklasse 1 (Länge)
Berlin-Ost
Länge in m
35
30
25
20
15
10
5
0
32%
12%
12%
8%
ZK1
ZK1 - ohne SK1
ZK1 - nur ein SK1
ZK1 - mehrere SK1
(c) Sawatzki & Kerkemeier
Stand: 30.06.94

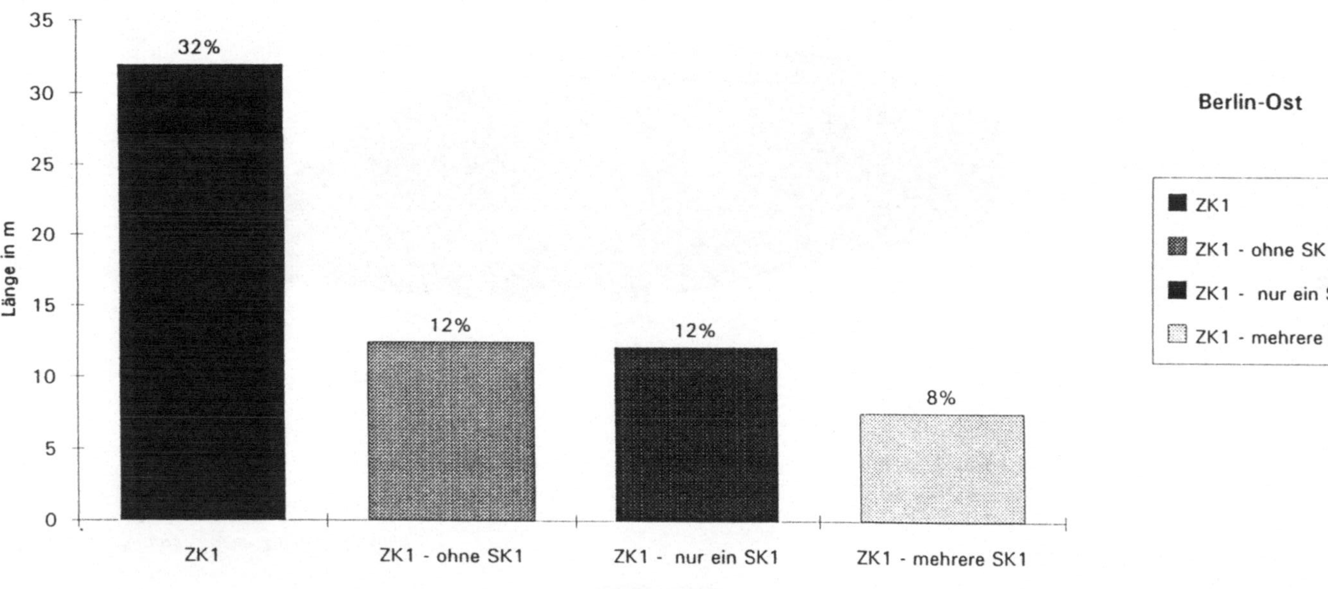

Anlage 9

Auswertung Berlin Ost		30.06.1994
Welche Einzelschäden führen zur ZK 1 ?		
Gruppe	**Anzahl**	**Prozent**
kein Einzelschaden	2668	40,52
Brüche	2900	44,04
Wurzeln	3	0,05
Verschleiß	95	1,44
Korrosion	648	9,84
Verformung	11	0,17
Risse	260	3,95
Summe	6585	100,00

Anlage 10

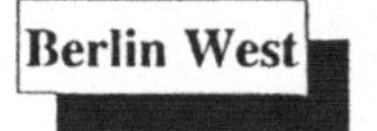

Berlin West

Länge der Haltungen nach Zustandsklassen

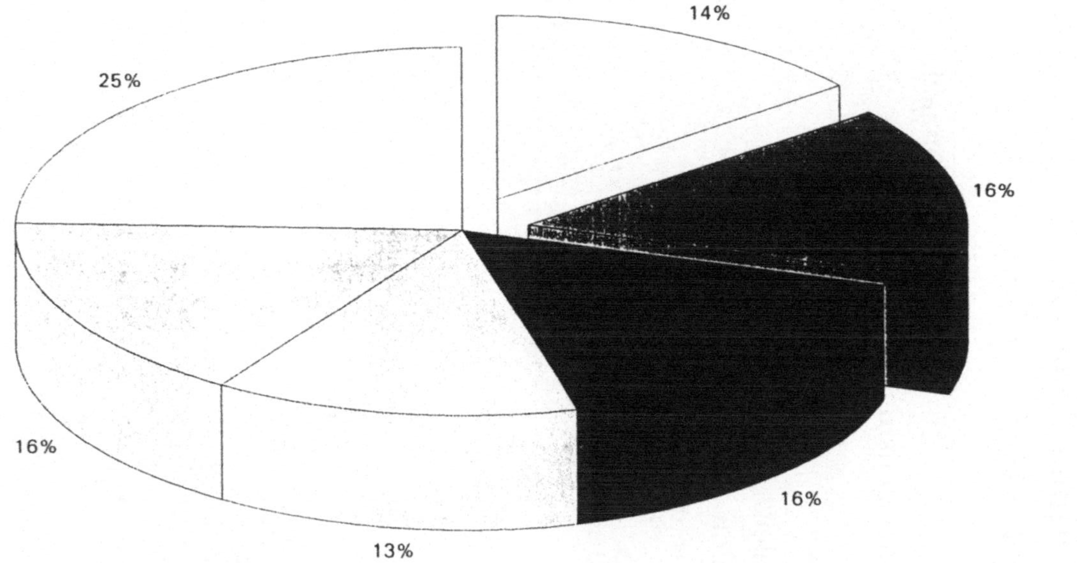

(c) Sawatzki & Kerkemeier

Stand: 30.06.94

Anlage 11

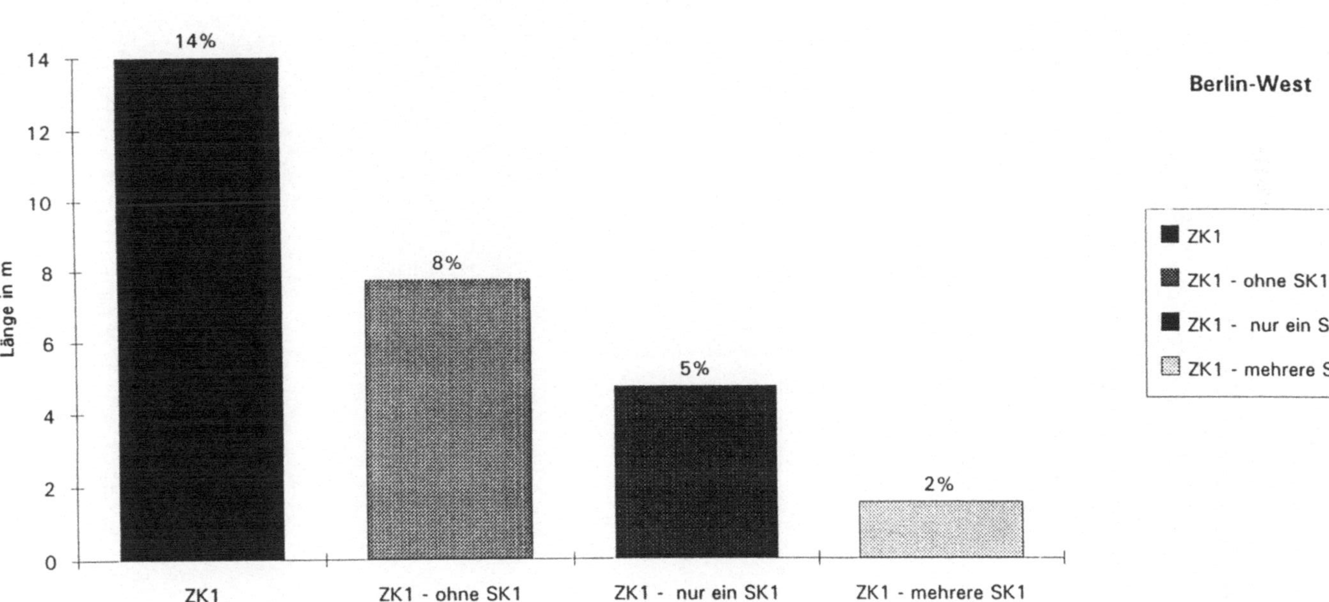

(c) Sawatzki & Kerkemeier

Stand: 30.06.94

Anlage 12

Auswertung Berlin West		30.06.1994
Welche Einzelschäden führen zur ZK 1 ?		
Gruppe	**Anzahl**	**Prozent**
kein Einzelschaden	862	55,19
Brüche	596	38,16
Verschleiß	6	0,38
Korrosion	64	4,10
Risse	31	1,98
Wurzeln	3	0,19
Summe	1562	100,00

Aspekte der Abwasserentsorgung im ländlichen Raum

Chr. Platzer, J. Nowak, A. Naciri-Göttlich, Berlin

1. Einleitung

Der Bedarf an Konzepterstellungen und -überprüfungen für eine vernünftige Abwasserentsorgung speziell in den neuen Bundesländern ist groß. Auf die besonderen Schwierigkeiten in Gebieten mit ländlichen Strukturen, die weite Teile von Brandenburg, Mecklenburg-Vorpommern und Sachsen-Anhalt ausmachen, gekoppelt mit den zur Zeit laufenden Planungen, die fast ausschließlich zentrale Lösungen der Abwasserentsorgung vorsehen, wird im Folgenden eingegangen.

Zentrale Abwasserkonzepte im ländlichen Raum werden oft mit der Begründung der Kostenersparnis befürwortet. Deshalb wird hier speziell der Kostenvergleich zwischen zentralen und dezentralen Lösungen diskutiert. Entscheidungen dürfen nicht nur unter Kostengesichtspunkten getroffen werden. Es sind weitere Faktoren wie z.B. Auswirkung einer Lösungsvariante auf die Umwelt, Lösung der Reststoffproblematik u.a.m. zu berücksichtigen.

2. Gegenwärtige Situation

Der generelle Stand der Abwasserentsorgung in den neuen Bundesländern ist in diversen Veröffentlichungen diskutiert worden [1,2,3]. Für die dünn besiedelten Gebiete der Länder Brandenburg, Mecklenburg-Vorpommern und Sachsen-Anhalt stellt sich die Situation noch schwieriger dar.

Bevölkerungsdichte und Siedlungsstruktur:

Bedingt durch Bevölkerungsdichte und Siedlungsstruktur sind weite Teile der neuen Bundesländer abwassertechnisch aufwendig zu erschließen. In Brandenburg weisen beispielsweise ca. 66% aller Gemeinden Einwohnerzahlen von < 500 EW auf [4], mit typischen Entfernungen zwischen den Gemeinden von 2 bis 4 km. Ein Zusammenfassen der Abwässer dieser Gemeinden zu Gruppenkläranlagen wird daher häufig aus Kostengründen (s.u.) nicht möglich sein. Hinzu kommen die weitverbreiteten Wochenendhaussiedlungen, zumeist an empfindlichen Gewässerrändern, in denen erforderliche Ortskanalisationslängen von 30 - 40 m/EW keine Seltenheit sind [5]. Eine Erschließung solcher Gebiete wird sicherlich in den nächsten 20 Jahren noch nicht möglich werden. Entsprechend muß über Alternativlösungen nachgedacht werden.

Gewässer:

Die Gewässerstruktur in Brandenburg und Mecklenburg-Vorpommern und zum Teil auch in Sachsen-Anhalt wird geprägt durch eine Vielzahl von stehenden Gewässern, insgesamt existieren mehr als 5100 Seen mit einer Gesamtwasserfläche von ca. 1100 km^2 [6,7]. Andererseits verzeichnen die beiden Länder im Bundesdurchschnitt den geringsten Niederschlag. Flüsse und Bäche besitzen daher einen relativ geringen Abfluß. Viele Flüsse durchfließen eine aufeinanderfolgende Seenkette. Diese Faktoren, die zugleich einen besonderen landschaftlichen Reiz dieser beiden Länder ausmachen, führen bei der Abwasserbehandlung zu wesentlich strengeren Anforderungen an die Ablaufqualität als die Mindestanforderungen nach 1. Abw.VwV. Besonders hinsichtlich Phosphor müssen deutlich schärfere Auflagen erteilt werden.

In vielen Fällen ist es erforderlich Klarwasser zu versickern, da belastbare Oberflächengewässer nicht zur Verfügung stehen. Entsprechend sind sehr weitreichende Anforderungen an die Kläranlagenabläufe bezüglich Gesamtstickstoff zu stellen. Die Frage der Versickerung von Abwasser und Anforderungen an die Ablaufwerte wurde in Brandenburg kontrovers diskutiert [8]. Dabei sollten die Anforderungen an den Kläranlagenablauf sich auch an dem relativ geringen Gefährdungspotential kleinerer Kläranlagen (bis einige 100 EW) und der Verhältnismäßigkeit der Mittel orientieren. Überzogene Ansprüche führen zu nicht finanzierbaren Lösungen und somit zur Beibehaltung der momentanen Situation.

Stand der Abwasserentsorgung:

Bis auf wenige Ausnahmen besaßen die Gemeinden mit weniger als 2000 Einwohnern in Brandenburg, Mecklenburg-Vorpommern und Sachsen-Anhalt 1990 keine Kläranlagen oder Kanalisationen. Auch in Städten und großen Gemeinden sind nur die Kerngebiete kanalisiert. Der übliche Entsorgungsweg sind Mehrkammergruben bzw. noch häufiger mehr oder weniger "geschlossene" Sammelgruben, die unregelmäßig entleert werden. Die "Entsorgung" erfolgt im günstigsten

Fall durch Ablaß in Kläranlagen oder Ausbringung auf landwirtschaftliche Flächen. Ansonsten wird das Abwasser in sogenannten "Verkippstellen" punktuell in Wald oder Luch verbracht [9].

3. Vergleich mit Gebieten ähnlicher Siedlungsstruktur aus den alten Bundesländern

Der Vergleich mit Gebieten ähnlicher Siedlungs- und Gewässerstruktur zeigt die Relation, in der die Abwasserproblematik im ländlichen Raum steht und gibt eine Vorstellung zu realistischen Realisierungszeiträumen. Als Beispiel dazu wird die Situation in Schleswig-Holstein herangezogen. Ähnlich wie die Gewässer in Brandenburg und Mecklenburg-Vorpommern zeichnen sich die schleswig-holsteinischen Gewässer durch geringe Gefälle und kurze Fließstrecken bis zur Einmündung in stehende Gewässer aus.

Bei dem Vergleich der Anschlußgrade an Kläranlagen zeigt sich ein durchschnittlicher Anschlußgrad von 84% im Jahr 1987. Dies ist deutlich geringer, als der Bundesdurchschnitt. Der Grund hierfür ist in der unter abwassertechnischen Gesichtspunkten ungünstigen Siedlungsstruktur zu suchen. So beträgt der Anteil der Gemeinden in der Größenklasse unter 500 Einwohner 44% an der Gesamtzahl, andererseits machen diese Gemeinden nur 5% der Gesamtbevölkerung aus [10]. Der Anschlußgrad ist mit nur 25% extrem niedrig. Zum Vergleich, der Anschlußgrad in den Gemeinden >5000 EW liegt über 96%. Der geringe Anschlußgrad ist Folge der extrem hohen Investitionskosten für die Abwasserableitung in kleinen Gemeinden. Die Kostenexplosion bei der Abwasserentsorgung für kleine Kommunen wurde eindrucksvoll von PECHER und KELLNER [11] gezeigt.

Das Beispiel zeigt, daß auch in den alten Bundesländern noch erhebliche Defizite bestehen und die Abwasserentsorgung im ländlichen Raum eine sehr langwierige Aufgabe darstellt. Der von vielen Ingenieurbüros propagierte Anschlußgrad von über 90% im ländlichen Raum läßt sich sicherlich auch in Zukunft nicht erreichen.

4. Lösungsansätze zur Abwasserbehandlung im ländlichen Raum

4.1 Ortskanalisation

Die Abwasserbehandlung in ländlichen Gebieten weist gegenüber der Situation in dichter besiedelten Regionen Besonderheiten auf, die aufwendigere Lösungsansätze erfordern.

Die Sammlung der Abwässer in einer Ortskanalisation wird grundsätzlich angestrebt. Dabei sollte von einer dezentralen Regenwasserbehandlung, sprich Versickerung, direkt am Anfallort ausgegangen werden, wenn die Qualität des abfließenden Regenwassers und die örtlichen Gegebenheiten dies zulassen. Dieses Entwässerungsverfahren kann als "qualifiziertes Trennsystem" ausgeführt werden (z.B. wird das Regenwasser aus stark befahrenen Straßen gesammelt und behandelt) [12].

In einigen Fällen läßt sich jedoch eine Ortsentwässerung nicht in einem vernünftigen wirtschaftlichen Rahmen erstellen (bei sehr starker Zersiedelung, abgelegenen Einzelanwesen). Als Faustwerte können angenommen werden: bei ungünstigen Randbedingungen (z.B. Grundwasserabstand < 3 m) ca. 8 m Ortskanal pro Einwohnerwert, bei sehr günstigen Randbedingungen max. 12 m Ortskanal pro Einwohnerwert. Insgesamt kann festgestellt werden, daß bei der Abwasserableitung im ländlichen Raum das größte Einsparpotential besteht. Es muß jedoch vor übereilten Billiglösungen, wie extreme Schachtabstände oder billigen Rohrmaterialien gewarnt werden. Echte Einsparungen lasen sich nur mit grundsätzlich neuen Ideen erreichen.

Es sollte also immer geprüft werden, welche Orte und Ortsteile realistisch in den nächsten Jahren/ Jahrzehnten mit einer Ortskanalisation versehen werden können. Wahrscheinlich werden in den meisten Gemeinden Ortskanalisation und Grubenentsorgung (und diese nicht nur als Übergangslösung) auf lange Sicht nebeneinander Bestand haben. Das ist, vor allem auch aus finanzieller Sicht, durchaus sinnvoll. Voraussetzung dafür ist jedoch der ordnungsgemäße Zustand der Gruben und deren sachgemäße Wartung und Betreibung. Dahingehend bestehen gerade in den neuen Bundesländern noch beträchtliche Defizite.

Ohne Ortskanal wird eine Reinigung des Abwassers am Anfallort in Kleinkläranlagen nach DIN 4261 notwendig. In diesem Fall sollte jedoch immer eine biologische Behandlung im Sinne der DIN 4261 Teil 2 bzw. vergleichbare Verfahren vorgeschrieben werden. Zur Vermeidung schlechter Ablaufwerte aufgrund unsachgemäßer Wartung solcher Anlagen sollten geeignete Organisationsmodelle eingesetzt werden, wie es beispielsweise erfolgreich in der Gemeinde Karolinenkoog in Schleswig-Holstein erprobt wurde [13].

4.2 Zentrale oder dezentrale Kläranlage(n)

Zur Behandlung des gesammelten Abwassers kommen zwei grundsätzlich unterschiedliche Möglichkeiten sowie Mischformen in Betracht. Die Abwässer mehrerer Gemeinden können unter Inkaufnahme längerer Transportleitungen zusammengefaßt und in einer sogenannten zentralen, oder auch Gruppenkläranlage gereinigt werden. Im Gegensatz dazu steht die Möglichkeit, das in einer Siedlung anfallende Abwasser gleich vor Ort in einer Einzelkläranlage zu behandeln. Die dadurch bedingten kleinen Anschlußwerte solcher Anlagen ermöglichen den Einsatz naturnaher Verfahren.

Vor- und Nachteile der zentralen bzw. dezentralen Abwasserreinigung wurden schon des öfteren, zum Teil etwas einseitig, diskutiert.

Es müssen eine ganze Reihe Faktoren berücksichtigt werden, ohne die ein Abwassersystem nicht gebaut werden darf. Bei der Entscheidungsfindung zu einem Kläranlagenstandort muß ein sich ständig verfeinernder Untersuchungsprozeß in enger Zusammenarbeit mit der Genehmigungsbehörde stattfinden, bei dem alle Faktoren immer wieder neu gegeneinander abgewogen werden.

Wichtigster Grund für die Errichtung einer Kläranlage ist die Ökologie. Sie sollte auch bei der Standortwahl einer der wichtigsten Faktoren sein. Dazu gehört die Beachtung der direkten Einflüsse wie Gewässerbe- und -entlastung durch die Kläranlage mit Gewässergütebetrachtungen (dabei ist die alleinige Anwendung des Saprobienindex als Gewässergüteparameter nicht ausreichend). Für große Kläranlagen muß dabei besonders die punktuelle Belastung durch den Ablauf sowie die Niedrigwasseraufhöhung beachtet werden, bei kleinen Anlagen dagegen die Problematik sehr kleiner, oft sogar nicht vorhandener Oberflächengewässer.

Häufig werden die indirekten Einflüsse der Standortwahl nicht ausreichend beachtet. In Stichworten sind dies: Störung des örtlichen Wasserhaushaltes durch Überleitung von Abwasser in andere Gewässereinzugsgebiete, Drainwirkung der Abwassertransportleitungen, Problematik der Verlegung von Abwasserleitungen in Alleen (notwendig sind ausgedehnte Handschachtungen mit entsprechender Verteuerung der Maßnahme, die Folge ist häufig die Verletzung des Baumschutzes), usw..

In direktem Zusammenhang mit der Ökologie ist auch der Energiebedarf eines Abwassersystems zu sehen. Dabei genügt es nicht lediglich darauf zu verweisen, daß der Energiebedarf über Betriebskostenbetrachtungen schon ausreichend berücksichtigt wird, sondern es ist notwendig, auch die weitergehenden Folgen des Energieeinsatzes und der Energieerzeugung zu betrachten. Neue Ansätze dazu wurden auch von Dichtl et al. [14] gefordert.

Bei der Einpassung von Kläranlagen in die Landschaft müssen Flächenverbrauch und Landschaftsverbrauch (Beeinträchtigung der Landschaft und des Landschaftsbildes durch ein Bauwerk) gemeinsam bewertet werden. Der Landschaftsverbrauch spielt besonders bei technischen Anlagen eine Rolle. So können landschaftlich gut eingepaßte Teich- oder Pflanzenkläranlagen trotz eines größeren Flächenbedarfs einen geringeren Landschaftsverbrauch beinhalten als eine technische Anlage gleicher Anschlußgröße.

Zentrale Bedeutung bei der Verfahrenswahl für eine Kläranlage müssen auch die Emissionen, besonders der Kläschlammanfall in Menge und Qualität haben [14]. Bei den Überlegungen wird dieser Aspekt oft stark vernachlässigt. Ein Klärschlammnutzungs- bzw. -entsorgungskonzept muß schon frühzeitig in die Planung integriert werden.

4.3 Allgemeine Kostenanalyse - Kostenvergleichsrechnung

Ein wichtiger Punkt für die Entscheidungsfindung zentral - dezentral ist die Beurteilung der entstehenden volkswirtschaftlichen Kosten. Als ein geeignetes Instrument für den Kostenvergleich hat sich die Kostenvergleichsrechnung (KVR) nach LAWA [15] erwiesen. Vorraussetzung für einen Vergleich ist natürlich die Nutzungsgleichheit der Varianten.Das Ergebnis der Berechnung ist ein Vergleichswert zur Beurteilung der Varianten. **Es wird keine Aussage über die anfallenden Gebühren und Beiträge gliefert. Diese müssen gesondert berechnet werden.**

Kostenbegriffe wie *Kapitaldienst, Abschreibungen* oder *kalkulatorische Koste*n gehören nicht zur KVR. Sie entstammen anderen Rechnungsarten, sind dem Charakter der ökonomischen Investitionsentscheidung über wasserwirtschaftliche Infrastrukturmaßnahmen fremd und könnten zu unzutreffenden Ansätzen führen. Auch Fragen *staatlicher Zuwendungen* oder *zinsvergünstigter Darlehen* spielen hier keine Rolle.

Bei der Durchführung der KVR sind einige Dinge zu beachten, wenn ein brauchbares Ergebnis erzielt werden soll :

- Es sollte von einer realistischen Bevölkerungsprognose ausgegengen werden. Oft sind die Annahmen für ein Bevölkerungswachstum, die durch die Gemeinden getroffen werden, bei näherer Betrachtung doch eher Wunschdenken. Wichtig ist weiterhin, wieviele EW in absehbarer Zeit an die Kläranlage angeschlosen werden können, da nur diese EW tatsächlichen Nutzen von der Anlage haben.

- Die Kostenannahmen sollten realistisch sein. Häufig werden z.B. Kosten für große technische Kläranlagen als Ausgangsbasis genommen und daraus die Kosten für kleine Kläranlagen extrapoliert. Dies muß zwangsläufig zu falschen Ergebnissen führen, da für kleine Kläranlagen naturnahe Verfahren verwendet werden können, die ganz andere Kostenstrukturen aufweisen. Mit zu hohen Kostenannahmen kann dann natürlich leicht ein Kostenvorteil für zentrale Kläranlagen "bewiesen" werden. So existieren Kostenvergleichsrechnungen in denen ernsthaft in Erwägung gezogen wurde eine Kläranlage mit 500 EW für 4000,-DM/EW zu bauen. Das Ergebnis war vorprogrammiert.

- Es sollten immer mehrere unterschiedliche Varianten verglichen werden. Häufig zu beobachten ist ein Ausschluß von bestimmten Varianten im Vorfeld, ohne daß ein echter Vergleich der Varianten stattgefunden hat. Ein Ausschluß bestimmter Varianten im Vorfeld ist immer genau zu begründen.

- Besonders wichtig: Es müssen alle Investitions- (IK) und Betriebskosten (BK), sowohl von den Kläranlagen als auch vom Abwassertransportsystem, betrachtet werden. Besonders bei letzteren werden manchmal die Betriebskosten "vergessen". In den meisten Fällen ist eine kleinere Kläranlage in den IK teurer als eine größere. Entscheidend bei zentralen Varianten ist jedoch die Mitbetrachtung des Abwassertransportsystems. Nicht vergessen werden dürfen auch die Kosten für die Schlammentsorgung. Diese haben entscheidenen Einfluß bei dem Vergleich von Klärverfahren, z.B. Teichanlage versus Containerkläranlage.

Von entscheidendem Einfluß sind auch die Betriebskosten. Eine Variante mit den geringsten IK muß nicht auf Dauer am billigsten sein, wenn sie mit hohen BK verbunden ist. An dieser Stelle sei die

Bedeutung von Sensibilitätsprüfungen erwähnt. Dabei wird durch eine Variation der Einzelpositionen geprüft, ob sich das Ergebnis der Ausgangsrechnung durch wesentliche Veränderungen einzelner Randbedingugen verschiebt. Eine wichtige Rolle können dabei z.B. die Energiekosten spielen. Sollte eines Tages die Energiesteuer doch Realität werden, werden alle Varianten mit hohem Energieverbrauch deutlich teuerer, als heute berechnet!

Den abschließenden Arbeitsschritt einer KVR muß die zusammenfassende Beurteilung der Ergebnisse unter Einbeziehung aller übrigen nicht kostenmäßig bewertbaren Gesichtspunkte darstellen. Je nach Aufgabenstellung ist daraus ein Vorschlag für die anstehende Entscheidungsfindung zu formulieren.

Da hinter den Rechenergebnissen stets Annahmen über die Kalkulationsgrundlagen stecken, sind sie in knapper und leicht überschaubarer Form nochmals aufzuzeigen. Dem Entscheidungsträger darf nicht zugemutet werden, sich diese Daten erst zusammenstellen zu müssen. Sie werden benötigt, da das Ergebnis einer Wirtschaftlichkeitsberechnung nur in voller Kenntnis und Würdigung dieser Prämissen rational interpretiert werden kann.

Die Kostenstruktur der untersuchten Varianten und die sich daraus ergebenden Barwerte und/ oder Jahreskosten sollten gegenübergestellt werden. An die Diskussion dieser Basisergebnisse knüpft diejenige der Empfindlichkeitsprüfung und damit der kostenrelevanten Projektrisiken an.

Schließlich sind Überlegungen anzustellen, ob es gewichtige Gründe für einen Projektvorschlag gibt, der von der kostengünstigsten Lösung abweicht. In diesem Zusammenhang muß an die eingeschränkte Aussagekraft des Kostenvergleichs erinnert werden. Er liefert eine wesentliche Entscheidungshilfe; die Information über die Kostenvorteilhaftigkeit. Dies ist ein sehr bedeutsames Auswahlkriterium, auf das in keinem Fall verzichtet werden darf. Ihm können sich aber andere Ziele und Randbedingungen überlagern, die eine - allerdings stichhaltig zu begründende - Abweichung nahelegen.

4.4 Anwendungsbeispiel

In der folgenden Beispielrechnung wird der Kostenvergleich mit Hilfe von Gegenwartswerten (Projektkostenbarwerten, PKBW) geführt. Es werden die Investitionskosten für die erstmalige Erstellung einer Anlage als auch für die Reinvestitionen während eines definierten Planungszeitraumes herangezogen. Die im Verlauf der Nutzungsdauer der Anlagenteile auftretenden Betriebskosten wurden auf einen Gegenwartswert umgerechnet. Er gibt den heutigen Wert einer zukünftigen Zahlung unter Zugrundelegung eines bestimmten Zinssatzes an. Bei solchen Vergleichen müssen immer **alle** Investitions- und Betriebskosten des Gesamtsystems Kläranlage und des Transportkanals gemeinsam bewertet werden. Oft werden Kosten für die Schlammentsorgung oder Energiekosten für den Abwassertransport nicht vollständig berücksichtigt.

Es werden für verschiedene Kostenannahmen Beziehungen zwischen der Zahl der anzuschließenden Einwohner und der spezifischen Transportlänge, für die Kostengleichheit zwischen dezentraler und zentraler Abwasserentsorgung besteht, untersucht.

Dabei wurde aus der Differenz zwischen Projektkostenbarwerten der dezentralen und der zentralen Kläranlage die Länge der Abwassertransportleitung errechnet, für die Kostengleichheit zwischen zentraler und dezentraler Abwasserentsorgung eintritt. Auch für die dezentrale Variante wurde der Einsatz eines Pumpwerkes zur Abwasserförderung in die Kläranlage berücksichtigt.

Tab. 1: Untersuchte Investitions- und Betriebskosten

	Investitionskosten [DM/EW]	Betriebskosten [DM/(EW * a)]	Bemerkungen
zentrale Kläranlage	500	20	sehr große KA(>100000 EW)
	850	30	mittlere KA
	1200	40	mittlere KA mit weitergehender Reinigung
dezentrale Kläranlage	850	20	kleine KA mit biol.
	850	40	Grundreinigung
	1200	20	kleine KA mit erhöhten
	1200	40	Anforderungen
	1700	20	
	1700	40	
	2000	20	sehr aufwendige KA mit
	2000	40	weitergehender Reinigung

Für drei verschiedene Investitions- und Betriebskosten der zentralen Kläranlage (Tab. 1) wurde die spezifische Transportlänge bei Kostengleichheit in den Abb. 1-3 dargestellt, wobei für die dezentrale Variante die Investitions- und Betriebskosten entsprechend der Legenden variiert wurden. Der Realzinssatz wurde von 2 bis 5% und die Preissteigerungsrate von 0 bis 3% variiert, wobei sich kaum Unterschiede ergaben. Es wurde entsprechend den Empfehlungen der LAWA-Leitlinien [15] mit einem Realzinssatz von 3% und einer Preissteigerung von 0% gerechnet. Als Betrachtungszeitraum wurden 50 Jahre gewählt, für die Kläranlage wurde vereinfachend eine pauschale Reinivestition nach 25 Jahren angenommen.

Die Investitionskosten für den Abwassertransport wurden bis 1500 EW mit 150 DM/m, darüber mit 230 DM/m angenommen. Als Betriebskosten für den Abwassertransport wurde mit 4 DM/(m*a) für Wartung/ Instandhaltung sowie mit den jeweiligen Energiekosten gerechnet. Die Energiekosten wurden für die entsprechenden Durchmesser errechnet, wobei diese so gewählt wurden, daß möglichst eine Fließgeschwindigkeit von 1 m/s erreicht wurde. Es wurden 0,25 DM/kWh als Strompreis und 200 DM Bereitstellungskosten pro kW und Jahr angesetzt.

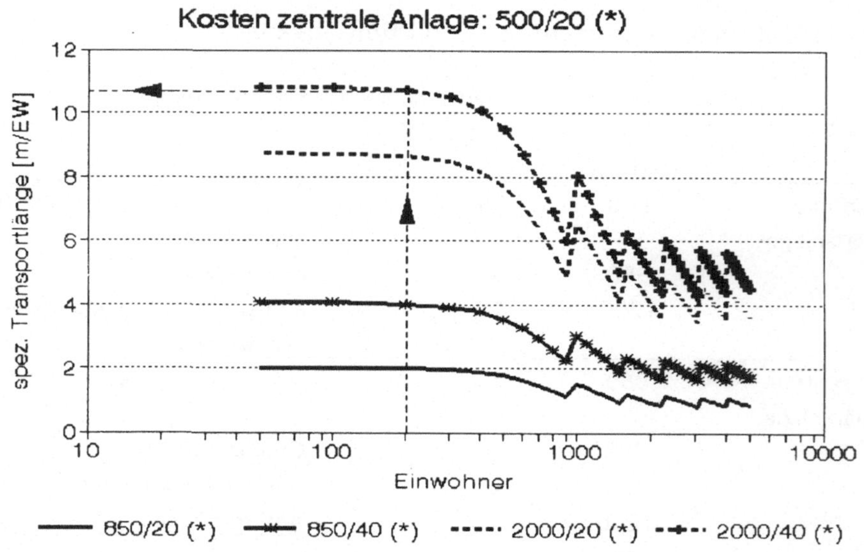

Abb. 1: Ergebnisse der Kostenvergleichsrechnung bei einer sehr günstigen zentralen Kläranlage

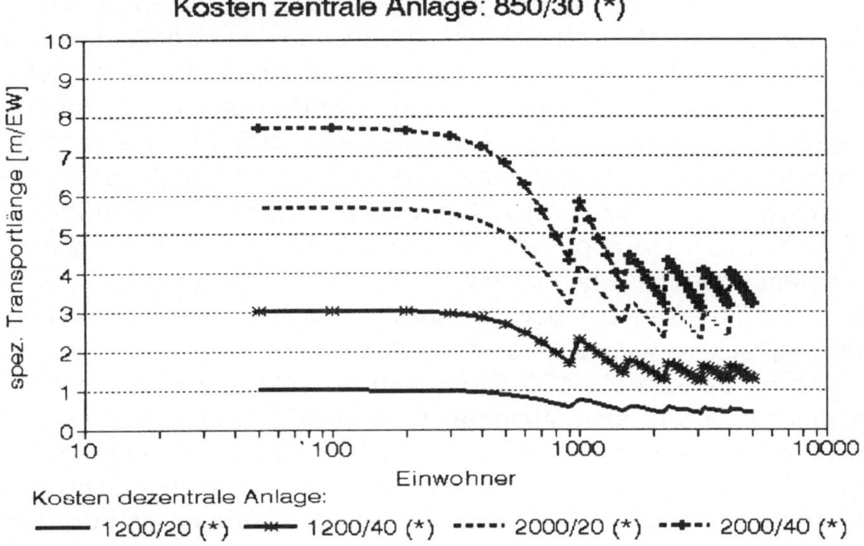

Abb. 2: Ergebnisse der Kostenvergleichsrechnung bei einer Kläranlage im mittleren Kostenniveau

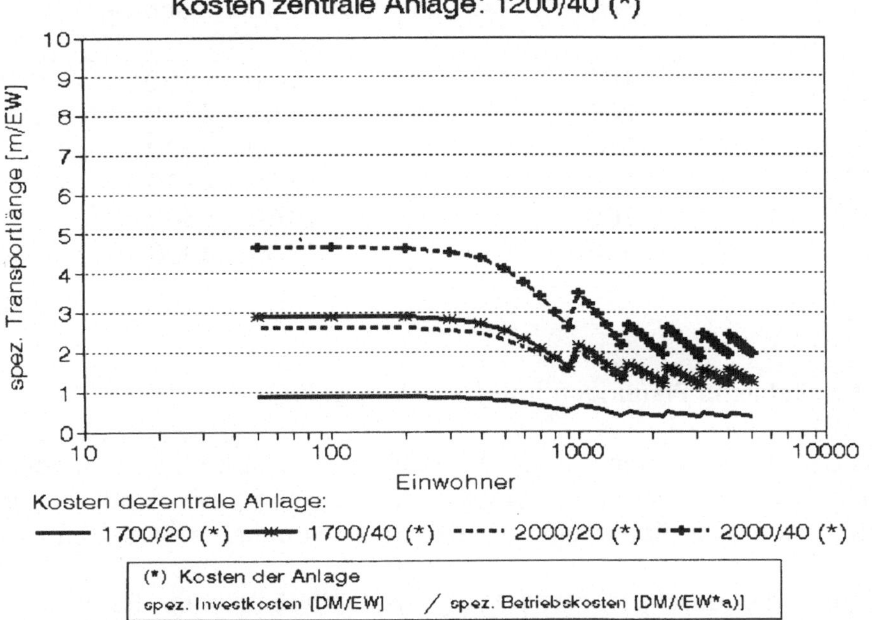

Abb. 3: Ergebnisse der Kostenvergleichsrechnung bei einer eher teuren zentralen Kläranlage

Es zeigt sich, daß gerade bei niedrigen Einwohnerzahlen in fast allen Fällen die dezentrale Variante kostengünstiger ist. Selbst bei besonders günstigen Verhältnissen für eine zentrale Variante ist der Abwassertransport nur über sehr kurze Entfernungen wirtschaftlich. So kann beispielsweise das Abwasser von 200 EW selbst bei der Annahme einer sehr kostengünstigen zentralen Kläranlage und einer sehr aufwendigen dezentralen Kläranlage maximal 10,5 m/EW bzw. 2100 m absolut gepumpt werden (siehe Abb. 1). Eine Entfernung, die in der Regel deutlich überschritten wird. Wenn bei günstigen geodätischen Verhältnissen bei der dezentralen Variante ein Pumpwerk zur Förderung des Abwassers zur Kläranlage nicht erforderlich ist, ergeben sich im Bereich bis 400 Einwohner erhebliche Veränderungen zu Gunsten der dezentralen Variante. In Tabelle 2 sind zusammengefaßt mögliche Schwankungsbreiten für Entfernungen von kleinen Orten dargestellt, bei denen gerade Kostengleichheit zwischen Zentral- und Dezentralentsorgung eintritt. Eine Schwankungsbreite ist angegeben, weil *jeder Fall seine speziellen Rahmenbedingungen hat, die in jedem Fall untersucht werden müssen*.

Tab. 2: Entfernungen zur zentralen Kläranlage mit Kostengleichheit zentral/ dezentral

EW	Schwankungsbreite [m]
100	500 - 1500
200	900 - 2100
300	1400 - 3300
500	1800 - 4800
700	2100 - 5600
1000	2500 - 8000

5. Tatsächliche Planungen und Ursachen dafür

Aus dem Vorstehenden abgeleitet müßten die Planungen im ländlichen Raum von Brandenburg, Mecklenburg-Vorpommern und Sachsen-Anhalt eigentlich überwiegend dezentrale Kläranlagen vorsehen.

Werden die durchgeführten Planungen im ländlichen Raum in den neuen Bundesländern betrachtet, so zeigt sich, daß fast ausschließlich zentrale weiträumige Konzepte erstellt wurden. Dabei wurde zum Teil nur eine Kläranlage für einen ganzen Kreis vorgesehen. Ausgehend von unrealistischen Prognosen der Bevölkerungsentwicklung und möglicher Realisierungszeiträume für den Anschluß der Gemeinden an die Kläranlagen wurden oft viel zu große Kläranlagen geplant und zum Teil auch schon gebaut. Dabei wurden auch Orte mit eingeplant, in denen in den nächsten 20 Jahren keine Kanalisation gebaut wird. Bedingt durch die starke Zentralisierung wurden sehr lange Abwassertransportleitungen geplant und zum Teil auch schon gebaut. Daraus ergeben sich Abwasserpreise von bis zu 20,-DM/m^3 Abwasser, ein Preis, der unzumutbar hoch ist.

Ausgangspunkt für die zentralen Konzepte war die direkte Übertragung der zentralen Lösungen aus den alten Bundesländern. Dabei wurde oft davon ausgegangen, daß ein Abwasserzweckverband grundsätzlich nur eine Kläranlage betreiben solle. Dieser Glaube wurde leider von vielen Ingenieurbüros verstärkt, wobei nicht auszuschließen ist, daß der Grund hierfür in der HOAI zu suchen ist (da das Ingenieurhonorar in direkter Abhängigkeit zum Investitionsvolumen steht, werden kostengünstige Lösungen durch die HOAI bestraft). Dezentrale Lösungen wurden fast gar nicht in Betracht gezogen oder mit vordergründigen Argumenten abgelehnt, wie z.B.: "in den alten Bundesländern wird dies so gemacht", "gehört nicht zu den anerkannten Regeln der Technik", "zentrale Kläranlagen sind in Investition und Betrieb kostengünstiger" und "aus Gründen des Gewässerschutzes können nur zentrale Lösungen in Betracht gezogen werden".

Die Beurteilung der vorgelegten Entsorgungskonzepte überforderte die Entscheidungsträger in den Kommunen und Verbänden. Bedingt durch die extreme Belastung der Kommunalvertreter (völlig neue Situation mit rasanter Entwicklung) und das fehlende Fachwissen wurden Fehlplanungen akzeptiert, die weder ökologisch noch ökonomisch als sinnvoll angesehen werden können.

Die wasserwirtschaftlichen Genehmigungsbehörden, die in den alten Bundesländern ein Regulativ darstellen, sind personell stark unterbesetzt und durch das Fehlen von Gesetzen bzw. Richtlinien in ihrer Entscheidungsfähigkeit eingeschränkt.

Hilfreich wären in diesem Zusammenhang übergreifende Abwasserbeseitigungspläne für größere Einzugsgebiete gewesen. Eine Mittelf reistellung für Konzeptentwicklungen ist auch jetzt noch in vielen Fällen sinnvoll, da der überwiegende Teil der Planungen erst in den nächsten Jahren bis Jahrzehnten zur Ausführung kommen kann.

6. Schlußfolgerungen

Es zeigt sich, daß eine *zentrale Abwasserentsorgung* bei Gemeinden *bis zu ca. 500 Einwohnern* fast *immer die kostenungünstigere Lösung* darstellt, wenn keine sehr nahe gelegene große Kläranlage vorhanden ist. Kleine Gemeinden mit großen Entfernungen zu den Standorten zentraler Kläranlagen sind jedoch typisch für Brandenburg, Sachsen-Anhalt und Mecklenburg-Vorpommern. Deshalb werden sich die bisherigen Planungen in diesen Gebieten mit fast ausschließlich zentralen Lösungen aller Voraussicht nach nicht realisieren lassen. In Brandenburg wurden viele Kreise durch das Ministerium für Umwelt, Naturschutz und Raumordnung bezüglich der Abwasserentsorgungskonzepte überprüft [16]. In jedem Fall sollten für alle Planungsvarianten frühzeitig vollständige Kostenvergleichsrechnungen (unter Betrachtung aller Investitions- und Betriebskosten für Kläranlagen - einschließlich Schlammentsorgung- und den Abwassertransport) durchgeführt werden, wobei die spezifischen Kosten bezogen auf die Projektkostenbarwerte in leicht nachprüfbarer, übersichtlicher Form darzulegen sind.

Es sollte sich auch lohnen, mehrere Vorplanungen unabhängig voneinander einzuholen, um durch einen Wettbewerb die für die Gemeinde günstigste Variante zu ermitteln. Damit sind die zusätzlichen Kosten für mehrere Vorplanungen durch die Ermittlung der kostengünstigsten Variante mehrfach wieder herauszuholen. Bei den Planungen zur Abwasserentsorgung werden Entscheidungen mit Auswirkungen über mehrere Jahrzehnte hin getroffen. Deshalb sollten sie besonders gründlich geprüft werden. Der kleine Zeitverzug, der durch die Einholung mehrerer Vorplanungen verursacht wird, sollte keine Rolle spielen.

Durch Abkopplung der Vorplanungskosten von der Bausumme könnten auch intelligentere Lösungen zum Tragen kommen. Die Beurteilung bestehender Konzepte sollte immer durch **unabhängige** Gutachter erfolgen.

Literaturverzeichnis

[1] KARRAS, J. & BRODTMANN, L. 1991. Möglichkeiten zur Sanierung der kommunalen Abwasserverhältnisse auf dem Gebiet der neuen Bundesländer. Korrespondenz Abwasser, 344-351, 38.

[2] RUCHAY, D. 1992. Gewässerschutz in den neuen Bundesländern. Korrespondenz Abwasser, 304-309, 39.

[3] HEGEMANN, W. & PLATZER, Chr. 1992. Abwassernetze und Abwasserreinigung. Gesundheitsingenieur, 302-308, 113.

[4] LANDESREGIERUNG BRANDENBURG, 1993. Abwasserzielplanung des Landes Brandenburg, 23.06.1993 (unveröffentlicht).

[5] PLATZER, Chr. & NACIRI-GÖTTLICH, A. 1990. Beratungsbericht zur Umweltschutzberatung für die Gemeinde Prieros (unveröffentlicht)

[6] MINISTERIUM FÜR UMWELT, NATURSCHUTZ UND RAUMORDNUNG. 1992. Wasser- und Abfallwirtschaft - Jahresbericht - Brandenburg. Wasser + Boden, 399-401.

[7] SEGEBARTH, B., MATHES, J., DOLGNER, W., WEBER, J. & PETZOLD, R. 1992. Die Seen in Mecklenburg-Vorpommern - Ein Beitrag zur Limnologie und Bewirtschaftung. Wasser + Boden, 654-657.

[8] Diskussion auf dem Symposium "Abwasserbeseitigung im Land Brandenburg -dezentrale Lösungen. Potsdam, 21.10.1992

[9] PLATZER, Chr., NOWAK, J. & HEGEMANN, W. 1990. Sofortmaßnahmen zur Fäkalwasserentsorgung im Abwasserzweckverband Blossiner Heide (unveröffentlicht)

[10] STATISTISCHE BERICHTE DES STATISTISCHEN LANDESAMTES SCHLESWIG-HOLSTEIN 1990. Öffentliche Wasserversorgung und Abwasserbeseitigung in Schleswig-Holstein im Jahre 1987. Kiel

[11] PECHER, R. & KELLNER, G. 1991. Abwassertechnische Strukturdaten, abgeleitet aus der amtlichen Statistik für Nordrhein-Westfalen. Korrespondenz Abwasser, 1504-1516, 38.

[12] SIEKER, F. 1992. Vortrag auf dem 13. Übungskurs Siedlungswasserwirtschaft an der TU Berlin, 12.2.1992.

[13] DEICH UND HAUPTSIELVERBAND DITHMARSCHEN 1991. Pilot- und Demonstrationsprojekt Karolinenkoog. Hemmingstedt

[14] DICHTL. N., FUHRMANN, D., HARTMANN, K. H., KAPP, H., KÖHLHOFF, D. & SIEKMANN, K. 1991. Energieverbrauch und Emissionen bei der Abwasserbehandlung. Korrespondenz Abwasser, 1518-1525, 38.

[15] LÄNDERARBEITSGEMEINSCHAFT WASSER (Hg.) 1992. Leitlinien zur Durchführung von Kostenvergleichsrechnungen. 2. Auflage, München

[16] LANDKREISTAG BRANDENBURG 1992. Rundschreiben an die Kreise im Landkreistag Brandenburg. Potsdam

[17] NOWAK, J., C. PLATZER und A. NACIRI-GÖTTLICH. 1993. Aspekte der Abwasserentsorgung im ländlichen Raum von Brandenburg und Mecklenburg-Vorpommern (unter besonderer Berücksichtigung der Kosten). Korrespondenz Abwasser **40**. 1750-1760

Kanalanschlüsse über Schächte - Voraussetzung für ein kontrollierbares Kanalsystem

Dr.-Ing. Franz Ullmann, Würzburg

1. Einleitung

Die Anschlußkanäle der Grundstücksentwässerungen und ihre Einbindung in die öffentlichen, nicht begehbaren Kanäle werfen technisch die größten Probleme in unserer Kanalisation auf.

Im Vergleich zu den öffentlichen Kanälen sind die Kenntnisse über Länge und Zustand der Grundstücksentwässerungsanlagen relativ gering.
Derzeit gehen Schätzungen über die Länge der privaten Kanäle von einem 2 - 3 fachen und mehr des öffentlichen Kanalnetzes aus, das sind ca. 700.000 bis 1 Million km [4].

Bei den Grundstücksentwässerungsleitungen wird unterschieden zwischen
- Grundleitungen, die innerhalb der Gebäude in der Regel unzugänglich verlegt sind und das Abwasser weiterleiten und dem
- Anschlußkanal, der die Verbindung zwischen Grundleitung und dem öffentlichen Sammelkanal herstellt.

Der Zustand der Grundstücksentwässerungsanlagen wurde bisher nur vereinzelt erfaßt.

Tabelle 1: Häufigkeit undichter und schadhafter Grundstücksentwässerungsleitungen nach [4]

Untersuchungsorte	Anzahl der untersuchten Anschluß- bzw. Grundleitungen		Anlagen undicht oder mit sichtbaren Schäden
Stadt Gelsenkirchen	164	Stck	73,9 %
süddeutsche Großstadt	ca. 200	Stck	63,8 %
Stadt Düsseldorf	ca. 6700	Stck	63 %
norddeutsche Großstadt	700	Stck	66,5 %

Diese Schadensdichte liegt um ein 3 - 4 faches höher als bei den öffentlichen Kanälen.
Die wesentlichen Schadensarten sind dabei mit ca. 50 % die horizontalen und vertikalen Lageabweichungen im Muffenbereich, mit Abstand folgen Ablagerungen und Wurzeleinwüchse.
Obwohl die privaten Kanalnetze das öffentliche Netz an Länge und Schadensdichte also bei weitem übertreffen, wurde bisher nur ein geringes Augenmerk auf die Instandsetzung bei privaten Kanalnetzen verwandt.

2. Untersuchungshäufigkeit von Anschlußkanälen

Bisher wurden die Anschlußkanäle i.d.R. nur gewartet, wenn die ursprüngliche Funktion, "das schnelle und schadlose Ableiten", z.B. durch Verstopfungen oder Kanalbrüche nicht mehr gegeben war. Es gab bisher nahezu keine Richtlinien oder Vorgaben, die den Grundstückseigentümer verpflichteten, seine Entwässerungsanlagen instandzuhalten [4].
Somit existieren auch in vielen Fällen keine Bestandsunterlagen über Lage, Anschlußart, Durchmesser und Material der Kanäle.
In den letzten Jahren wurde zunehmend das Ausmaß von Schäden bei den Abwasserkanälen festgestellt. Damit erkannte man auch die Gefahr, die von undichten Kanälen durch gefährliche Abwasserinhaltsstoffe für Boden und Grundwasser ausgehen kann. So wurden ATV-Richtlinien und Eigenkontrollverordnungen entwickelt, die Überwachungsintervalle für die öffentlichen Kanäle, aber auch für Anschlußkanäle vorgeben.
Damit gibt der Gesetzgeber zukünftig der Instandhaltung von Anschlußkanälen, der Wartung, Inspektion und Schadensbehebung ein bedeutendes Gewicht.
Regelmäßige Kanalreinigungen, optische Inspektionen, evtl. Dichtheitsprüfungen oder Sanierungen können jedoch nur dann ausgeführt werden, wenn das Abwassersystem auch für die Geräte zugänglich und damit kontrollierbar ist.

3. Bauliche Gegebenheiten bei Anschlußkanälen

Leider sind aber viele Anschlußkanäle oft nicht kontrollierbar, obwohl sie nach den jeweiligen technischen Vorschriften gebaut wurden.
Die Ursachen sind in folgenden Punkten zu finden:

- Das ATV-Arbeitsblatt A 241 [1] hat bis 1994 vorgegeben, daß Anschlußkanäle "in der Regel außerhalb der Schächte in die Kanäle eingeführt werden".
  Dies führte dazu, daß insbesondere nachträglich angeschlossene Hausanschlüsse nicht fachgerecht ausgeführt wurden. Eine Instandhaltung der Anschlußleitungen vom nicht begehbaren Sammelkanal aus war nicht möglich.

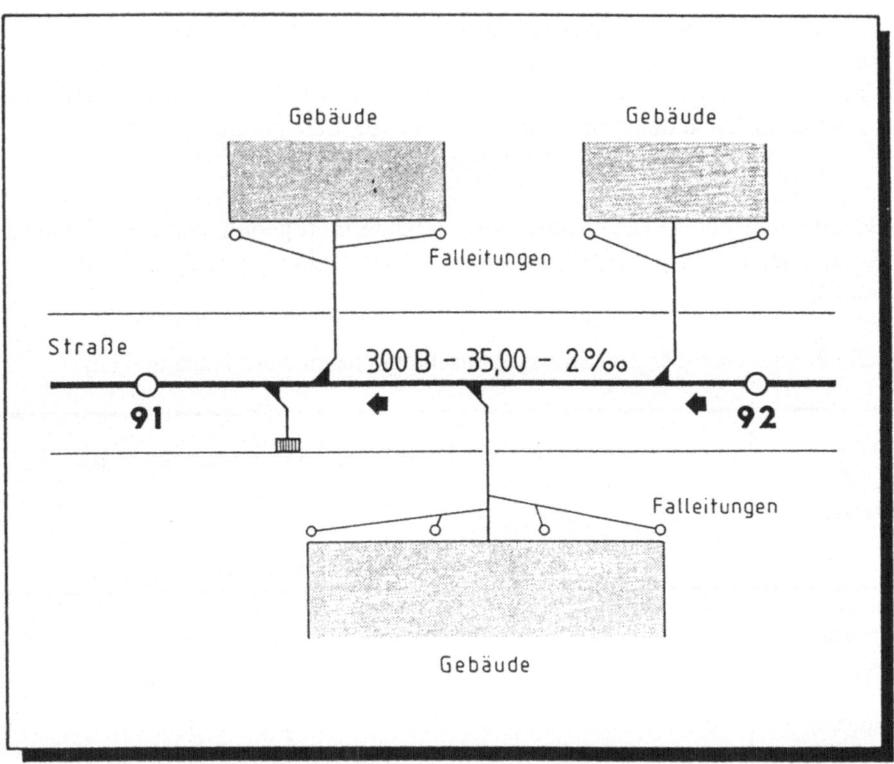

Bild 1: Typische Anschlußskizze für Kanalanschlüsse außerhalb der Schächte [11]

- Das ATV-Arbeitsblatt A 139 [3] läßt bis heute so starke Krümmungen zu, daß die Anschlußleitungen mit der Kanalkamera oft nicht mehr befahren werden können.

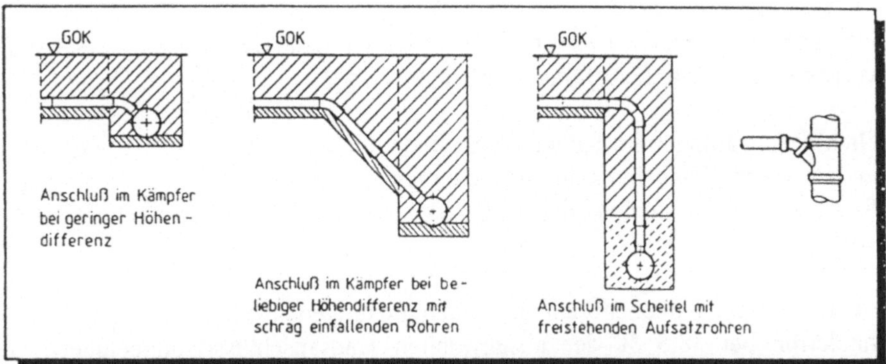

Bild 2: Beispiele für die Einmündung von Anschlußkanälen in den Straßenkanal nach ATV 139

- Zudem wurde in der Vergangenheit oft völlig auf die Anlage von Revisionsschächten bzw. -öffnungen verzichtet.
  Vorhandene Revisionsschächte wurden nach Jahren überbaut oder überschüttet. Andere wurden in den Vorgärten überwachsen. Letztendlich besteht dann keine Zugänglichkeit mehr z.B. für ein Hochdruckspülgerät.

- Bei zugänglichen Revisionsschächten verhindern oft genug starke Krümmungen, Rohrversätze, Ablagerungen, Inkrustationen und einragende Zuläufe eine Inspektion.

Tabelle 2: Ursachen der TV-Stops in Anschlußkanälen einer Kaserne [12]

Ursachen für TV Stops	Basis Stck	Knicke. Krümmungen %	LV LH LL %	HF HI HD %	HG %	HP %	SN %	RS %	BT %	Sonstige %
Straßenabläufe (SA)	143	31.0	22.6	11.9	5.3	1.8	6.0	2.3	0.6	3,6
Hausanschluß-kanäle (HA)	25	7,1	-	4,8	-	-	-	-	-	3.0
Σ SA + HA	168 = 100 %	38.1	22,6	16.7	5.3	1.8	6.0	2.3	0.6	6.6

- Vielfach liegen Revisionsöffnungen in verwinkelten Kellerräumen und sind zu klein, so daß es nicht möglich ist, Fräsarbeiten bei Ablagerungen im Anschlußkanal auszuführen.

- Da der Sammler in der Regel nicht begehbar ist, kann der Anschlußkanal auch von der Gegenseite her oft nicht befahren werden.

- Dichtheitsprüfungen im Sammelkanal sind zum Scheitern verurteilt, wenn man in den Anschlußkanälen keine Abdichtungsblase anlegen kann, weil entweder Revisionsschächte fehlen oder weil starke Krümmungen oder Lageversätze vorliegen.

Diese Erfahrungen decken sich mit Untersuchungen in Gelsenkirchen [6]. Dort verhinderten bei 38,5 % der ausgewählten Hausanschlüsse ungeeignete, nicht gewartete oder nicht zugängliche Revisionsöffnungen eine Inspektion.
Von den 61,5 % untersuchten Hausanschlußleitungen konnten wiederum nur 52,7 % vollständig und 47,3 % nur teilweise untersucht werden.

Somit konnte nur ein Drittel der Hausanschlüsse vollständig untersucht werden, obwohl sogar ein Revisionsschacht bzw. eine Revisionsöffnung vorhanden war. Diese schlechte Inspektionsmöglichkeit der vorhandenen Anschlußleitungen verursachte einen hohen organisatorischen sowie zeitlichen Aufwand und damit ein vielfaches der Kosten, die bei einer Kontrollmöglichkeit über einen Kanalanschlußschacht im Straßenbereich entstanden wären.

4. Inspektions- und Sanierungssysteme für Anschlußkanäle

Damit die zuvor genannten Schwierigkeiten wenigstens teilweise bewältigt werden können, wurden sogenannte Satelliten-Kanalfernsehkameras entwickelt, die die Anschlußkanäle vom nicht begehbaren Sammelkanal aus untersuchen. Außerdem sollen Sanierungsroboter die Anschlußbereiche sanieren können.

4.1 Satelliten-Kanalfernsehkamera

Diese optischen Untersuchungssysteme stehen am Anfang ihrer Entwicklung. Sie arbeiten mit mechanischem oder hydraulischem Vortrieb und erreichen bereits Weiten von 15 - 28 m oder sogar mehr.
Bei starken Krümmungen, Rohrversätzen, starken Ablagerungen oder Verzweigungen im System der Anschlußleitungen sind diesen vielversprechenden Satelliten-Kameras allerdings Grenzen gesetzt. Die Untersuchungskosten liegen um ein Mehrfaches über den üblichen Preisen.

4.2 Sanierungsroboter

Derzeit ist es möglich, den unmittelbaren Anschlußbereich am Sammelkanal mit Hilfe von unterschiedlichen Robotern zu sanieren. Die Kosten liegen zwischen 2000,-- bis 5000,-- DM. Nicht saniert ist dann immer noch der gesamte Anschlußkanal. Im Rahmen eines Pilotprojektes werden in Hamburg mit Hilfe eines Schlauchreliningverfahrens Hausanschlußleitungen sowohl von einem Revisionsschacht als auch vom nicht begehbaren Kanal aus saniert.
Auch diese, noch im Versuchsstadium befindliche Methode hat ihre Grenzen bei starken Krümmungen, Ablagerungen, Versätzen und Verzweigungen im System der Anschlußleitungen.
Die Kosten werden derzeit nach Firmenangaben auf etwa 6000 - 7000 DM pro Hausanschluß geschätzt.

5. Anschlüsse über Schächte

5.1 Vor- und Nachteile

Wegen der Probleme bei der Instandhaltung von Anschlußkanälen liegt es nahe, die Kanäle an Schächte anzubinden. Damit erreicht man folgendes:

- Eine unkomplizierte Wartung und Inspektion ist über den Zugang von der Straßenseite aus mit einfachen und kostengünstigen Geräten möglich.

- Die Kanaldichtheit kann sowohl im Anschlußkanal als auch im Straßenkanal mit einfachen Mitteln geprüft werden.

- Schäden sowohl im Anschluß- als auch im Straßenkanal können einfach behoben werden.

- Die Abwasserbeschaffenheit des angeschlossenen Grundstücks kann jederzeit überprüft werden.

Diese Überlegungen sind nicht neu.
Bereits das bis 1902 gültige Ortsbaugesetz der Stadt Leipzig enthielt folgenden § 135 in dem es hieß:

"Sämtliche den Rohrschleusen zuführenden Neben-, Bei- und Fallrohrschleusen haben in den Reinigungsschächten auszumünden und dürfen keinesfalls mittels Ansatzstücken oder Stiefel mit der Hauptschleuse verbunden werden.
Die gegenseitige Entfernung der Schächte ist daher so zu wählen, daß sämtliche gleichzeitig oder später erforderlich werdenden Neben-, Bei- und Fallrohrschleusen in die Schächte auf möglichst direktem Wege eingeführt werden können." [5]

Auch in der Stadt Bremen wurden bei tief im Grundwasser gelegenen Sammlern die Anschlußkanäle sternförmig zum nächsten Kontrollschacht verlegt [7].
Wären diese Grundsätze durchgehend angewandt worden, würden sich heute viele Probleme bei der Instandsetzung von Kanälen erübrigen.

Welche Gründe führten zu der heutigen Situation?:

- größere Schachtabstände sparten Kosten
- kürzere und flach liegende Anschlußkanäle waren billiger
- bei der Anlage von Revisionsöffnungen im Keller erübrigten sich Hausschächte im Vorgarten
- Verunreinigungen im Schacht wurden vermieden
- hydraulisch gegenläufige Anbindungen wurden umgangen
- rechtliche Probleme über die Zuständigkeit bei Instandhaltungsarbeiten und über den Zugang zu den Kanälen auf Privatgrundstücken waren gravierend.

5.2 "Berliner Bauweise"

Mit der Einführung der geschlossenen Bauweise zur unterirdischen Herstellung nicht begehbarer Kanäle fand eine Rückbesinnung auf die frühere Anschlußtechnik statt mit Anbindung der Anschlußkanäle direkt an die Einsteigschächte.

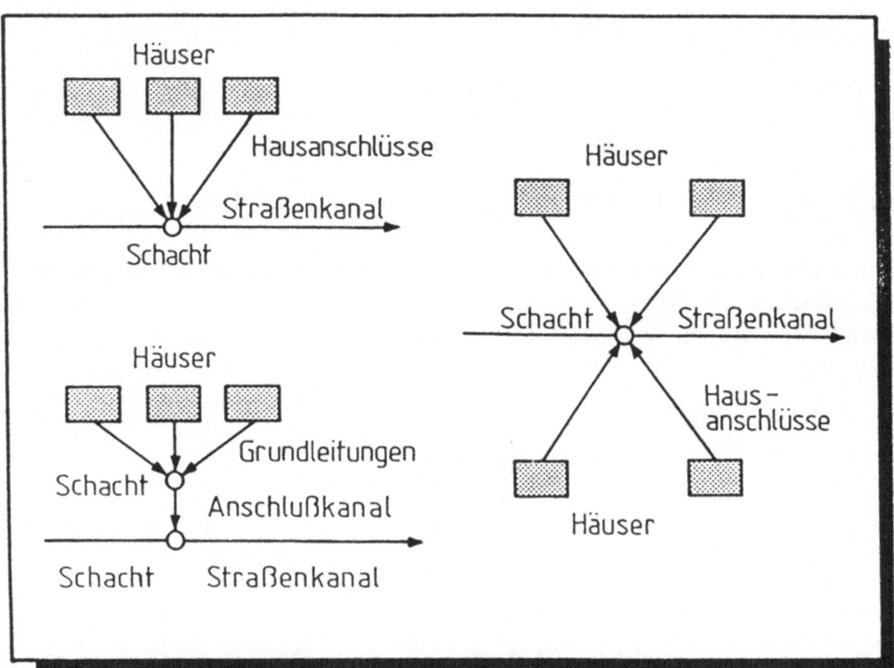

Bild 3: Kontrollierbare Entwässerungskonzepte für Anschlußkanäle an die Sammelkanalisation nach [10]

So wurden in Berlin die Anschlußkanäle in geschlossener Bauweise erfolgreich unter der Bezeichnung "Berliner Bauweise" angebunden.

Dabei wurden die Hausanschlußkanäle durch Vortrieb aus 5 Start- oder Zielbaugruben und aus 5 Hilfsbaugruben hergestellt. Die Start- oder Zielbaugruben wurden nach Beendigung der Vortriebsarbeiten zu Einsteigschächten ausgebaut. Die Hausanschlüsse an den Hilfsbaugruben wurden aus Kostengründen mit Formstücken an den Sammler angebunden und die Hilfsbaugruben verfüllt.

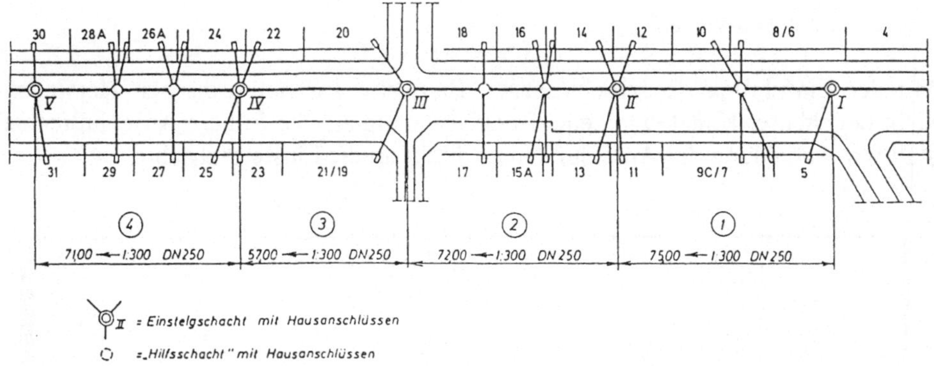

Bild 4: Berliner Bauweise in der Schulzendorfer Straße [8]

Die Kanalanschlußschächte sind dabei das Kernstück dieses Anschlußsystems. Die Schachtkonstruktion erscheint sehr arbeitszeitintensiv. Insbesondere beim Anschluß einer Vielzahl von Hausanschlußkanälen ist dieser Schacht sehr aufwendig.

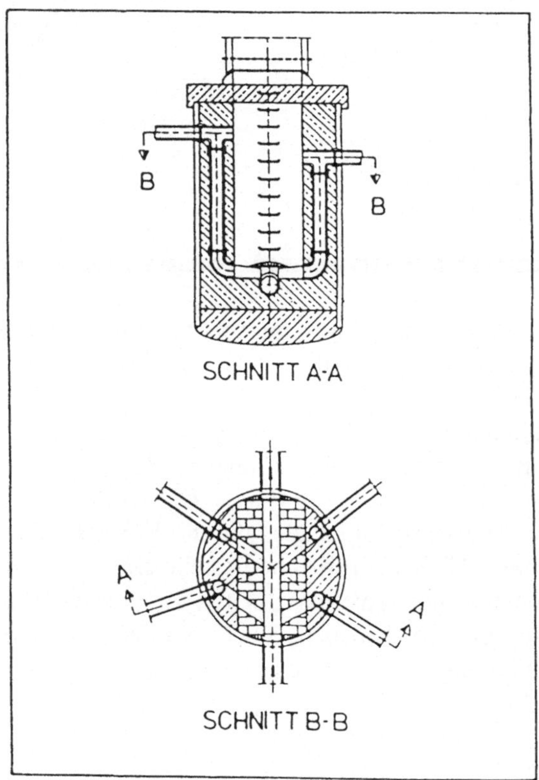

Bild 5: Anschlußschacht mit Absturzbauwerk für Hausanschlüsse nach [2]

5.3 Neu entwickelter Kanalanschlußschacht mit innenliegendem Umlaufgerinne [11]

Eine Weiterentwicklung dieser Kanalanschlußschächte besitzt im Schachtunterteil eine Umlaufrinne. Dort hinein mündet eine Vielzahl von Hausanschlüssen oder Straßenabläufen.

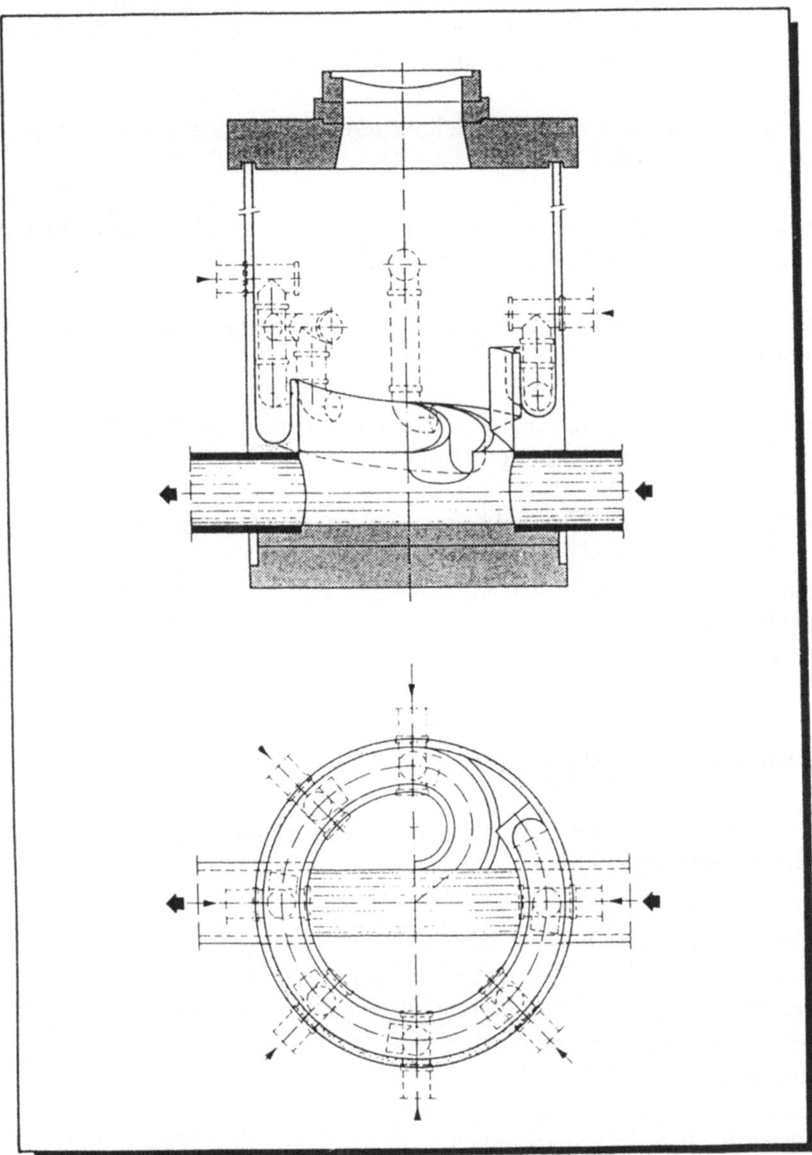

Bild 6: Kanalanschlußschacht mit Umlaufgerinne [12]

Dieser Schacht besitzt folgende Vorteile gegenüber bisherigen Schachtsystemen:

- Eine Vielzahl von Haus- oder Straßenanschlüssen kann in jeder beliebigen Höhe und aus jeder Richtung, insbesondere auch entgegen der Hauptströmungsrichtung des Sammelkanales, aufgenommen werden.

- Durch die Zusammenfassung aller Zuläufe in einem Umlaufgerinne wird das Abwasser nur an einer Stelle in den Hauptkanal und damit hydraulisch günstiger als bei den bisher bekannten Beispielen abgeleitet.

- An den Schacht können nachträglich weitere Kanäle ohne größere Umbauten angeschlossen werden.

- Ein Einsatz ist auch bei Richtungsänderungen im Sammelgerinne und bei der Vereinigung mehrerer Sammelkanäle möglich.

- Die Kontrolle, Wartung und Instandsetzung der Hausanschlüsse ist problemlos zu bewerkstelligen.

- Dieser Kanalanschlußschacht mit Umlaufgerinne ist vom Schachtdeckel aus mit einer Reinigungslanze leicht zu warten.

- Der Schacht kann als Fertigteil hergestellt und relativ rasch eingebaut werden.

- Dieser Schacht mit einem Innendurchmesser von 1,50 m ist auch als Startschacht für Bohrgeräte zur Herstellung von Hausanschlußkanälen einsetzbar.

5.4 Beispiele einer Kanalsanierung

Innerhalb einer Bundeswehrkaserne wurde beispielhaft eine Kanalsanierung mit folgender Zielsetzung ausgeführt:

- Betrachtung des gesamten Abwassersystems (Sammler mit Hausanschlußkanälen und Straßenabläufen)
- in der Zukunft leichte Kontrollierbarkeit von der Straße aus
- dauerhafte Dichtheit bis zu einem Wasserdruck von 0,5 bar
- Dauerhaftigkeit der Sanierungsmethoden
- Berücksichtigung der hydraulischen Leistungsfähigkeit
- Wirtschaftlichkeit und Sparsamkeit

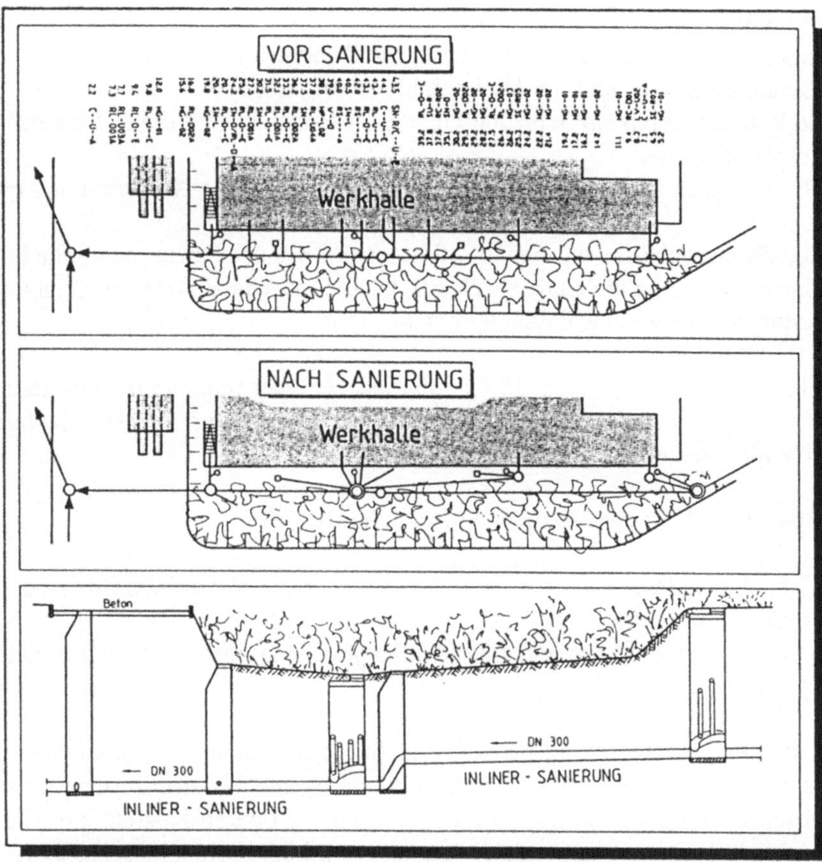

Bild 7: Schadensbehebung durch Schlauchrelining der Sammler und Erneuerung der Hausanschlüsse in offener Bauweise mit gleichzeitiger Umstrukturierung zu einem kontrollierbaren Teilnetz [12]

Vorgaben:

Länge:	2 x 45 m
wesentliche Schäden:	• Säurekorrosion in der Sohle
	• 2 m lange Scherbenbildung mit Rohrverformung
	• 9 nicht fachgerechte Kanalanschlüsse am Betonrohr DN 300
	• 18 m Längsrisse 0 - 5 mm
Hydraulik:	• Reserven vorhanden
Lage:	• schützenswerter Bewuchs
	• 17 m breite Betonstraße

Sanierung:

- In dem Bereich der Scherbenbildung mit Rohrverformung wurde ein Kanalanschlußschacht mit Umlaufgerinne eingesetzt.
- So konnten durch ein Schlauchrelining der Bewuchs und die Betonstraße geschont werden.
- Der Inliner überbrückt in einem undichten Schacht eine Absturzhöhe von ca. 0,80 m.
- Die Hausanschlüsse wurden in offener Bauweise über zwei relativ flache Hausschächte an die Kanalanschlußschächte mit Umlaufgerinne angebunden, somit sind sie von zwei Seiten kontrollierbar.

Die Kosten lagen nur um ca. 13 % höher als bei einer reinen Sammlersanierung mit dem Schlauchreliningverfahren und Sanierung der nicht fachgerechten Anschlußbereiche in der Robotertechnik.

Das gewählte Vorgehen hatte den großen Vorteil, daß

- auch die Hausanschlußkanäle erneuert und abgedichtet worden sind und
- ein von zwei Seiten leicht kontrollierbares Hausanschlußnetz geschaffen wurde.

So müssen bei sanierungsbedürftigen Sammelkanälen in Kasernen durch die gleichzeitige Erneuerung der Anschlußkanäle mit Umstrukturierung zu einem kontrollierbaren Anschlußnetz keine wesentlich größeren Kosten entstehen als bei einer reinen Schlauchsanierung der Sammler und deren Kanalanschlußbereiche.

6. Ausblick

Zur besseren Kontrollierbarkeit sollten nicht nur in Trinkwasserschutzgebieten die Anschlußkanäle an die Schächte angebunden werden.
Ohne Zweifel ist es insbesondere dort sinnvoll, Hausanschlußkanäle über Schächte anzuschließen, wo keine Grundstücksgrenzen und verschiedene Zuständigkeiten berücksichtigt werden müssen, z.B. bei größeren Gewerbeflächen oder bei Bundesliegenschaften, aber auch in Neubaugebieten.
Wie das Berliner Modell jedoch zeigt, können Hausanschlußkanäle sogar in bereits bestehenden Wohngebieten wirtschaftlich über Schächte angebunden werden.

Gerade beim Neubau von Kanalnetzen in den neuen Bundesländern sollten die Hausanschlußkanäle nach Möglichkeit über Schächte angeschlossen werden.
So könnten ohne großen Aufwand die Voraussetzungen dafür geschaffen werden, daß das gesamte Kanalnetz zukünftig leicht kontrolliert und instandgehalten werden kann.

Literatur:

[1] ATV:
Bauwerke der Ortsentwässerung
GFA, Arbeitsblatt A 241, St. Augustin, Juni 1978

[2] ATV:
Bauwerke der Ortsentwässerung
GFA, Arbeitsblatt A 241, Hennef, März 1994

[3] ATV:
Richtlinien für die Herstellung von Entwässerungskanälen und -leitungen
GFA, Arbeitsblatt A 139, St. Augustin, Oktober 1988

[4] Dohmann, M.; Haußmann, R.:
Zustand und Gefährdungspotential von Grundstücksentwässerungsanlagen
GFA, Berichte der ATV, Heft Nr. 44, Hennef 1994

[5] Frühling, A.:
Handbuch der Ingenieurwissenschaft in fünf Teilen. III. Teil:
Der Wasserbau 4. Bd.: Die Entwässerung der Städte
Verlag von Wilhelm Engelmann, Leipzig 1910

[6] Kipp, N.; Möllers, K.:
Inspizierbarkeit von Grundstücksentwässerungsleitungen;
Projekterfahrungen
Korrespondenz Abwasser 39, Heft 4, S. 462 - 469, 1992

[7] Lautrich, R.:
Der Abwasserkanal
Verlag Wasser und Boden, Hamburg 1964

[8] Möhring, K.:
Erfahrungen und technisch-wirtschaftliche Betrachtungen bei der Planung und beim Bau von Abwasserkanälen kleinerer Nennweiten in geschlossener Bauweise, Vortrag anläßlich des 100-jährigen Bestehens der
Societa Del Gres Ing. Sala. Bergamo, Oktober 1987

[9] Möhring, K.:
Möglichkeiten der Heranführung von Anschlußkanälen an Einsteigschächte
Korrespondenz Abwasser 34, H. 5, S. 449 - 458, 1987

[10] Stein, D.; Niederehe, W.:
Instandhaltung von Kanalisationen, 2. überarb. und erw. Auflage
Ernst und Sohn Verlag, Berlin 1992

[11] Ullmann, F.:
Kanalanschlüsse über Schächte
Korrespondenz Abwasser 40, H. 2, S. 180 - 183, 1993

[12] Ullmann, F.:
Umweltorientierte Bewertung der Abwasserexfiltrationen bei undichten Kanälen dargestellt am Beispiel einer Bundeswehrkaserne
Gesellschaft zur Förderung der Siedlungswasserwirtschaft an der RWTH Aachen e.V., GWA-Band 145, Aachen 1994

Planung, Ausschreibung und Abwicklung von Kanalsanierungsmaßnahmen

Thomas Schäfer

1. Handlungsvorgaben

Handlungsvorgaben sind im wesentlichen zu unterscheiden für die beiden Gruppen "Betreiber einer Abwasseranlage" und "Ingenieurbüro".

Die Betreiber von Abwasseranlagen haben die Aufgabe, das Sammeln, Fortleiten und Reinigen von Abwasser durch den Bau von Kanalisationssystemen und Kläranlagen sicherzustellen. Die Verantwortlichen haben für die Anpassung ihrer Abwasserbeseitigungsanlagen an eine dynamische Entsorgungssituation Rechnung zu tragen und ihre Anlagen regelmäßig zu kontrollieren und zu überwachen.

Diese Forderung resultiert aus § 18 b, Abs. 1 WHG, nach dem Abwasseranlagen nach den Regeln der Technik zu betreiben und zu errichten sind, sowie § 18 b, Abs. 2 WHG, in dem die Anpassung bereits vorhandener Anlagen geregelt ist.

Die maßgebenden technischen Normen des Deutschen Instituts für Normung und der Abwassertechnischen Vereinigung sind konsequent anzuwenden, was bedeutet, daß die Kanalisation in regelmäßigen Abständen zu untersuchen ist (optische Inspektion) und die daraus folgenden Sanierungsaufgaben durchzuführen sind.

Der Begriff "regelmäßig" wurde mittlerweile genauer definiert, wobei hierunter ein Turnus von 10 Jahren für die Untersuchung des Entwässerungsnetzes zu verstehen ist. Der Zeitraum und die Art der Untersuchung wird durch die Bundesländer festgelegt. Das Land Hessen und das Land Baden-Württemberg formulieren diese Betreiberpflichten in der Eigenkontrollverordnung und das Land Bayern im "Hinweis zur Instandhaltungpflicht und Haftung".

Die Handlungsvorgaben der Ingenieurbüros, die mit der Planung von Sanierungsmaßnahmen für die Abwasserbeseitigungsanlagen beauftragt werden, richten sich nach den allgemein anerkannten Regeln der Technik, festgelegt in DIN- und ATV-Regelwerken. Dabei beschreiben die Arbeits- und Merkblätter der ATV Vorgaben für einzelne Planungsleistungen.

Ein komplexeres Regelwerk wird vom Europäischen Normungskomitee (CEN) derzeit bearbeitet. Unter dem Titel prEN 752 „Entwässerungssysteme außerhalb von Gebäuden" entstehen derzeit acht Normteile.

Der Teil 5 "Sanierung und Erneuerung" macht konkrete Vorgaben, welche Planungsschritte zur Wiederherstellung des Sollzustandes von Entwässerungssystemen nötig sind. Dabei wird erstmals in Form eines Regelwerks auf die plexität der Planungsaufgabe Kanalsanierung hingewiesen. Das unzertrennliche Nebeneinander von drei verschiedenen Fragestellungen an ein Entwässerungssystem:

Hydraulische Leistungsfähigkeit?
Umweltrelevantes Abwasser?
Baulicher Zustand?

Auf diese drei Fragestellungen müssen Antworten gefunden werden, um eine gesicherte Ausgangsbasis für die Wahl geeigneter Instandsetzungs-, Sanierungs- beziehungsweise Erneuerungsmaßnahmen zu erhalten. Wird eine dieser drei Fragestellungen nicht beantwortet, ist die durchgeführte Planungsleistung falsch.

2. Grundlagenermittlung und Istzustandserfassung

Um eine quantitative Bewertung des vorliegenden Abwassernetzes vornehmen zu können, muß als erster Schritt der Bestand festgestellt werden. Hierfür sind sämtliche Bestandsunterlagen auf Vollständigkeit zu untersuchen und gegebenenfalls zu ergänzen.

Auf der Basis dieser Bestandsunterlagen ist anschließend der bauliche Zustand des Abwassernetzes mit Hilfe einer optischen Inspektion gemäß ATV-Merkblatt 143, Teil 1+2 zu erfassen. Dabei sind an die Ausschreibung und Ausführung der Kanalfernaugenuntersuchung besonders hohe Anforderungen zu stellen, da hierauf alle nachfolgenden, ingenieurtechnischen Leistungen aufbauen. Wichtige Anhaltspunkte sind dabei:

- Erstellen einer Prioritätenliste entsprechend den vorgegebenen Schutzzielen (z.B. Grundwasser, Boden, Betrieb, etc.), welche unter Berücksichtigung der finanziellen Mittel den Rahmen für eine Termin- und Kostenplanung der TV-Untersuchung bildet. Der Betreiber kann so sein Risiko in Bezug auf die bestehenden Handlungsvorgaben minimieren. Handelt es sich um größere Netze (ca 100 km Kanallänge), so kann es sinnvoll sein, eine Studie durchzuführen, welche die Dringlichkeit der Inspektion, bezogen auf Teilnetze, nach objektiven Kriterien festlegt. Folgende Kriterien können hierzu verwendet werden:

Lage der Kanäle in Wasserschutzgebieten
Abwasserqualität
Hydraulik
Alter
Werkstoff
bisherige Schäden und deren Behebung
Tiefenlage und Grundwasserverhältnisse

- Oftmals liegen die notwendigen Informationen zur Beschreibung der Kriterien nicht in homogener Form vor, sind unvollständig oder gänzlich unbekannt. Eine für jedes Netz spezifische Auswahl und Gewichtung der Einzelkriterien ist deshalb vorzunehmen. Dies gilt insbesondere für mögliche Synergien bei der Gewichtung von Kriterien, welche miteinander verknüpft werden. Ein solches Vorgehen entspricht einem verantwortungsbewußten Handeln von Seiten des Betreibers. Der Vorwurf der Verletzung von wasserrechtlichen Betreiberpflichten kann nicht gemacht werden.

- Unterteilung des gesamten Untersuchungsgebietes in einzelne Leistungsabschnitte (Straßenzüge), um für alle später anfallenden Arbeiten eine durchgängig sortierbare Dokumentation mit kurzen Zugriffszeiten zu erhalten. Zu dokumentieren sind u.a. Haltungsprotokolle, Videoaufzeichnungen, Schachtprotokolle, Bilddokumentation.

- Ausschreibung der TV-Inspektion pro Leistungsabschnitt nach Teilleistungen also auch der Reinigung bzw. Trockenhaltung, da eine vollständige Schadenserfassung und somit Bewertung der Abwasserleitung nur anhand einer Befahrung im abwasserfreien Zustand erfolgen kann.

- Im Rahmen der Ausschreibung und Vergabe sind Probebefahrungen zur Feststellung und Sicherung der an die TV-Untersuchung gestellten Qualitätsansprüche zu empfehlen. Zusätzlich können nur solche Bieter zugelassen werden, die das Gütezeichen I (Inspektion) Güteschutz Kanalbau besitzen bzw. die Mindestanforderungen an Personal, Betriebseinrichtungen und Geräte entsprechend den Güte- und Prüfbestimmungen der "Gütegemeinschaft Herstellung und Instandhaltung von Entwässerungskanälen und -leitungen" nachweisen.

- Das Personal zur TV-Inspektion muß entsprechend den Anforderungen geschult sein und eine konsequent einheitliche Schadensbeschreibung durchführen. Von einer gleichzeitigen Bewertung der Schadensbilder sowie sofortiger Sanierung sollte zu diesem Zeitpunkt mit einer Ausnahme abgesehen werden. Beim Erkennen von gravierenden Schäden ist der Betreiber umgehend zu informieren, da eventuell "Gefahr im Verzug" zu sofortigem Handeln zwingen würde.

- Es ist darauf zu achten, daß die Reinigung der Kanäle direkt vor der Inspektion erfolgt, d.h. beide Fahrzeuge müssen während der gesamten Befahrung eine Einheit bilden und dementsprechend koordiniert werden. Es empfiehlt sich, die Reinigung anstelle der periodisch anfallenden Kanalreinigung durchzuführen, um die Gesamtkosten der optischen Zustandserfassung zu senken.

- Inspektion der Schächte (Schachtprotokolle, Farbbilder), wobei in jedem Fall die entsprechenden Maßnahmen zur Arbeitssicherheit einzuhalten sind. (Arbeitsplatzmessungen von H_2S, CH_4, O_2 sowie CO und CO_2)

- Protokollieren aller Einläufe und Stutzen sowie genaues Betrachten speziell dieser Bereiche.

- Technische Anforderungen an das TV-Fahrzeug müssen überprüft bzw. erfüllt werden.

- Einblendung aller relevanten Stammdaten in der Videoaufzeichnung während der gesamten Untersuchung.

- Eindeutige Zuordnung sämtlicher Untersuchungsprotokolle und -videos nach Leistungsabschnitten, Haltungsnummern und Videozählerstand. (Echtheit)

Liegt bereits eine Kanaluntersuchung vor, so sollte diese auf die oben angeführten Anforderungen hin überprüft werden. Können dabei einige der angeführten Punkte nicht erfüllt werden, muß eine Ergänzung der Daten eventuell durch eine weitere Befahrung erfolgen.

Zu achten ist vor allem auf die immer wieder anzutreffenden "TV-Befahrungen" ausschließlich nach laufenden Metern. Es gibt auch Fälle, bei denen die TV-Befahrung nach gefahrenen Videominuten ausgeschrieben wird, dieses Vorgehen kann nicht Grundlage einer befriedigenden und qualitativ hochwertigen Planung sein, die Zweckmäßigkeit reduziert sich ausschließlich auf das Erkennen von örtlich begrenzten Betriebszuständen.

Defizite in der Reinigung und Trockenhaltung von Kanalhaltungen vor bzw. während einer Befahrung sind die Ursache für unvorhergesehene Baukostensteigerungen, da die Basis für eine Massenermittlung und der damit einhergehenden Kostenfeststellung mangelhaft bzw. unvollständig ist.

Die Daten, die durch die optische Inspektion aufgenommen werden, stehen im allgemeinen lediglich auf Papier beziehungsweise Videobändern zur Verfügung. Entscheidend für die nachfolgenden Planungsschritte und für eine sichere und handhabbare Verwaltung der Informationen ist die Archivierung und Dokumentation der TV-Inspektion auf EDV-Datenträgern. Dabei ist es nicht notwendig, das Bildmaterial zu diesem Zeitpunkt auf EDV-Datenträgern zu speichern. Viel wichtiger sind die Daten, die im allgemeinen auf den Untersuchungsberichten zu finden sind.

Die Vorgaben, welche Daten zu speichern sind und in welcher Form diese aufbereitet werden müssen, müssen zum Zeitpunkt der Ausschreibung der TV-Inspektion formuliert werden. Dabei sollten die Daten als ASCII- oder dBase-Datei dem Auftraggeber übergeben werden.

Die großen Datenmengen sind dann in der Planung schneller und besser zu bearbeiten, was sich auch auf die Planungskosten auswirkt und können als Dateninput für ein graphisch-technisches Informationssystem oder Kanalinformationssystem verwendet werden.

Bereits zu diesem Zeitpunkt sind die seitens des Betreibers zur Verfügung stehenden finanziellen Mittel in die Planung mit einzubeziehen.
Je nach Größe des vorliegenden Kanalnetzes und unter Einbeziehung der nachfolgenden Leistungen (Zustandsklassifizierung und -bewertung, Sanierungskonzept, bauliche Durchführung, Dokumentation) ist das Netz in entsprechende Leistungsabschnitte aufzuteilen und sind Konzepte je nach Anforderung über einen längeren Zeitraum hinweg zu entwickeln. Nur so kann überschaubar und praktikabel die Finanzierbarkeit der Projekte erreicht werden. Zudem wird vermieden, daß zwischen der optischen Untersuchung und der eigentlichen Sanierung ein zu großer zeitlicher Abstand liegt.

3. Zustandsklassifizierung und -bewertung

Die ATV erarbeitet derzeit in ihrer Arbeitsgruppe 1.7.7 das ATV-Arbeitsblatt A 149 mit dem Titel "Zustandsklassifizierung und Zustandsbewertung von Abwasserkanälen und -leitungen". Das leider noch im Entwurf befindliche Arbeitsblatt A 149 wird einen Klassifizierungs- und Bewertungsalgorithmus vorschlagen und verbindliche Vorgaben für die heute schon existierenden Klassifizierungssysteme enthalten. Die heute vorhandenen Bewertungsmodelle werden dadurch nicht ersetzt, da sie ja schon durch ihre teilweise langjährige Anwendung durch Betreiber und Ingenieurbüros als allgemein anerkannte Regeln der Technik zu sehen sind.

Der Ablauf des Klassifizierungs- und Bewertungsmodells der ATV soll hier nachfolgend beschrieben werden. Auf die Gemeinsamkeiten des ATV-Entwurfs bei der Berücksichtigung des hydraulischen und umweltbezogenen Istzustandes mit der zukünftigen europäischen Norm prEN 752 wird an dieser Stelle hingewiesen.

Grundsätzlich wird zwischen der Zustandsklassifizierung zur Einordnung des rein baulichen und betrieblichen Zustandes einer Kanalhaltung und der Zustandsbewertung unterschieden. Die Zustandsbewertung führt die Ergebnisse des baulichen und betrieblichen Zustandes mit den hydraulischen Verhältnissen und der Abwasserqualität zusammen. Daraus entsteht eine Prioritätenliste, welche das Gefährdungspotential einzelner Kanalhaltungen abschätzt.

Im einzelnen werden die erkannten baulichen und betrieblichen Zustände innerhalb einer Haltung in eine der fünf Zustandsklassen eingeordnet.

Die Zustandsklassen unterteilen sich in die Klassen 0 bis IV, wobei Zustandsklasse 0 die Sofortmaßnahmen umfaßt. Kanäle, die nur geringfügige Mängel aufweisen, werden in Zustandsklasse IV eingeordnet. Die Klassen I, II und III umfassen die zu bewertenden baulichen und betrieblichen Mängel.

Der größte Einzelschaden legt die Zustandsklasse fest, eine feinere Unterscheidung innerhalb einer Zustandsklasse wird über die Zustandspunktezahl einer Haltung erreicht. Die Punktezahl ist innerhalb zweier Grenzwerte anhand folgender Grenzwerte festzulegen:

- Schadenshäufigkeit
- Örtlichkeit (Sohle / Scheitel)
- Abschnitt mit Schäden lang oder kurz
- etc.

Die festgestellte Zustandspunktezahl wird bei Haltungen mit möglicher Exfiltration mit Bewertungsfaktoren für die Hydraulik und Abwasserqualtität multiplikativ verknüpft. An dieser Stelle erfolgt noch einmal der Hinweis auf die Beantwortung der Fragestellungen Hydraulik und Umweltrelevanz, ohne die keine vernünftige Bearbeitung des Themas "Kanalsanierung" möglich ist.

Die Prioritätenliste entsteht nach Maßgabe der Zustandsklassen und darin definierter Prioritätsstufen nach dem Grad der Schutzbedürftigkeit von Grundwasser und Boden und betrieblicher Belange.

Folgende Schutzziele werden mit der Erstellung einer Prioritätenliste verfolgt:

1. **Reinhaltung von Grundwasser und Schutz des Bodens**
2. **Erhalten der Funktion von Abwasseranlagen**
3. **Standsicherheit von baulichen Anlagen**

Als Hilfsmittel für die Zustandsklassifizierung und -bewertung wird die EDV eingesetzt. Zur Bewältigung der Datenmengen aus der Istzustandserfassung (baulich, hydraulisch und umweltrelevant) ist auch kein anderes Werkzeug geeignet. Zur Anwendung kommen Programme in Form von Datenbanken oder Tabellenkalkulationen.
Wichtig ist der deutliche Hinweis, daß es nicht möglich ist, die Diskette aus der Befahrung in die EDV einzulesen und am Ende die Auswahl der Sanierungsverfahren und das fertige Leistungsverzeichnis zu erhalten.

4. Sanierungsplanung

Mit Hilfe der vorliegenden Ergebnisse aus der optischen Zustandserfassung und den unter Punkt 3 geschilderten Planungsgrundlagen ist es Aufgabe des Ingenieurs, eine technisch und wirtschaftlich optimierte Lösung zu erarbeiten. Dies stellt wohl die umfassendste, ingenieurtechnische Aufgabe im Rahmen der Sanierung von Abwasserkanälen dar. Zur Bewältigung dieser Aufgabe ist es daher unabdinglich, alle am Markt angebotenen Verfahren zu kennen und beurteilen zu können.
Dabei sind neben der Abstimmung auf den vorliegenden Schaden und dessen Ursache folgende Randbedingungen bei der Wahl der einzelnen Sanierungsverfahren zu berücksichtigen:

- Umweltverträglichkeit,
- Technische Durchführbarkeit,
- Wirtschaftlichkeit,
- Lebensdauer,
- Betriebliche Bedürfnisse,
- Bedürfnisse der Instandhaltung,
- Infrastrukturelles Umfeld,
- Planungen Dritter.

Die unter Punkt 3 erwähnte Prioritätenliste kann dabei nur als Rahmen für die zeitliche Abfolge der einzelnen Sanierungsmaßnahmen gesehen werden, da durch eine zusammenhängende Sanierung verschiedener Schadstellen mit einem bestimmten Sanierungsverfahren in der Regel erhebliche Kostenvorteile realisiert werden können.

Dabei ist zu beachten, daß die Wiederherstellung des baulichen Sollzustandes durch Verfahren der Instandsetzung, Sanierung und Erneuerung ist sehr stark mit der hydraulischen Leistungsfähigkeit des betrachteten Netzes verknüpft ist, da sonst Haltungen instandgesetzt oder saniert werden, deren Leistungsfähigkeit ohnehin zu gering ist. Betrachtet man die Netzteile, die eine ausreichende hydraulische Leistungsfähigkeit besitzen, so stellt sich die kostengünstigste Verfahrenskombination zur baulichen Wiederherstellung als klassisches Optimierungsproblem dar. Folgende Bearbeitungsschritte führen bei dieser Optimierungsaufgabe zu einer Lösung.

Als erstes ist festzustellen, welches Verfahren der Instandsetzung, Sanierung oder Erneuerung notwendig ist, um die technischen Anforderungen zu erfüllen. Diese Entscheidung kann nur durch eine qualifizierte Auswertung des baulichen Zustandes erreicht werden. Hierfür ist es notwendig, exakt zu wissen, welcher Schaden ein bestimmtes Verfahren bedingt. Anschließend werden die Kosten dieser technischen Minimallösung ermittelt.

Im nächsten Schritt werden auf der Grundlage der technischen Verfahrensauswahl unterschiedliche Varianten der Verfahrenskombination durchgespielt und die notwendigen Kosten verglichen. Die Verfahren zur Instandsetzung, Sanierung und Erneuerung besitzen unterschiedliche Kostenstrukturen. Instandsetzungsverfahren sind beispielsweise nur für punktuelle Schäden innerhalb einer Haltung geeignet, bei der Sanierung stellt die Haltung die minimale Betrachtungsebene dar. Die Erneuerung verwendet ebenfalls diese Betrachtungsebene, ist jedoch auch für starke punktuelle Schäden (Einsturz) notwendig. Daraus folgt, daß für die Sanierung und Erneuerung die Baustelleneinrichtungskosten verglichen mit der Instandsetzung einen größeren Anteil an den Kosten haben. Folglich kann die Verteilung der Baustelleneinrichtung auf mehrere Haltungen, deren technische Notwendigkeit die Instandsetzung war, zu einer Verringerung der Gesamtkosten der Wiederherstellungsmaßnahme führen. Diese optimale Verfahrenskombination kann nur festgestellt werden, wenn verschiedene Varianten berechnet werden. Am Ende steht ein kostenoptimierter und technisch einwandfreier Verfahrensvorschlag.

In einem dritten Schritt, der parallel zum vorbeschriebenen Arbeitsgang läuft, ist die Wirtschaftlichkeit von Instandsetzung, Sanierung und Erneuerung zu betrachten. Dies bedeutet, daß die Ermittlung der Gesamtkosten sich nicht auf die augenblicklich zu erwartenden Baukosten beschränkt, sondern die Kosten für die Investition, Abschreibung, Kapitaldienst, Instandhaltung, Umweltverträglichkeit und die sozialen Kosten zu berücksichtigen sind.
Dies kann auch eine Erhöhung der notwendigen Baukosten bedeuten, um über einen vorab zu definierenden Zeitraum die Kostenvorteile der Gesamtkostenbetrachtung zu realisieren. Problematisch ist die Bewertung der Nutzungsdauer von Instandsetzung und Sanierung, da keine ausreichenden

Erfahrungswerte vorliegen, um den Anteil der Umweltverträglichkeit und der sozialen Kosten monetär zu benennen. Diese Wirtschaftlichkeitsüberprüfung kann nur in enger Abstimmung mit der Finanzverwaltung des Betreibers erfolgen. Es ist in jedem Fall möglich, die Wirtschaftlichkeitsbetrachtung unter Berücksichtigung der Investitionskosten, einer angesetzten Nutzungsdauer, der Kosten für den Kapitaldienst und der Instandhaltung durchzuführen.

Ebenso wie bei der Kanalfernaugenuntersuchung ist anhand einer Kostenermittlung die Finanzierbarkeit der Maßnahmen mit einzubeziehen. Eine Ausführungs- und Budgetplanung über mehrere Jahre hinweg ist je nach Größe des Abwassernetzes in den meisten Fällen erforderlich.
Grundsätzlich ist zu beachten, daß sich die im Rahmen einer Entwurfsplanung nach ATV A 101 durchzuführende Kostenberechnung im Gegensatz zu herkömmlichen Ingenieurbauten relativ schwierig gestaltet. Dies ist vor allem darauf zurückzuführen, daß sich die Branche in einer starken Entwicklungsphase befindet und ständig neue Verfahren auf den Markt drängen. Dieses Problem ist vornehmlich bei größeren Projekten mit mehrjähriger Bauausführung anzutreffen.

5. Ausschreibung und Projektabwicklung

Im allgemeinen kann man von zwei verschiedenen Möglichkeiten bei der Abwicklung von Kanalsanierungsmaßnahmen ausgehen:

1. Konventionelle Abwicklung durch Einzelvergabe

2. Schlüsselfertige Abwicklung mittels Generalunternehmer.

Dabei kann nicht grundsätzlich die eine oder andere Ausführungsart abgelehnt bzw. bevorzugt werden, vielmehr gilt es, diese entsprechend den Erfordernissen anzupassen.

Konventionelle Abwicklung durch Einzelvergabe

Diese Art der Ausführung bietet sich nur bei Maßnahmen mit geringem Vergabevolumen an, die mit ein bis zwei Sanierungstechniken abzuwickeln sind.
Je nach Umfang der weiteren Koordinierungsaufgaben (Spülfahrzeug, TV-Fahrzeug, Umpumpen von Abwasser, etc.) ist mit zusätzlichen Kosten durch die örtliche Bauüberwachung zu rechnen. Diese Mehrkosten können eventuell durch günstigere Ausführungskosten bei der Einzelvergabe ausgeglichen werden.

Schlüsselfertige Abwicklung mittels Generalunternehmer

Grundsätzlich ist die Abwicklung über einen Generalunternehmer immer möglich, in der Regel wird diese Art der Ausschreibung bevorzugt bei umfangreicheren Projekten gewählt.

Der Auftraggeber hat nur einen direkten Ansprechpartner seitens des Auftragnehmers, was sowohl während der Ausführung eine einfachere Baustellenabwicklung sicherstellt, als auch die Gewährleistungsverfolgung der einzelnen Bauausführungen nach VOB bzw. BGB für den Auftraggeber einfach und sicher gestaltet.

Durch die Möglichkeit der Preisbindung über mehrere Jahre hinweg bzw. eventueller Vereinbarung von Lohn- und Materialgleitklauseln läßt sich von Beginn der Abwicklung eine gezielte Baukostenverfolgung durchführen.

Eventuell höhere Ausführungskosten durch Koordinierungsaufgaben sowie erhöhtes Risiko seitens des Generalunternehmers können durch geringere Kosten in der Bauüberwachung abgefangen werden.

6. Baukostenplanung und -steuerung

Wie bei jeder größeren Baumaßnahme ist auch in der Kanalsanierung eine von Beginn an konsequente Verfolgung und Steuerung der Kosten unverzichtbar, um Baukostenüberschreitungen vermeiden zu können. Dabei ist immer wieder festzustellen, daß die Ursache für einen Großteil der Kostenüberschreitungen bereits zu Beginn der Planung auftreten. Die Ursachen hierfür können unter anderem sein:

Die erste Kostenermittlung baut auf einem unzureichenden Planungsstand auf, hydraulische und umweltrelevante Zustände wurden nicht ermittelt oder ausgewertet.

Es liegt keine bzw. eine unzureichende Massenermittlung vor, da die Befahrung im Betriebszustand beziehungsweise ohne Reinigung stattfand.

Die einzelnen Sanierungschritte werden nicht ausreichend koordiniert.

Die Auswahl der verschiedenen Sanierungsverfahren und deren Ausschreibung erfolgt auf der Grundlage einer unzureichenden optischen Inspektion der Kanäle (siehe Abschnitt 1), wodurch oftmals Schäden erst während der Bauausführung entdeckt werden, welche die Verfahrensauswahl ad absurdum führen.

Kostenvergleichsrechnungen sowohl in der Planung als auch während der Bauausführung unterbleiben.

Somit müssen von der Grundlagenermittlung an die Baukosten mit geeigneten Mitteln analysiert und gesteuert werden. Dies kann man nur mit einer durchgängigen Kostensteuerung erreichen, in der die Kostenelemente nach einem geeigneten Nummernsystem aufgebaut sind.

LV-Strukturierung Ver- und Entsorgungssysteme

4. Fernwärmeversorgungssysteme

3. Gasversorgungssysteme

2. Wasserversorgungssysteme

1. Entwässerungssysteme

A. Istzustandserfassung

Bereich		Abschnitt		Position		
X	X	X	X	XX	XX	X

1. Nicht begehbare Sammelleitungen (Bereich 10)
   1. TV-Inspektion (Bereich 11)
      1. Vorbereitende Maßnahmen (Abschnitt 11.10) ....
      2. Reinigung und Trockenlegung (Abschnitt 11.20) ....
      3. Inspektion (Abschnitt 11.30) ....
      4. Dokumentation (Abschnitt 11.40) ....
      5. Regieleistungen (Bereich 11.50) ....
   2. Dichtheitsprüfung (Bereich 12) ....
   3. Fehleinleiteruntersuchung (Bereich 13) ....
2. Begehbare Sammelleitungen (Bereich 20) ....
3. Anschlußleitungen (Bereich 30) ....
4. Grundleitungen (Bereich 40) ....

B. Sanierung

1. Nicht begehbare Sammelleitungen (Bereich 10)
   1. Erneuerungsverfahren (Bereich 11)
      1. Offene Bauweise (Abschnitt 11.10) ....
      2. Berstverfahren (Abschnitt 11.20) ....
      3. Vortriebsverfahren (Abschnitt 11.30) ....
   2. Sanierungsverfahren (Bereich 12)
      1. Schlauchrelining (Abschnitt 12.10) ....
      2. Wickelrohrrelining (Abschnitt 12.20) ....
      3. Verformungsverfahren (Abschnitt 12.30) ....
      4. Reduktionsverfahren (Abschnitt 12.40 ....
      5. Kurzrohrverfahren (Abschnitt 12.50) ....
      6. Rohrstrangverfahren (Abschnitt 12.60) ....
   3. Instandsetzungsverfahren (Bereich 13)
      1. Roboterverfahren (Abschnitt 13.10) ....
      2. Injektionsverfahren (Abschnitt 13.20) ....
      3. Abdichtungsverfahren (Abschnitt 13.30) ....
2. Begehbare Sammelleitungen (Bereich 20) ....
3. Anschlußleitungen (Bereich 30) ....
4. Grundleitungen (Bereich 40) ....

Abbildung 1 „LV-Strukturierung Ver- und Entsorgungsnetze“

LV-Gliederung zur Kostensteuerung

Bereich		Abschnitt		Position			Kostenelement						
X	X	X	X	XX	XX	X	X	X	X	X	X	XX	XX
1. Nicht begehbare Sammelleitungen (Bereich 10)							1						
	1. Erneuerungsverfahren (Bereich 11)						1	1					
	....												
	2. Sanierungsverfahren (Bereich 12)						1	2					
		1. Schlauchrelining (Abschnitt 12.10)					1	2	1				
			1. Leistungsabschnitt 1 (Abschnitt 12.11)										
				Baustelleneinrichtung (Pos. 12.11.0100)			1	2	1			0 1	
				Reinigung (Pos. 12.11.0200)			1	2	1			0 2	
					DN 200 (Pos. 12.11.0101)		1	2	1			0 2	0 1
					DN 300 (Pos. 12.11.0102)		1	2	1			0 2	0 2
				Trockenlegung (Pos. 12.11.0300)			1	2	1			0 3	
				Relining (Pos. 12.11.0400)			1	2	1			0 4	
				Anschlüsse (Pos. 12.11.0500)			1	2	1			0 5	
				Dokumentation (Pos. 12.11.0600)			1	2	1			0 6	
				Regiearbeiten (Pos. 12.11.0700)			1	2	1			0 7	
			2. Leistungsabschnitt 2 (Abschnitt 12.12)										
				Baustelleneinrichtung (Pos. 12.12.0100)			1	2	1			0 1	
				Reinigung (Pos. 12.12.0200)			1	2	1			0 2	
					DN 200 (Pos. 12.12.0101)		1	2	1			0 2	0 1
					DN 300 (Pos. 12.12.0102)		1	2	1			0 2	0 2

Kostenzusammenstellung nach Verfahrenspositionen

KOSTENZUSAMMENSTELLUNG								
SUMME Reinigung DN 100	1	2	1			0 2	0 1	DM ....
SUMME Reinigung DN 200	1	2	1			0 2	0 2	DM ....
....								....
SUMME Reinigung	1	2	1			0 2		DM ....

Gliederung				Betrag
	Erneuerungsverfahren (Bereich 11)			DM ....
			Kapitel 1 (Abschnitt 12.11)	DM ....
			Kapitel 2 (Abschnitt 12.12)	DM ....
		Schlauchrelining (Abschnitt 12.1(		DM ....
	Sanierungsverfahren (Bereich 12)			DM ....
Nicht begehbare Sammelleitungen (Bereich 1(				DM ....

Kostenzusammenstellung nach Leistungsabschnitten

Abbildung 2 „LV-Gliederung zur Kostensteuerung“

Von oben nach unten erfolgt dabei eine stetige Verdichtung der Daten mit fortschreitendem Planungsstand. Als Schnittstelle zwischen den Verfahrenselementen und den Vergabeeinheiten verwendet man nach Leistungsbereichen getrennte Bereichspositionen.
Diese haben für die Verfahrenspositionen die Funktion von auftragsbezogenen Unterelementen, für die Vergabeeinheiten stellen sie jedoch Sammelpositionen im Sinne zusammengehörender Teilleistungen dar.

Durch einen derartigen Aufbau ist es möglich,

1. aus bereits abgewickelten Projekten rückwirkend Kostenkennwerte zur Planung neuer Baumaßnahmen zu erhalten.

2. durch Unterteilung des gesamten Netzes in einzelne Leistungsbereiche (z.B. Straßenzüge) während der Bauausführung einen ständigen Soll/Ist-Vergleich sowohl nach Vergabeeinheiten als auch nach Leistungs- bzw. Verfahrenselementen durchzuführen.

3. gleichartige Ausschreibungen unabhängig von der Baumaßnahme durchzuführen.

Wie die Erfahrung bereits abgewickelter Projekte gezeigt hat, sind bei größeren Sanierungsmaßnahmen in diesem Bereich erhebliche Kosteneinsparungen zu realisieren. Baumaßnahmen, die aufgrund der finanziellen Mittel über mehrere Jahre hinweg auszuführen sind, können so optimal gesteuert werden und bieten dem Auftraggeber zugleich die Möglichkeit, jederzeit einen exakten Termin- und Kostenüberblick zu erhalten.

7. Überwachung der Ausführung

Die beste Ausschreibung ist wirkungslos, wenn die Ausführung der Vorgaben nicht überwacht wird. Grabenlose Sanierungstechniken sind High-Tech-Verfahren mit ständiger dynamischer Weiterentwicklung, für die der "Stand der Technik" selbstredend überwiegend noch nicht fixiert ist. Schon aus diesem Grund ist die Überwachung aller formulierten technischen Ansprüche unverzichtbar. Im Interesse der Qualität und Termingerechtigkeit der Baumaßnahme ist von der verbreiteten Einstellung der Ingenieurbüros "Das ist doch eine namhafte Firma, die wird das schon richtig machen" oder "Es ist doch alles im LV geregelt" Abstand zu nehmen. Im einzelnen sind Schwerpunkte zu setzen auf:

- Information der ausführenden Firma über alle wesentlichen technischen Ansprüche der Ausschreibung - auch wenn bereits im LV dargelegt - vor Ausführungsbeginn.

- Information der ausführenden Firma - vor Ausführungsbeginn - über alle vorhandenen Unterlagen, Schwierigkeiten, Randbedingungen etc.Vereinbarung eines Termins, in dem die Unterlagen sowie die örtlichen Gegebenheiten mit dem verantwortlichen Bauleiter sowie dem verantwortlichen Kolonnenführer besichtigt werden. Falls Subunternehmer eingeschaltet werden sollen, sind diese miteinzubeziehen.

- Kontrolle, daß Bauzeiten- und Ablaufpläne in der geforderten Form von der ausführenden Firma rechtzeitig (mindestens 5 Tage) vor Ausführungsbeginn vorgelegt werden, so daß eine Durchsicht und evtl. Änderungen noch möglich sind.

- Kontrolle, daß die betroffenen Hauseigentümer und Anwohner rechtzeitig vor Beginn der Maßnahme benachrichtigt werden. Form und Inhalt der Anschreiben sind vorher mit dem Bauherrn abzusprechen.

- Anwesenheit des verantwortlichen Projektleiters des Ingenieurbüros in Abstimmung mit den zu erwartenden Schwierigkeiten besonders zu Beginn der Arbeiten, bei Durchführung der technisch anspruchsvollen Verfahren und zur Abnahme und Prüfung der instandgesetzten Rohrstrecken.

- Laufende Überwachung der geforderten Qualitätskontrolle.

- Ständige Information (Betreuung) des Auftraggebers (Bauherrn).

- Baubegleitende Überwachung der Terminplanung.

- Mindestens monatsweise Erstellung einer Kostenübersicht mit Prognose der Kostenentwicklung (Soll-Ist-Vergleich). Hierzu ist es notwendig, daß die Abschlagsrechnungen laufend und nachvollziehbar durch den Auftragnehmer aufgestellt werden.

8. Resümee und Ausblick

Abschließend ist zu sagen, daß auf dem Gebiet der Kanalsanierung noch einige Defizite aufzuarbeiten sind, sowohl im Bereich der Planung als auch der Technik. Hier sei nur die Problematik der Hausanschlußsanierung erwähnt, bei der die Industrie stark gefordert ist.
Auch muß bei öffentlichen Betreibern von Abwasserkanälen weiterhin Überzeugungs- und Aufklärungsarbeit geleistet werden, da ihr Kanalnetz einen Vermögenswert darstellt, den es mit geeigneten Mitteln instandzuhalten gilt.
Hier können keine pauschalen Lösungsmöglichkeiten zur Anwendung kommen, vielmehr sind den Bedürfnissen angepaßte, maßgeschneiderte Planungs- und Sanierungskonzepte gefragt. Nur so können betriebliche, finanzielle und umweltrelevante Aspekte in ausgewogenem Verhältnis zu einer befriedigenden Gesamtlösung des Problems führen.

Um die Belastung der öffentlichen Haushalte durch die enorm steigenden Personalkosten zu verringern, müssen in Zukunft immer mehr Aufgaben an Ingenieurbüros abgegeben werden. Den Ingenieurbüros wird also in Zukunft mehr denn je die Aufgabe zukommen, die Bauherrn wirklich umfassend zu betreuen und zu beraten.

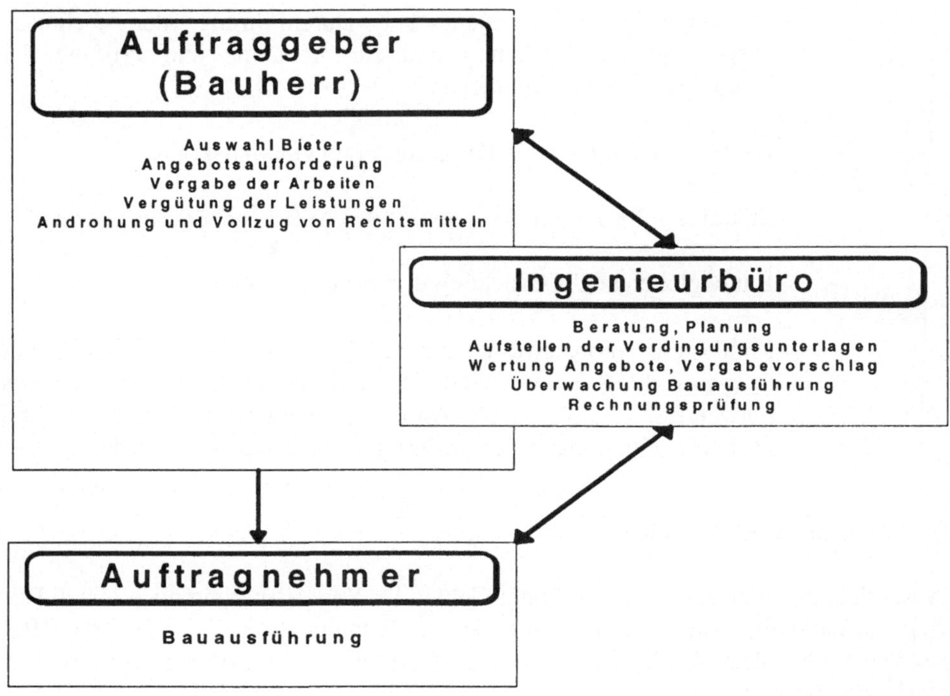

Abbildung 3 „Verhältnis Auftraggeber - Ingenieurbüro - Auftragnehmer“

8. Literaturverzeichnis

1) ATV M 143"Inspektion, Instandsetzung, Sanierung und Erneuerung von Entwässerungskanälen und -leitungen", Teil 1: "Grundlagen", Dezember 1989 Teil 2: "Optische Inspektion", Juni 1991, GFA, St.Augustin

2) ATV A 149"Zustandsklassifizierung und Zustandsbewertung von Abwasserkanälen und -leitungen", Entwurf Stand Dezember 1993, ATV-Arbeitsgruppe 1.7.7

3) CEN/TC 165/WG 22. prEn 752:"Entwässerungssysteme außerhalb von Gebäuden", Teil 1 - "Allgemeines", Entwurf August 1992, Teil 2 - "Anforderungen", Entwurf August 1992, Teil 3 -"Planung", Entwurf August 1992, Teil 4 - "Hydraulische Berechnung und Umweltschutzaspekte", Entwurf Juli 1993, Teil 5 - "Sanierung", Entwurf Mai 1994

Technische Möglichkeiten der Umsetzung eines stufenweisen Ausbaus der Abwasserbeseitigung

Klaus Lützner

1. Vorbemerkungen

Die nachfolgenden Ausführungen beziehen sich vorrangig auf den Kläranlagenneubau. Es ist bekannt, daß die Abwasserentsorgungskosten im wesentlichen bestimmt werden durch die

- Innerortskanäle
- Pumpwerke im Netz
- Regenbecken
- evtl. erforderliche Verbindungskanäle und
- die Kläranlagen.

Neuere Kostenanalysen zeigen [1], daß für Rohrlieferung, -verlegung, -sicherung und die Schächte in Abhängigkeit von der Einbautiefe nur rd. 25 % der Gesamtkosten für die Kanalisation anzusetzen sind. Die wesentlich höheren Restkosten werden durch den Aushub, Verbau, Straßenbau und die Wasserhaltung benötigt. Sparmaßnahmen in bezug auf das Material sind demzufolge unzweckmäßig. Es sind andere Möglichkeiten der Kostenreduzierung zu nutzen.

Von besonderer Bedeutung sind grundsätzliche Untersuchungen zur Entscheidung für eine zentrale oder dezentrale Kläranlage im ländlichen Raum, Standortwahl und zum Entwässerungssystem. Es ist möglichst ein modifiziertes Mischsystem zu wählen, wobei die Regenwasseranteile gegen Null gehen sollten, um die ansonsten notwendigen Aufwendungen für die Regenwasserbehandlung zu minimieren.

Die eigentlichen Kläranlagen-Kosten betragen teilweise bei völlig neuer Erschließung des Gebietes nur rd. 20 % der Gesamtkosten. Zur schnellen Entlastung der Gewässer sollte mit dem Bau der Kläranlage begonnen werden, um diese zunächst für die Fäkalienbehandlung zu nutzen und den Kanalisationsbau von der Kläranlage aus vorzunehmen.

Die erforderlichen Investitionskosten auf dem Gebiet der Abwasserentsorgung wurden von Imhoff [2] mit rd. 300 Mio DM ermittelt, wovon für die neuen Bundesländer rd. 100 Mio DM benötigt werden.

Diese enormen Aufwendungen können nur in einem längeren Zeitraum von ca. 20 Jahren durchgesetzt werden.

Die Schaffung von gesetzlichen Übergangsregelungen ist unumgänglich, da Provisorien nach § 7a Wasserhaushaltsgesetz (WHG) und Anhang 1 der Rahmen-Abwasser-Verwaltungsvorschrift nicht genehmigungsfähig sind. Außerdem wird nach § 324 Strafgesetzbuch derjenige bestraft, der die Beschaffenheit eines Gewässers nachteilig verändert. Dies gilt sowohl für den Einleiter als auch für denjenigen, der die Genehmigung zur Einleitung erteilt. Deshalb ist für die neuen Bundesländer eine Erweiterung des § 7a WHG notwendig. Derzeitig erfolgt die Regelung über Absatz 2, der Anpassung an bestehende Einleitungsbedingungen, die durch die Länder geregelt werden.

Mit der Verwaltungsvorschrift "Stufenweiser Ausbau der Abwasserbehandlung" (StAdA) vom 01.03.93 ist beispielsweise durch das Sächsische Staatsministerium für Umwelt und Landesentwicklung eine Verwaltungsvorschrift erarbeitet worden, die dazu beitragen soll, einerseits sehr schnell zu einer spürbaren Gewässerentlastung zu gelangen, wobei andererseits die zur Zeit gegebenen Finanzierungsmöglichkeiten insgesamt und die finanzielle Belastbarkeit der Bürger berücksichtigt werden. Aufgabe der Planer, Bau- und Ausrüstungsbetriebe ist es dabei, in enger Zusammenarbeit mit den zuständigen Fachbehörden diese Verwaltungsvorschrift sinnvoll am jeweiligen Standort umzusetzen. Es wurde mit dieser Vorschrift insbesondere der Druck genommen, durch die ansonsten notwendige Einhaltung der Mindestanforderungen an die Einleitung von Abwasser in Gewässer Sicherheiten, die zudem oftmals noch potenziert werden, vorzusehen und damit zu groß dimensionierte Kläranlagen zu bauen. Dies hat für die neuen Bundesländer besondere Bedeutung, da die Eingangsbemessungswerte oftmals unsicher sind.

Aber auch in den alten Bundesländern wurden die Kläranlagen bisher häufig mit zu großen Sicherheiten gebaut. Schleypen und Wedi [3] geben die mittlere Kläranlagenauslastung für Bayern an (Bild 1).

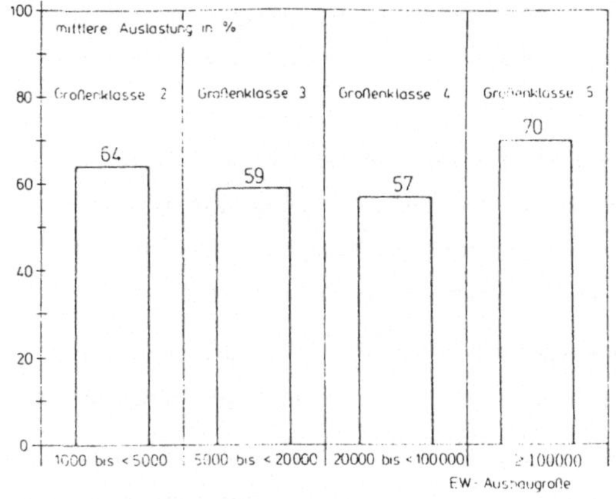

Bild 1 Mittlere Belastung der kommunalen Kläranlagen in Bayern [3]

Da die steigende Kostenbelastung für die Abwasserbeseitigung inzwischen ein Problem für alle Bundesländer darstellt, wurden auch durch die Länderarbeitsgemeinschaft Wasser (LAWA) im Auftrag der Konferenz der Ministerpräsidenten der Länder mögliche Maßnahmen zur Reduzierung von Kosten und Gebühren zusammengestellt [4].

Im Rahmen dieses Vortrages sollen die technischen Möglichkeiten des stufenweisen Ausbaus der Abwasserbeseitigung näher untersucht werden.

Mit dem stufenweisen Ausbau soll

- eine rasche Entlastung der Gewässer erreicht werden (Setzen von Prioritäten in bezug auf die Abwasserinhaltsstoffe) und
- der Zeitraum für die erforderlichen Investitionen gestreckt werden (Gebührenreduzierung, Schaffung realer Eingangsbemessungswerte).

2. Möglichkeiten des stufenweisen Ausbaues der Abwasserbeseitigung

Der stufenweise Ausbau bezieht sich auf das Kanalisationssystem, die im Einzugsgebiet befindlichen Kläranlagen und die erforderlichen Maßnahmen zur Regenwasserbehandlung.

Im Rahmen einer Abwasserbeseitigungskonzeption sind zunächst die erforderlichen Maßnahmen aufzulisten und unter Beachtung der Gesamtgewässerentlastung die Rang- und Reihenfolge (u.a. mit Hilfe von Schmutzfrachtberechnungen) der einzelnen Investitionen festzulegen. Wichtige Ansatzpunkte sind beispielsweise in der

Kanalisation:

- Modifiziertes Mischsystem beginnend an der Kläranlage und Konzentration auf dichtbesiedelte Wohngebiete
- Regenwasserentlastung des Mischsystems durch Regenwasserversickerung; Fremdwassererfassung und -reduzierung
- Optimierung der Kanalreinigung
- Sanierungskonzeption
- Erweiterungskonzeption

Kläranlage:

- Eingangsbemessungswerte
- Optimierung bzw. Festlegung der Reinigungstechnologie einschließlich Schlammbehandlung unter Beachtung der Reinigungsziele - Ausbaustufen festlegen

Regenwasserbehandlung:

- Netzaufnahme, Einmessung der Bauwerke, Schmutzfrachtberechnung
- Festlegung der Standorte für Regenbecken
- Variantenuntersuchungen mit Stauraumbewirtschaftung
- Regenwasserbehandlung in der Kläranlage (ggf. > 2 $Q_s + Q_f$)

Diese Gesamtbetrachtungen für ein Einzugsgebiet sind fachlich sehr anspruchsvoll und entscheiden letztlich die entstehenden Kosten und die Gewässerentlastung maßgeblich.

3. Grundverfahrensgestaltungen von Kläranlagen in Abhängigkeit von den Anschlußwerten

Kläranlagen der Größenklassen 1, 2 und 3 (≤ 20000 EW) werden im Regelfall als simultane aerobe Schlammstabilisierungsanlagen gebaut. Demzufolge sind infolge des hohen Schlammalters bei ordnungsgemäßer Betriebsführung zwangsläufig die Überwachungswerte gemäß Mindestanforderungen Anhang 1 (Gemeinden) der Rahmen-Abwasser VwV in bezug auf BSB_5, CSB und N einhaltbar. Die Aufwendungen für eine P-Elimination sind vergleichsweise gering.

Für Kläranlagen der Größenklasse 4 (20000 EW bis 100000 EW) sind z.T. Variantenuntersuchungen zwischen aerober Schlammstabilisierung und Faulung ggf. auch in Variationen erforderlich. Kläranlagen der Größenklasse 5 (≥ 100000 EW) werden im allgemeinen mit Schlammfaulung gebaut. Somit ist die Grundverfahrensgestaltung bei Neubau einer Kläranlage vorgegeben. Kompliziertere Untersuchungen sind bei notwendigen Erweiterungsmaßnahmen bestehender Kläranlagen erforderlich.

4. Möglichkeiten der Kosteneinsparung beim Bau von Kläranlagen

Die mittleren spezifischen Investitionskosten (netto) für Kläranlagen nach den Mindestanforderungen nach Anhang 1 der Rahmen-Abwasser-Verwaltungsvorschrift betragen für die Größenklassen 3 bis 5

rd. 1250 bis 750 DM/E (rd. $^1/_3$ Gewerbe) bzw.
rd. 900 bis 500 DM/EW [5].

In der Praxis ist das Spektrum noch weiter gefächert.

Die einzelnen Kostenanteile verteilen sich auf die Anlagenteile bei einer Kläranlage der Größenklasse 5, die den Mindestanforderungen gerecht wird, wie folgt:

Kläranlagenteile	relative Investitionskosten %
Rechen, Sandfang, Zulaufpumpwerk	7,5 - 15
Vorklärung	0 - 7,5
Belebungsbecken	10 - 20
Nachklärbecken	5 - 12,5
Filter/Nachfällung	0 - 15
Schlammbehandlung	7,5 - 30
Infrastruktur	7,5 - 25
	35 - 125

Bild 2 Investitionsanteile kommunaler Kläranlagen [6]

Die Angaben zeigen gleichfalls große Schwankungsbreiten und stellen nur Orientierungsgrößen dar.

Kosteneinsparungen sind offensichtlich möglich durch

- die Wahl sinnvoller Ausbaustufen auf der Grundlage einer realistischen Einschätzung der jeweiligen Eingangsbemessungswerte und
- Übergangslösungen in bezug auf die Anlagenteile Vorklärbecken, Belebungsbecken, Filter, Nachfällung und Schlammbehandlung, die rd. 20 bis 70 % der Kosten betragen.

Kostenschwerpunkte stellen dabei die Belebungsbecken und die Schlammbehandlung dar. Bild 3 zeigt das spezifische Belebungsbeckenvolumen i.A. von der organischen Kohlenstoff-, Stickstoff- und Phosphorelimination.

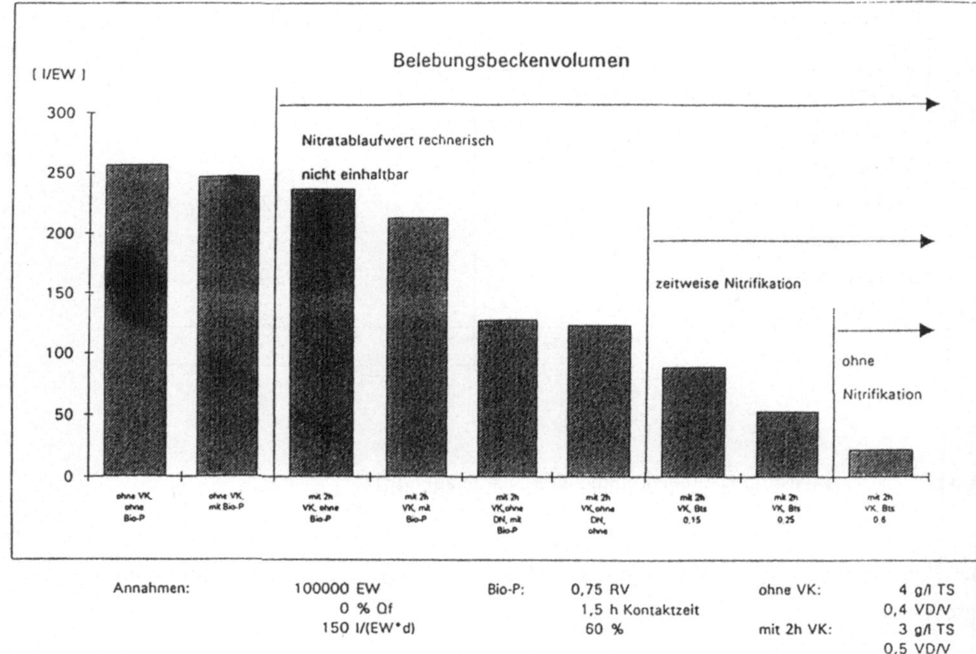

Bild 3 Spezifisches Belebungsbeckenvolumen (überschlägige Werte) i.A. von der Reinigungsleistung

Die Schlammfaulung kann gleichfalls in den Stufenausbau einbezogen werden, indem zunächst eine aerobe Schlammstabilisierung vorgesehen wird und in einer später zu realisierenden Ausbaustufe eine Nachrüstung mit Vorklärbecken und Schlammfaulung erfolgt.

Es gibt eine Vielzahl von Möglichkeiten zur Kosteneinsparung, die jedoch einerseits die Reinigungsleistung reduzieren und andererseits keine "Wunder" erwarten lassen.

Von Einfluß sind offensichtlich neben den Eingangsbemessungswerten, den Reinigungszielen und den allgemeinen Standortbedingungen

- die Planung der Maßnahmen (Variantenuntersuchungen, Ausschreibungen usw.)
- der Komfort der Kläranlage (z.B. Edelstahl, Rohrkanäle, MSR-Technik, Abdeckung von Belebungsbecken)
- die Bauausführung (Fertigteile, runde Becken, Beton, Stahl, Folie)
- die Wasserhaltung und
- die Schlammentsorgung.

Besonders groß sind die negativen Kostenauswirkungen, wenn die ermittelten Abwassergebühren gegenüber der Annahme von wesentlich weniger angeschlossenen Einwohnern getragen werden müssen.

In bezug auf die entstehenden Kosten gibt es zwangsläufig eine Konfliktsituation zwischen

- den Einwohnern (möglichst geringe Gebühren und Anschlußbeiträge) und
- den Betreibern der Kläranlagen (hohe Qualität der Bauwerke und Ausrüstung, hohe Betriebssicherheit, gute Wartungsmöglichkeiten).

Hierbei ist ein Kompromiß einzugehen. Auf jeden Fall ist im Rahmen der Ausschreibung darauf zu achten, daß es zu keiner Qualitätsminderung in Verbindung mit niedrigen Kostenangeboten kommt.

5. Technische Gegebenheiten beim Stufenausbau von Kläranlagen

Der stufenweise Ausbau von Kläranlagen ist aus Kostengründen zwingend notwendig. Allerdings sind dabei einige Voraussetzungen in bezug auf die Havarie- und Betriebssicherheit der Kläranlagen zu erfüllen. So ist für Abwasserbehandlungsanlagen nach Weißdruck DIN 19569 Teil 3 mindestens eine zweistraßige Ausführung zu gewährleisten. Eine zusätzliche Sicherheit ist beispielsweise durch herausklappbare Belüftungsgitter bei Wahl von Druckluftbelüftung oder Vorsehen von Mammutrotoren gegeben. Ein weiteres Problem ergibt sich im Regelfall durch die unterschiedliche hydraulische Belastung.

Nachfolgend einige Bemerkungen zu den einzelnen Bauwerken, die im Rahmen des Stufenausbaues diskussionswürdig sind und in Bezug auf die konkreten Standorte überdacht werden sollten.

Gerinne:

Die Mindestfließgeschwindigkeiten bei Q_T (mittlerer Trockenwetterzufluß zwischen 8.00 und 20.00 Uhr) sollten

bis zum Rechen	=	0,6 m/s,
vom Rechen bis zum Sandfang	=	0,5 m/s und
vom Sandfang bis zur Vorklärung	=	0,4 m/s

nicht unterschreiten (Sitzmann, ATV-Seminar 1991). Dies ist auch bei der 1. Ausbaustufe zu berücksichtigen. Ggf. sind Überlegungen anzustellen, ob tatsächlich offene Gerinne oder Rohrleitungen als Verbindung zwischen den einzelnen Bauwerken sinnvoll sind. Dabei sind u.a. zu beachten: Fließgeschwindigkeit, Geruchsemissionen, Einfluß auf die Kosten, vorhandene geodätische Höhe.

Durchflußmessung:

Die Messung der Zuflüsse erfolgt im Regelfall mit Hilfe einer induktiven Durchflußmessung. Es besteht die Gefahr, daß bei sehr geringen Zuflüssen der Meßbereich unterfahren wird. Wenn es die geodätische Höhe ermöglicht, sollte zusätzlich ein Venturigerinne vorgesehen werden, um Vergleichsmessungen durchführen zu können.

Rechen/Siebe:

Die Havariesicherheit und Erweiterungsmöglichkeit sind zu berücksichtigen (u.a. Umlaufgerinne).

Sandfang:

Auch bei Trennkanalisation sollte ein Sandfang errichtet werden. Kosteneinsparungen ergeben sich, wenn bei kleineren Kläranlagen Rundsandfänge vorgesehen werden. Der belüftete Sandfang ist differenziert einzuschätzen, da

- er teurer ist als z.B. ein klassischer Langsandfang
- ein wesentlich besserer Sandabscheidegrad nicht grundsätzlich gegeben ist
- ein Abbau des leichtabbaubaren CSB teilweise erfolgt und
- durch den Flotationseffekt ein hoher Abscheidegrad von Ölen/Fetten gegeben ist.

Daraus schlußfolgernd kann als Entscheidungshilfe mit herangezogen werden:

Der belüftete Sandfang ist auch im Stufenausbau nicht zu groß zu bemessen (rd. 4 min Aufenthaltszeit bei Q_r),
Vorsehen von grobblasiger Belüftung,
bei großer Vorklärung ist die Sinnfälligkeit eines belüfteten Sandfanges nur begrenzt gegeben (Alternative: Langsandfang, Rundsandfang),
bei simultaner aerober Schlammstabilisierung ist der Abbau von leichtabbaubarem CSB nicht mehr maßgebend,
ggf. sollte eine Wasserumwälzung und die Nutzung zur Hydrolyse in Verbindung mit dem Stufenausbau vorgesehen werden.

Abwasserverteilung:

Grundforderungen sind eine gleichmäßige Abwasserverteilung bei sehr unterschiedlichen Zuflüssen, die Beibehaltung dieser gleichmäßigen Verteilung bei Beckennachrüstung und möglichst eine hydraulische Entkopplung aus Gründen der Havariesicherheit (Z.B. bei Ausfall eines Belebungsbeckens muß das zugehörige Nachklärbecken trotzdem in Betrieb bleiben.).

Diese Forderungen können weitestgehend erreicht werden durch Verteilerbauwerke mit vollkommenem Überfall. Alle anderen Möglichkeiten, z.B. bewegliche Klappen oder Nutzung technologisch erforderlicher Einheiten (Anaerobbecken) stellen zwangsläufig Kompromisse dar.

Vorklärbecken:

Vorklärbecken sind im Zusammenhang mit der nachfolgenden Abwasserbehandlungstechnologie zu betrachten. Bei Festbetten, klassischen Tropfkörpern und Schlammfaulung sind Vorklärbecken notwendig. Ansonsten sind sie besonders in Verbindung mit einer Siebanlage und einem belüfteten Sandfang nicht zwingend erforderlich, sondern ggf. sogar nachteilig. Bei vorhandenen Kläranlagen mit Vorklärbecken ist im Rahmen von Erweiterungskonzeptionen die Vorfällung möglich. Eine Möglichkeit des Stufenausbaues besteht darin, in der 1. Ausbaustufe eine aerobe Schlammstabilisierung vorzusehen und in der 2. Ausbaustufe Vorklärbecken und Schlammfaulung nachzurüsten.

Anaerobbecken:

Der Bau von Anaerobbecken zur biologischen P-Elimination sollte nur vorgesehen werden, wenn die Abwasserbeschaffenheit dazu die Voraussetzungen gewährleistet (P : $BSB_5 \sim 0{,}01$ - 0,03, N : $BSB_{5\ Zul.} \leq 0{,}25$). Werden zu lange Kontaktzeiten erforderlich, ist ein ökonomischer Variantenvergleich durchzuführen. Zusätzlich ist zu bedenken, daß die P-Konzentrationen in den letzten Jahren drastisch zurückgegangen sind, daß bei aerober Schlammstabilisierung infolge des geringen Überschußschlammanfalles und der großen notwendigen Beckenvolumina der Bau von Anaerobbecken nicht sinnvoll erscheint und in der 1. Ausbaustufe grundsätzlich die biologische P-Elimination in die vorhandene Beckenkapazität zur N-Elimination durch variable Fahrweise integriert werden sollte. Damit sind zunächst Möglichkeiten zur Untersuchung der Abwasserbeschaffenheit und damit zur Sinnfälligkeit von Anaerobbecken gegeben.

Belebungsbecken:

Bei der Belebungsbeckengestaltung sollte nach dem Grundsatz vorgegangen werden: Je mehr Unsicherheiten in bezug auf die Eingangsbemessungswerte und zur Entwicklung des Entsorgungsgebietes vorhanden sind, desto variabler sollte die Betriebsweise der Belebungsbecken sein. Vorteilhaft sind infolge der hohen Flexibilität Umlaufbecken, intermittierende und alternierende Nitrifikation/Denitrifikation und die SBR-Technik. Allerdings ist die strikte Trennung von Belüftungssystemen und Umwälzeinrichtungen notwendig (z.B. Mammutrotoren und zusätzlich Umwälzeinrichtungen). Bei Druckluftbelüftung sind die Luftzuführungsleitung so zu dimensionieren, daß die Geschwindigkeiten auch im Endausbau im wirtschaftlichen Bereich sind.

Nachklärbecken:

Nachklärbecken stellen im allgemeinen die Endreinigungsstufe dar. Eine Unterdimensionierung führt in Verbindung mit schlechten Schlammabsetzeigenschaften zwangsläufig zu Schlammabtrieb. Im Rahmen von Ausbaustufen ist im Gegensatz zur Belebungsbeckengröße auf ein genügend großes Nachklärbeckenvolumen zu achten. Bei Kläranlagen der Größenklasse 5 ist in Verbindung mit den strengen Anforderungen an die P-Ablaufkonzentration evtl. zu überlegen, die Nachklärung in der 1. Ausbaustufe bewußt größer zu bauen (Verzicht auf eine Filtration). Die ausreichende und schnelle Schlammräumung ist zu gewährleisten.

Filtration:

Die Filtration ist eine kostenaufwendige Behandlungsstufe mit einem geringen Kosten-Nutzen-Verhältnis. Deshalb sollte diese Behandlungsstufe in den neuen Bundesländern in ein späteres Ausbaukonzept aufgenommen werden, wobei selbstverständlich die örtlichen Gegebenheiten zu berücksichtigen sind. Kompliziert ist die Frage, inwieweit der hydraulische Höhenverlust dieser Stufe bereits von Anfang an mit zu berücksichtigen ist. Auch diese Frage ist am konkreten Standort zu klären.

Schlammeindickung, -entwässerung:

Bei der Auslegung dieser Behandlungsstufe sind u.a. der Einsatz mobiler Entwässerungstechnik, die Sinnfälligkeit des Einsatzes statischer Eindicker für den Überschußschlamm und Schlammstapelkapazitäten i.A. von der Schlammentsorgung zu überdenken.

Schlammfaulung:

Die Schlammfaulung ist sehr kostenintensiv. Da zudem der Energiegehalt des Schlammes aus verschiedenen Gründen abnimmt, hat sich die Einsatzgrenze verschoben. Um die Faulung bei mittleren Kläranlagen weiter konkurrenzfähig zu halten, sind Maßnahmen zur Kostenreduzierung erforderlich. Diese Maßnahmen betreffen den Bau, die Ausrüstung und die Bemessung.

Die Schlammentsorgung kann großen Einfluß auf die Kosten ausüben. Komplexe Lösungen sind erforderlich.

Pumpwerke:

Grundsätzlich ist zu fordern, daß das Abwasser nur einmal auf der Kläranlage gehoben wird. Eine Pumpenstaffelung ist erforderlich, um Abwasserstöße und ungünstige hydraulische Bedingungen im Netz zu minimieren. Beim Stufenausbau ist sehr gründlich zu untersuchen, ob Förderschnekken mit ihren vielen Vorteilen unter diesen Bedingungen tatsächlich die ökonomischste Lösung darstellen.

Zur Havariesicherheit gehört die Notstromversorgung. Bei der Planung ist die Zeitverzögerung zwischen Stromausfall und Beginn der Notstromversorgung zu bedenken.

Diese technischen Hinweise stellen z.T. subjektive Meinungen dar, sind nicht umfassend und insbesondere im konkreten Fall zu überprüfen.

6. Zusammenfassung

Es ist festzustellen, daß die Kosteneinsparungen beim Kläranlagenbau einerseits in bezug auf die Gesamt-Abwasserentsorgungskosten gering sind, andererseits jedoch praktisch enorme Unterschiede in den spezifischen Investitionskosten vorhanden sind. Der stufenweise Ausbau der Abwasserbeseitigung ist zwingend notwendig und betrifft sowohl den Kanalisationsanschluß, als auch den Kläranlagenbau und die erforderlichen Maßnahmen für die Regenwasserbehandlung.

Die Grundverfahrensgestaltung für Kläranlagen der Größenklasse 1 bis 3 und z.T. auch 4 sieht die simultane aerobe Schlammstabilisierung vor. Somit kann die Stickstoffelimination gemäß Mindestanforderungen erfüllt werden, so daß sich der Stufenausbau lediglich auf die konkreten anzuschließenden Einwohnerwerte i.A. von den jeweiligen Zeiträumen bezieht. Kompliziertere Untersuchungen sind bei den größeren Kläranlagen erforderlich.

Die sich ergebenden spezifischen Investitionskosten und Abwassergebühren sind von einer Reihe von Einflußfaktoren abhängig. Besonderen Einfluß haben die Kosten für die Planungsgröße bezogen auf die tatsächlich angeschlossenen Einwohner.

Bei den technischen Gegebenheiten für den Stufenausbau sind insbesondere die hydraulischen Veränderungen zu berücksichtigen. Eine Reihe von Empfehlungen zu den einzelnen Bauwerken werden unterbreitet, die jedoch immer am konkreten Einsatzort zu überprüfen sind.

7. Literatur

[1] Pecher, R. — Kosten der Regenwasserableitung und -behandlung
Vortrag zum 2. Saarländischen Abwassertag 7./8.06.93
Saaarbrücken - Abwasser Verband Saar

[2] Imhoff, K.R. — ATV-Kongreß 93, Kostenorientiertes Planen und Bauen,
21./22.09.93 Gera

[3] Schleypen, P., Wedi, D. — Senkung der Sicherheitsfaktoren in den Bemessungsrichtlinien - Möglichkeiten, Auswirkungen, Grenzen
Berichte aus Wassergüte- und Abfallwirtschaft
Technische Universität München 1994, Heft Nr. 117

[4] - Länderarbeitsgemeinschaft Wasser
Handlungsanleitungen für Maßnahmen zur Reduzierung von Kosten und Gebühren bei der kommunalen Abwasserentsorgung
erstellt im Auftrag der Konferenz der Ministerpräsidenten der Länder, 17.03.94, Bonn

[5] Kaufhold, W. u.a. Leitfaden zur Abwasserbeseitigung
Eine Information des Bundesumweltministers - Referat Öffentlichkeitsarbeit - Bonn, Mai 1991

[6] Dohmann, M. Kostenentwicklung beim Kläranlagenbau in der Bundesrepublik Deutschland
Vortrag zum 2. Saarländischen Abwassertag 7./8.06.93 in Saarbrücken - Abwasser Verband Saar

Relevante Verfahrensführungen der Nitrifikation/Denitrifikation am Beispiel in Betrieb befindlicher Anlagen

Gerrit Ermel

1. Ausgangssituation

In der Vergangenheit wurde von industriellen und kommunalen Abwassereinleitern vorrangig gefordert, daß die sauerstoffzehrenden Kohlenstoffverbindungen (BSB_5, CSB) sowie die Grob- und Schlammstoffe aus dem Abwasser entfernt werden. Trotzdem wurde EU-weit in vielen Flüssen, Seen und Meeren z.B. ein verstärktes Algenwachstum beobachtet. Die in den letzten Jahren erarbeiteten Erkenntnisse und Fortschritte auf dem Gebiet der Gewässerkunde zeigten deutlich, daß der Eintrag der Nährstoffe Stickstoff und Phosphor mit dem Abwasserstrom in die Gewässer eine wesentliche Ursache für die Verschlechterung der Gewässerqualität darstellt.

Diese Erkenntnisse und die Fortschritte auf dem Gebiet der Abwassertechnik führten dazu, daß in vielen Ländern eine Nährstoffentfernung aus dem Abwasser gefordert wird.

Im Jahre 1991 wurde eine EG-Richtlinie verabschiedet, die EG-einheitlich die Anforderungen an den Ablauf von kommunalen Kläranlagen festschreibt.

Parameter	EG-Richtlinie Tagesmittelwerte		BR Deutschland Rahmen AbwVwV
	Konzentration	Abnahme in %	Tagespitzenwerte
CSB	125 mg/l	75 %	75 mg/l
BSB_5	25 mg/l	70 - 90 %	15 mg/l
NH_4-N	--	--	10 mg/l
N_{ges}	10 mg/l *	70 - 80 % *	18 mg/l
P_{ges}	1 mg/l *	80 % *	1 mg/l

* Anforderung gilt für empfindliche Gebiete, Jahresdurchschnittswert

Tab 1: Anforderungen an den Ablauf von Großanlagen (Anschlußwert > 100.000 Einwohnerwerte EW) im Vergleich

Die Anforderungen an die Parameter Stickstoff und Phosphor können sowohl bei den EG-Werten als auch bei den national geltenden Werten der Bundesrepublik Deutschland in der Regel nur durch eine gezielte Nährstoffelimination in der Kläranlage erfüllt werden.

Die Techniken zur Nährstoffelimination stehen zur Verfügung. In der Bundesrepublik Deutschland und vielen anderen Ländern sind in den letzten Jahren eine Reihe von Kläranlagen gebaut worden, mit denen die neuen Anforderungen an die Nährstoffelimination erfüllt werden können. Die folgenden Betrachtungen beschränken sich dabei auf Belebtschlammanlagen, die aufgrund ihrer relativ kostengünstigen Bauweise und der hohen Betriebssicherheit am weitesten verbreitet sind. Es gibt jedoch auch andere Verfahren (Tropfkörper, Tauchkörper, Biofilter etc.), mit denen die gleichen Ziele erreicht werden können.

2. Verfahrenstechnische Grundlagen der biologischen Nährstoffelimination

Eine Stickstoffelimination aus kommunalem Abwasser ist nur mit dem Verfahren der biologischen Nitrifikation und Denitrifikation wirtschaftlich sinnvoll.

Die Phosphorelimination kann zum einen chemisch / physikalisch durch Fällung / Flockung zum anderen biologisch erfolgen. Im folgenden werden die verfahrenstechnischen Voraussetzungen für die biologischen Verfahren der Nährstoffelimination erläutert.

2.1 Stickstoffelimination

Kommunales Abwaser enthält 30 - 80 mg/l Stickstoff in Form von Harnstoff, Eiweißen und Ammonium. Bei der biologischen Stickstoffentfernung wird über die Schritte Nitrifikation und Denitrifikation der Stickstoff zu elementarem Stickstoff N_2 umgewandelt, welcher aus dem Wasser gasförmig entweicht. Desweiteren wird ein kleiner Teil des Stickstoffes in die Biomasse eingebaut.

$$N_{org} \xrightarrow{\text{Hydrolyse}} NH_4 \xrightarrow{\text{Nitrifikation}} NO_3 \xrightarrow{\text{Denitrifikation}} N_2\uparrow$$

Im ersten Schritt, der Nitrifikation, wird im belüfteten Teil des Bioreaktors neben der Entfernung der Kohlenstoffverbindungen gezielt Ammoniumstickstoff zu Nitratstickstoff oxidiert. Diese Nitrifikation erfolgt durch autotrophe Bakterien, sogenannte Nitrifikanten, die eine geringe Wachstumsrate aufweisen. Damit überhaupt eine Nitrifikation stattfinden kann, müssen Nitrifikanten im System angereichert werden. Dies ist z.B. bei Belebungsanlagen nur möglich, wenn das Schlammalter, d.h. die durchschnittliche Aufenthaltszeit der Bakterien im System, deutlich größer als die Generationszeit der Nitrifikanten ist. Diese Grundvoraussetzung für die Nitrifikation führt dazu, daß die Reaktionsvolumina bei nitrifizierenden Anlagen um ein Vielfaches größer sind als bei den konventionellen Anlagen, in denen lediglich Kohlenstoff abgebaut wird.

Die eigentliche Stickstoffentfernung erfolgt durch gezielte Reduktion des vorher gebildeten Nitrates zu gasförmigem Stickstoff. Dieser Verfahrensschritt erfolgt durch heterotrophe Bakterien (Denitrifikanten), die in unbelüfteten Beckenteilen das Nitrat als Sauerstoffquelle zur Atmung nutzen. Im Gegensatz zu den Nitrifikanten benötigen die Denitrifikanten Kohlenstoffverbindungen zum Stoffwechsel.

Die technischen Verfahren zur Stickstoffentfernung sind in Bild 1 (Pöpel, 1993) schematisch dargestellt.

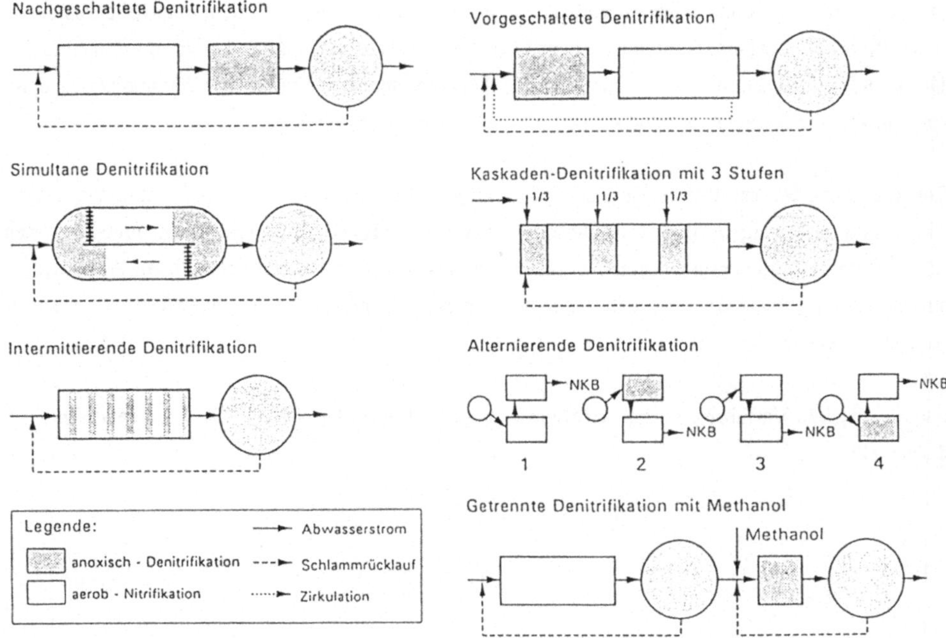

Bild 1: Verfahren zur biologischen Stickstoffelimination mittels Nitrifikation und Denitrifikation (aus Pöpel, 1993)

2.2 Verfahren zur Phosphorreduzierung

Phosphat kann durch chemische Fällung durch Zugabe von Eisen- oder Aluminiumsalzen bzw. Kalk aus dem Abwasser entfernt werden. Die verfahrenstechnischen Varianten sind in Bild 2 oben dargestellt. Dabei wird ein Fällschlamm produziert, der entweder separat oder gemeinsam mit dem biologischen Schlamm entsorgt werden muß.

Um Chemikalienkosten und Schlammanfall zu vermindern, wird seit einigen Jahren die biologische Phosphorentfernung vermehrt eingesetzt.

Durch Inkorporierung von Phosphat in Biomasse wird bei herkömmlichen biologischen Abwasserreinigungsprozessen ca. 15-30% des Phosphorgehaltes im Abwasser (ca. 6 - 10 mg/l) durch den Überschußschlamm abgezogen. Wird bei Belebungsanlagen der Belebtschlamm einem ständigen sequentiellen Wechsel von anaeroben (sauerstofffreien) und aeroben (belüfteten) Milieubedingungen ausgesetzt, so kann eine vermehrte Aufnahme des Phosphates im Belebtschlamm erreicht werden.

Das Ausmaß der biologischen Phosphorreduzierung hängt im wesentlichen vom Anteil an leicht abbaubaren organischen Bestandteilen im Zulauf zum anaeroben Reaktionsraum ab. Für die verstärkte biologische Phosphorreduzierung stehen grundsätzlich zwei Verfahrenstechnologien zur Verfügung und zwar das Haupt- und das Nebenstromverfahren (Bild 2). Am häufigsten wird das Hauptstromverfahren angewandt, bei dem dem Belebungsbecken ein anaerobes Mischbecken für Rohabwasser und Rücklaufschlamm mit einer Kontaktzeit von 1 bis 2 Stunden vorgeschaltet wird. Die Phosphorreduzierung erfolgt im Belebungsbecken durch Bioakkumulation im Schlamm und Abzug mit dem Überschußschlamm.

Da der Prozeß der biologischen Phosphorreduzierung nur in Grenzen kontrollierbar ist, ist zur Einhaltung strenger Grenzwerte (z.B. 2 mg/l) ergänzend auch eine chemische Fällung erforderlich.

Die biologische Phosphorelimination in der Bundesrepublik wird großtechnisch bereits in vielen Belebungsanlagen mit Erfolg durchgeführt. Die Vorteile der biologischen Phosphorelimination gegenüber der klassischen Fällung sind u.a.:

- Geringer Schlammanfall
- Verbesserte Absetzeigenschaften des Belebtschlammes durch die Sektorwirkung des Anaerobbeckens
- Geringerer Fällmittelverbrauch und somit geringere Betriebskosten

Chemisch

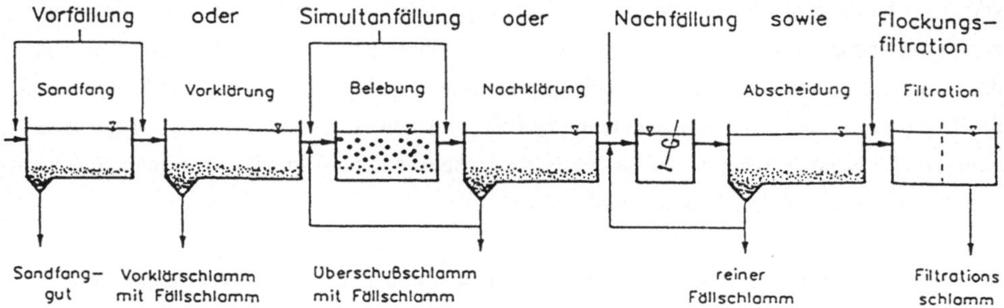

Biologisch

im Hauptstrom

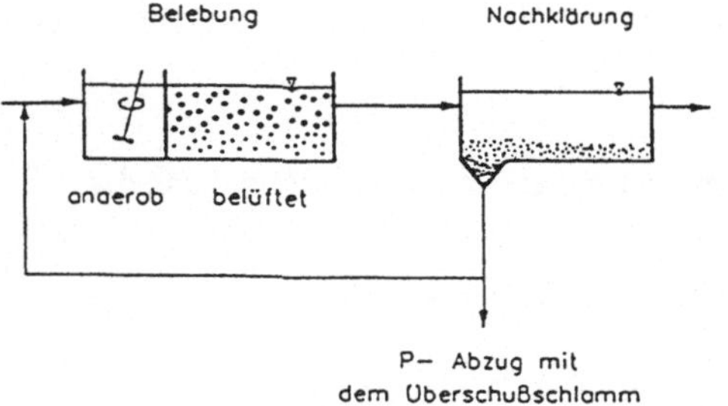

im Nebenstrom

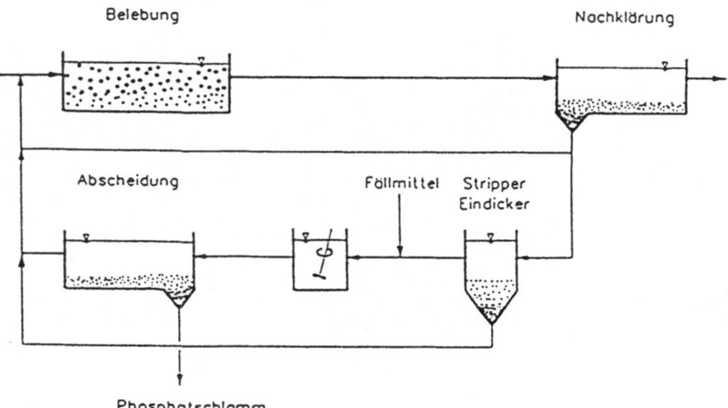

Bild 2: Möglichkeiten der Phosphorelimination in Belebungsanlagen

3. Beispiele von Kläranlagen zur Nährstoffelimination

Anhand verschiedener Anlagen soll verdeutlicht werden, welche Ausbau- und Erweiterungsmöglichkeiten zu einer Nährstoffelimination führen.

3.1 Kläranlage Gnarrenburg

Wie eine große Anzahl ähnlicher Anlagen bestand die Kläranlage Gnarrenburg - 10.000 EW - (Bild 3) aus einem Umlaufgraben mit Walzenbelüftung und Dortmundbrunnen. Sowohl der Umlaufgraben als auch die maschinelle Einrichtung waren in gutem Zustand, so daß eine Weiterverwendung angestrebt werden sollte. Als Lösung bot sich eine Anlage mit getrennter aerober Schlammstabilisierung an. Die Schlammstabilisierung wird nun im Umlaufgraben mit modifiziertem Dortmundbrunnen durchgeführt. Die Abwasserreinigung (Nitrifikation und Denitrifikation) findet simultan in der neuen Belebungsanlage statt (Caroussel-Becken). Problematisch war in der Vergangenheit bei der alten Anlage der schlechte Schlammindex, insbesondere hervorgerufen durch einen großen Teil Molkereiabwasser. Daher wurde in der neuen Anlage vor den Belebungsbecken ein Kontaktbecken - Mischung von Rohabwasser und Rücklaufschlamm - mit einer Aufenthaltszeit von ca. 10 Minuten eingeplant. Im Belebungsbecken ist zusätzlich zu den Kreiselbelüftern ein Rührwerk installiert, so daß neben simultaner Nitrifikation/Denitrifikation auch intermittierend gefahren werden kann.

Die Anlage wurde zunächst per Hand gefahren. Aus dem Bild 4 wird deutlich, daß eine weitgehende Nitrifikation erfolgte. Im April 1989 wurde eine Redox-Regelung installiert, mit dem Erfolg, daß die Stickstoffwerte im Ablauf weit unter den geforderten Werten liegen.

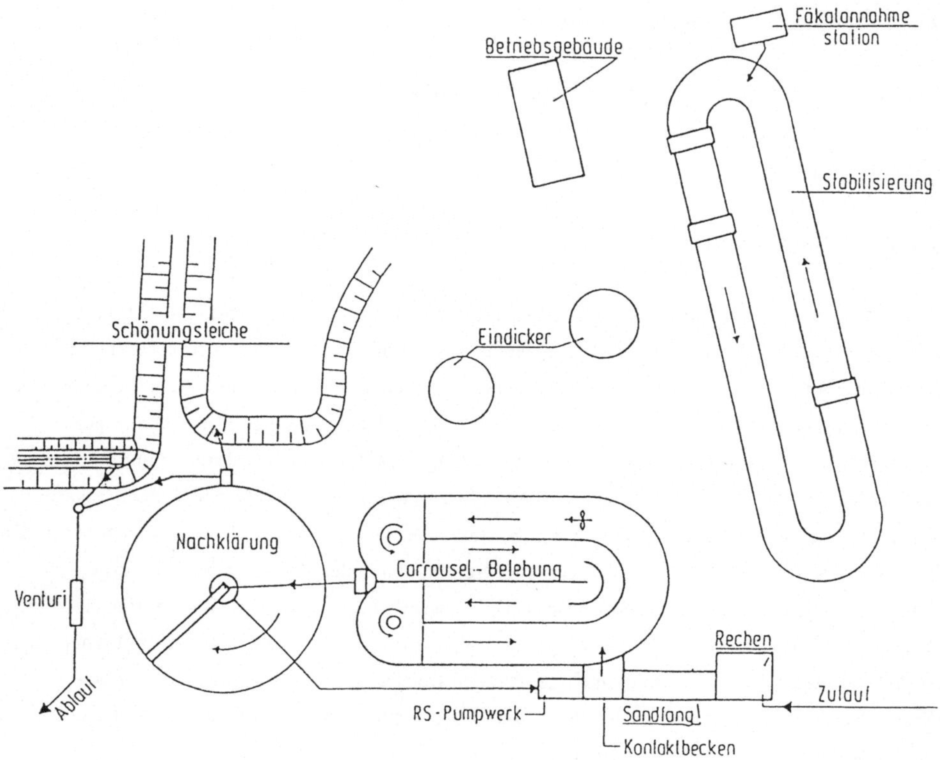

Bild 3: Kläranlage Gnarrenburg, Übersichtsplan

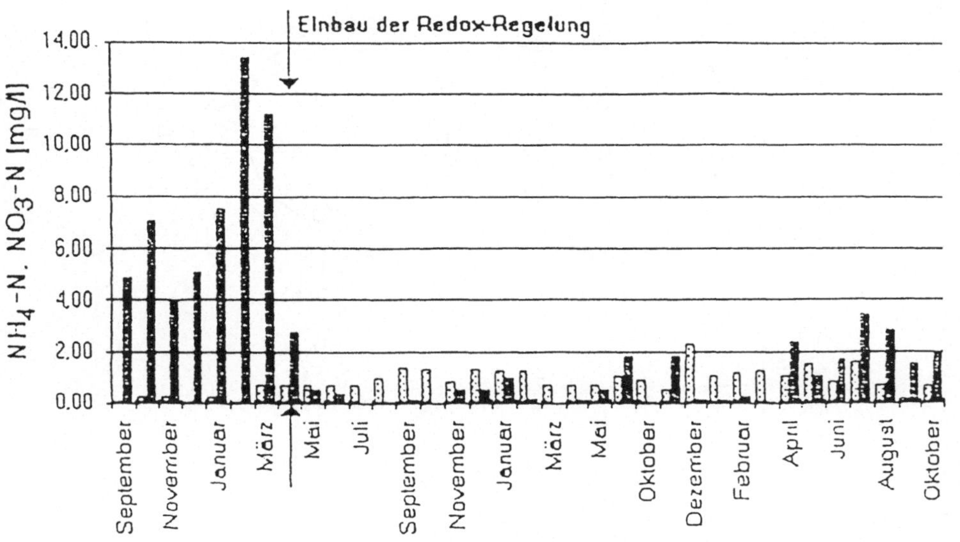

Bild 4: Stickstoffkonzentrationen im Ablauf der Kläranlage Gnarrenburg vor und nach der Redox-Regelung, Meßzeitraum 1988 bis 1991

3.2 Kläranlage Fredenbeck

Die Kläranlage Fredenbeck, ca. 8.000 EW (Bild 5), wurde 1992 so erweitert, daß eine weitgehende Nährstoffelimination erfolgt. Die biologische Phosphorelimination erfolgt im Hauptstromverfahren. Hierfür wurde dem neuen Belebungsbecken ein separates Anaerobbecken vorgeschaltet. Die Stickstoffelimination erfolgt durch intermittierende Denitrifikation.

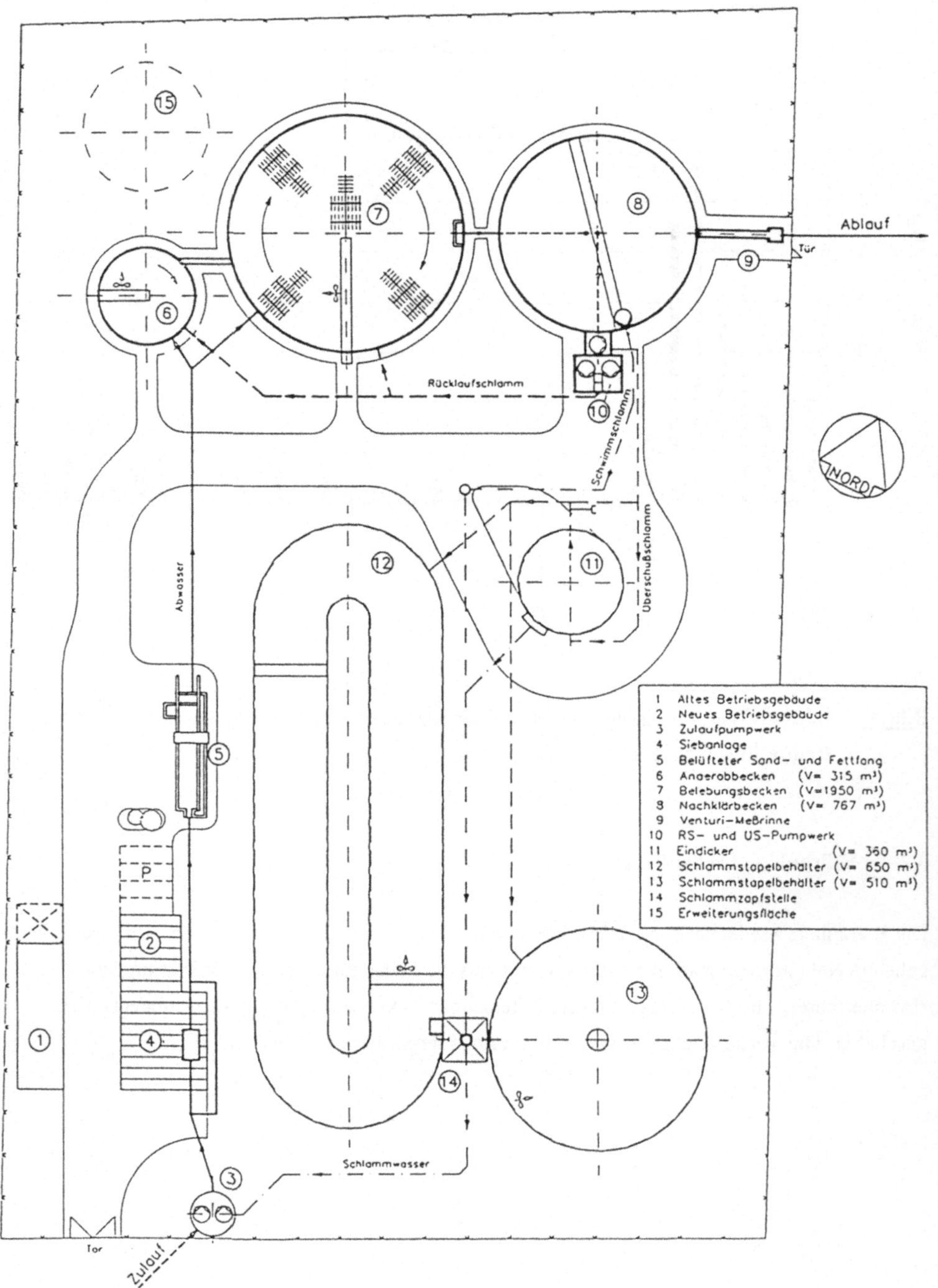

Bild 5: Kläranlage Fredenbeck, Übersichtsplan

Parameter	Vor der Erweiterung	Nach der Erweiterung
N_{ges} P_{ges}	ca. 55 mg/l ca. 10 mg/l	ca. 6 mg/l ca. 1 mg/l

Tab 2: Mittlere Stickstoff- und Phosphorablaufkonzentrationen im Ablauf der Kläranlage Fredenbeck vor und nach der Erweiterung

Aus der Tabelle 2 wird deutlich, daß in Fredenbeck sowohl die biologische Stickstoff- als auch die biologische Phosphorelimination mit Erfolg durchgeführt werden. Es muß allerdings erwähnt werden, daß die biologische Phosphorelimination nicht immer stabil arbeitet. Um den gesetzlichen Grenzwert von $P_{ges} \leq 2$ mg/l sicher einhalten zu können, wird die Nachrüstung einer Simultanfällung vorgesehen, mit der der Restphosphor entfernt wird.

3.3 Abwasserreinigungsanlage Frankfurt am Main - Niederrad

Wie viele Großkläranlagen in der Bundesrepublik Deutschland besteht die Abwasserreinigungsanlage (ARA) Frankfurt am Main - Niederrad (ca. 1,1 Mio EW) aus mechanischer Stufe und einer zweistufigen Belebungsanlage (Bild 6). Diese Anlage eignet sich hervorragend zum 1. Schritt der Stickstoffelimination, der Nitrifikation. Die Tabelle 3 zeigt, daß praktisch der gesamte Stickstoff nitrifiziert wird. Die neuen Forderungen nach Denitrifikation machen jedoch einen kompletten Umbau dieser Anlage erforderlich. So ist geplant, die Anlage zu einer einstufigen Belebungsanlage mit vorgeschalteter Denitrifkation umzubauen.

Parameter	Zulauf-konzentrationen Biologische Stufe	Derzeitige Ablauf-konzentrationen	Geplante Ablauf-konzentrationen
NH_4-N	ca. 30 mg/l	< 1 mg/l	< 1 mg/l
NO_3-N	ca. 0 mg/l	ca. 30 mg/l	< 7 mg/l
N_{ges}	ca. 40 mg/l	ca. 33 mg/l	< 10 mg/l
P_{ges}	ca. 9 mg/l	ca. 1,5 mg/l	< 1 mg/l

Tab 3: Mittlere Zu- und Ablaufkonzentrationen der ARA Frankfurt am Main - Niederrad

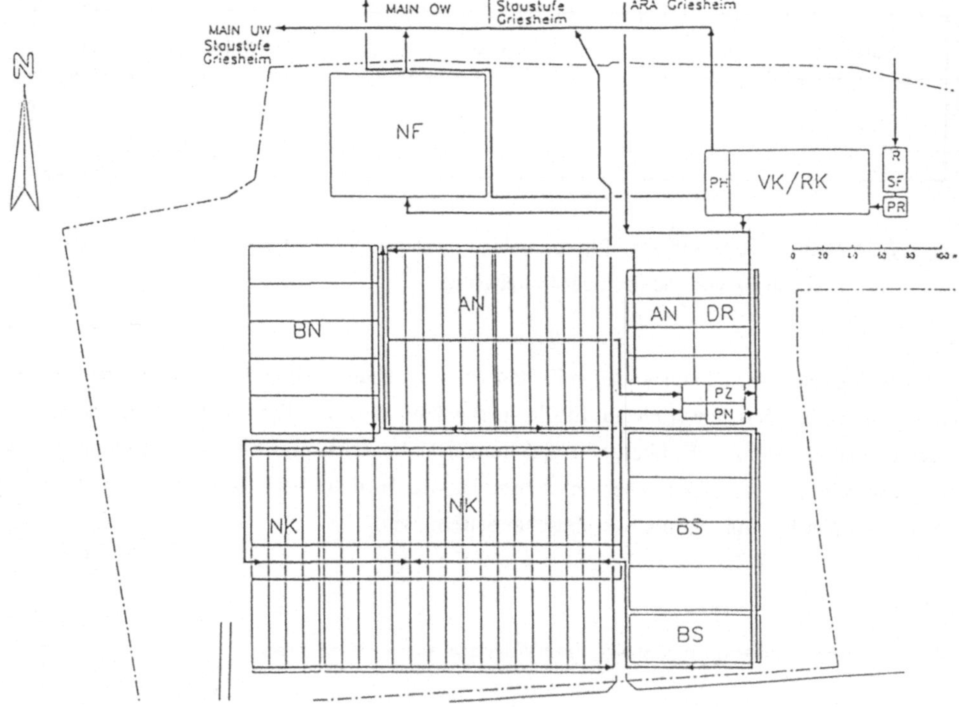

Bild 6: Schematischer Lageplan der ARA Frankfurt am Main - Niederrad (R = Rechen, SF = Sandfang, VK/RK = Vor- und Regenklärung, AN = Anaerobbecken, DR = Denitrifikation Rücklaufschlamm, BS und BN = Belebungsbecken, NF = Nachfällung, P_N = Pumpwerke)

Parallel zu diesen Plänen wird derzeit untersucht, ob eine nachgeschaltete Denitrifikation mit Substratzugabe in einem Fließbettreaktor wirtschaftliche Vorteile gegenüber der o.g. Lösung besitzt.

Die Phosphorentfernung erfolgt derzeit durch Simultanfällung. Durch eine Optimierung der Dosierstellen werden sehr niedrige und stabile Ablaufwerte von unter P_{ges} = 1,5 mg/l erreicht.

Es ist eine biologische Phosphorelimination geplant. Der Restphosphor soll in einer nachgeschalteten Fällungsstufe mit Lamellenabscheidern entfernt werden. Mit diesem Konzept können die neuen Anforderungen an den Ablauf sicher eingehalten werden.

Der Schlamm der ARA Niederrad wird verbrannt. Die Umstellung auf eine biologische Phosphorelimination hat den Vorteil, daß der organische Anteil im Schlamm größer und dadurch der Brennwert des Schlammes verbessert wird.

3.4 Kläranlage Bremen-Seehausen

Das derzeitige Abwasserbehandlungskonzept der Kläranlage Bremen-Seehausen (ca. 0,9 Mio. EW) ähnelt dem der ARA Frankfurt am Main - Niederrad. Die zweistufige Belebungsanlage ist jedoch nicht in der Lage ganzjährig stabil zu nitrifizieren. Die Phosphorelimination erfolgt durch Simultanfällung. Es werden P_{ges}-Ablaufwerte von ca. 2 mg/l erreicht. Das neue Abwasserbehandlungskonzept sieht vor, für ca. 50% des Abwasserstromes eine neue biologische Stufe zu errichten (Bild 7). In dieser Stufe wird der Stickstoff durch vorgeschaltete Denitrifikation entfernt. Die biologische Phosphorelimination erfolgt durch ein optimiertes Hauptstromverfahren und wird durch eine Simultanfällung ergänzt. Die vorhandene zweistufige Anlage wird verfahrenstechnisch so optimiert, daß eine begrenzte Stickstoffelimination möglich ist. Es ist zu erwarten, daß die Stickstoffkonzentrationen im Zusammenfluß der beiden Anlagen in etwa die Werte erreicht, die durch die gesetzlichen Forderungen vorgegeben werden.

Parameter	Zulauf-konzentrationen Biologische Stufe	Derzeitige Ablauf-konzentrationen	Geplante Ablauf-konzentrationen
NH_4-N	ca. 27 mg/l	ca. 30 mg/l	< 1 mg/l
NO_3-N	ca. 0 mg/l	ca. 9 mg/l	< 9 mg/l
N_{ges}	ca. 50 mg/l	ca. 44 mg/l	< 12 mg/l
P_{ges}	ca. 12 mg/l	ca. 2 mg/l	< 1 mg/l

Tab 4: Mittlere Zu- und Ablaufkonzentrationen der Kläranlage Bremen-Seehausen

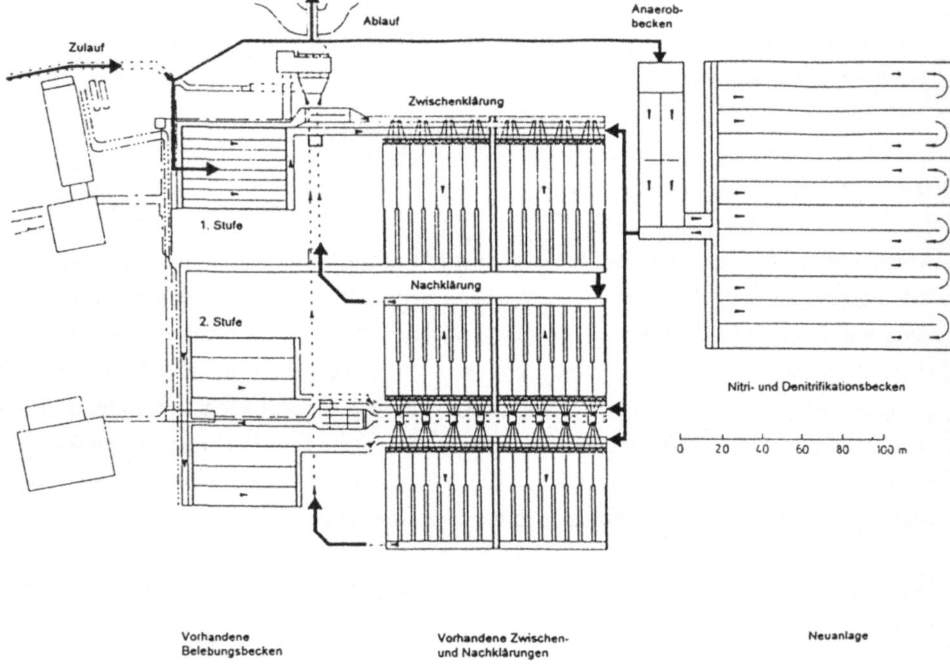

<u>Bild 7:</u> Schematischer Übersichtsplan der Kläranlage Bremen-Seehausen

4. Meß-, Steuer- und Regeltechnik

Ziel der Meß-, Steuer- und Regeltechnik ist es, die Kläranlage so zu betreiben, daß bei minimalem Energie- und Chemikalieneinsatz die geforderten Ablaufwerte unter verschiedenen Zulaufbedingungen sicher eingehalten werden können.

Die wichtigste Aufgabe der Meß- und Regeltechnik im Bereich der biologischen Stufe ist es, sicherzustellen, daß jederzeit eine vollständige Nitrifikation gewährleistet ist und gleichzeitig möglichst weitgehend denitrifiziert wird. Weiterhin ist die Phosphorreduzierung insoweit zu beeinflussen, daß mit einem Minimum an Fällmitteln gearbeitet wird.

Sämtliche Steuer- und Regelkreise müssen so aufgebaut sein, daß jederzeit eine Anpassung an den laufenden Betrieb möglich ist. Es ist anzustreben, daß die zur Regelung erforderlichen Meßgeräte den zu regelnden Parameter direkt ermitteln und nicht etwa Ersatzwerte.

4.1 Konzept zur Steuerung des Schlammalters in der biologischen Stufe

Die Einhaltung des erforderlichen Schlammalters in der biologischen Stufe ist für die sichere Gewährleistung der geforderten Stickstoffablaufkonzentrationen unerläßlich. Zur Steuerung werden im Überschußschlammstrom und im Belebungsbecken (Zehrungsbecken) kontinuierlich Messungen des Trockensubstanzgehaltes durchgeführt. Durch die zusätzliche Messung der Überschußschlammmenge ist hiernach ein konstantes Schlammalter bei variablem Trockensubstanzgehalt oder ein konstanter Trockensubstanzgehalt bei variablem Schlammalter einzustellen. Das mininal erforderliche Schlammalter ist in Abhängigkeit von der Temperatur im Belebungsbecken berechenbar.

Um ein bestimmtes Schlammalter einzuhalten, darf die abgezogene Überschußschlammenge nicht höher sein als:

$$Q_{ÜS} = (TS_{BB} \cdot V_{BB}) / (t_{TS} \cdot TS_{ÜS}) - (Q \cdot TS_e) / TS_{ÜS}$$

Bei Kläranlagen mit gut funktionierender Nachklärung kann dabei das Summenglied $Q \cdot TS_e/TS_{ÜS}$ vernachlässigt oder aber durch den Ansatz eines etwas höheren Schlammalters t_{TS} mit berücksichtigt werden. Es verbleibt somit bei vorgegebenen Belebungsvolumen V_{BB} und Schlammalter t_{TS}, daß $Q_{ÜS}$ eine Funktion von TS_{BB} und $TS_{ÜS}$ ist.

5. Zusammenfassung und Ausblick

Um empfindliche Gewässer dauerhaft vor einer Eutrophierung zu schützen, ist eine Verminderung der Nährstoffeinträge (Stickstoff und Phosphor) erforderlich. Dem tragen die neuen EU-weit gültigen Anforderungen Rechnung.

Hierzu stehen biologische Verfahren zur Verfügung, die in Kläranlagen unterschiedlicher Größe eingesetzt werden können. Die Erfahrung zeigt, daß eine Verminderung der N- und P-Konzentration z.T. schon mit relativ einfachen Maßnahmen möglich ist.

Wenn die Grenzwerte jedoch sehr niedrig sind, sind zumeist erhebliche Investitionen erforderlich. Um die Kosten in einem vertretbaren Rahmen zu halten, ist es notwendig,

- vorhandene Anlagen soweit wie möglich weiterzunutzen;
- Baumaßnahmen entsprechend dem Bedarf zeitlich abgestuft zu realisieren;
- Prioritäten entsprechend der Empfindlichkeit der Gewässer zu setzen;
- Erfahrungen bereits laufender Anlagen bei der Planung zu nutzen.

Literaturverzeichnis

ATV-Arbeitsblatt A131 (1991)
Bemessung von einstufigen Belebungsanlagen ab 5.000 Einwohnerwerten, Ausgabe 1991, Vertrieb: Gesellschaft zur Förderung der Abwassertechnik e.V. (GFA), St. Augustin

ATV-Arbeitsblatt A202 (1992)
Verfahren zur Elimination von Phosphor aus Abwasser, Ausgabe 1992, Vertrieb: Gesellschaft zur Förderung der Abwassertechnik e.V. (GFA), St. Augustin

Ermel, G. (1988)
Ausbau vorhandener einstufiger Belebungs- und Tropfkörperanlagen für weitergehende Reinigungsziele, abwassertechnik awt, Heft 5 / 1998.

Kayser, R. (1989)
Abwasserreinigung mit Stickstoff- und Phosphorelimination, Handbuch Wasserversorgungs- und Abwassertechnik, 3. Ausgabe 1989, Vulkan Verlag Essen.

Pöpel, H.J. (1993)
Grundlagen und Bemessung von Nitri- und Denitrifikation in ein- und zweistufigen Belebungsanlagen, Vortragsmanuskript beim ATV-Seminar "Weitergehende Abwassrreinigung" vom 6./7. Oktober 1993 in Essen.

Nitrifikation/Denitrifikation mit Scheibentauchkörpern

Dipl. Ing. Klaus Waizenegger

1. Einleitung

Mit nunmehr über 30 Jahren Betriebserfahrung kann man das Scheibentauchkörperverfahren mit Fug und Recht als die Mutter aller in Deutschland eingesetzten Tauchtropfkörper bezeichnen.

Bereits 1954 wurde der erste Scheibentauchkörper, damals noch unter Verwendung von Eternitscheiben, mit Durchmesser 2,0 m auf der Kläranlage Heilbronn in Betrieb genommen. Der Durchbruch gelang 1960 mit der Produktion der ersten Scheiben mit Durchmesser 3,0 m aus expandiertem Polystyrol, womit der enorme Nachteil der schwergewichtigen Eternitwalzen vermieden werden konnte.

Laufende Produktverbesserungen an Scheiben- und Walzenkonstruktion ermöglichen heute die Verfügbarkeit eines ausgereiften Bewuchsträgers.

Mittlerweile sind weltweit, auf über 1100 Kläranlagen, etwa 4000 Scheibentauchkörperwalzen im Einsatz. In Deutschland werden etwa 850 Scheibentauchkörperanlagen betrieben, wovon ca. 300 als werkmäßig vorgefertigte Containeranlagen mit Scheibendurchmesser 2,0m und etwa 550 kommunale Kläranlagen mit Scheibendurchmesser 3,0m ausgeführt sind.

Dank einer Vielzahl von langjährigen Betriebsergebnissen sowie zahlreicher Forschungs- und Untersuchungsprojekte haben die Leistungswerte des Scheibentauchkörperverfahrens die Festlegungen der ATV-Richtlinien für das gesamte Tauchtropfkörperverfahren in den Arbeitsblättern A 122, A 135 und A 257 maßgebend beeinflußt.

2. Funktion Scheibentauchkörper im Kommunalabwasser

Im Unterschied zu den anderen Tauchtropfkörpersystemen bestehen die Scheibentauchkörperwalzen aus einzelnen Scheiben, die parallel auf einer Welle aufgezogen sind und damit einen flächenhaften Bewuchsträger für die Mikroorganismen bilden.

Unter Berücksichtigung der unterschiedlichen Anforderungen im Kohlenstoff-/ BSB-Abbau bzw. bei der Nitrifikation/Denitrifikation lassen sich folgende Scheibentauchkörpervarianten aufzeigen:

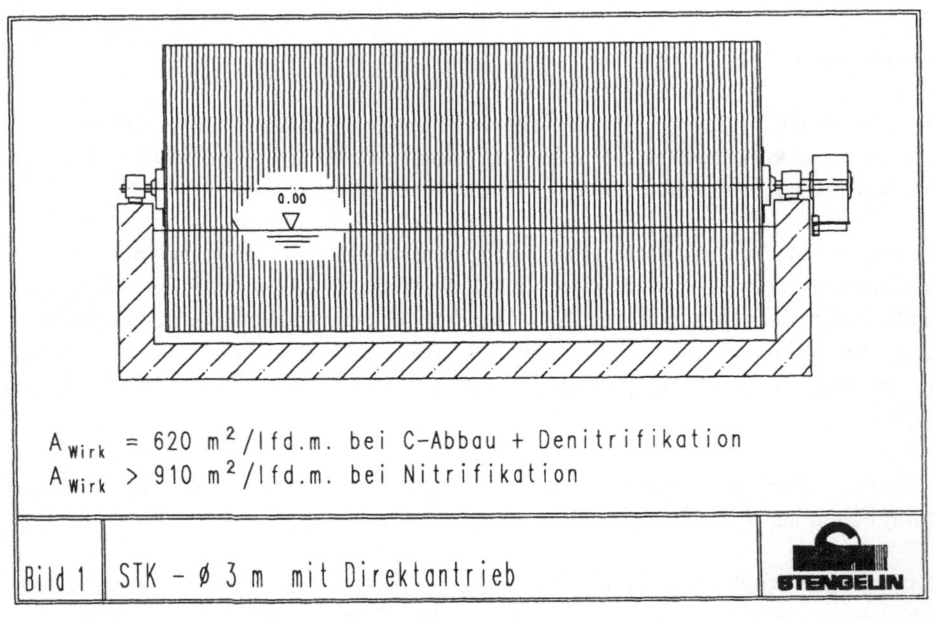

Bild 1 STK - Ø 3 m mit Direktantrieb

2.1. Kohlenstoffabbau/Nitrifikation

Für diese zwei Haupteinsatzbereiche in der kommunalen Abwasserbehandlung stehen STK-Walzen mit Durchmessern von 2,0m bzw. 3,0m zur Verfügung. Auf den Scheiben bilden sich bei Kohlenstoff-/ bzw. BSB-Abbau , Nitrifikation oder Denitrifikation jeweils unterschiedlich starke Mikroorganismenbeläge aus, was durch verschiedene Abstände zwischen den parallelen Scheiben berücksichtigt wird. Besonders beim Kohlenstoffabbau und der Denitrifikation muß durch entsprechende Konstruktion der Bewuchsträger der optimale Austrag von Überschußschlamm ermöglicht werden.
Die spezifische Leistungsfähigkeit der STK für Kohlenstoff-/BSB-Abbau ist im praktischen langjährigen Betrieb vieler Kläranlagen dokumentiert, und hinlänglich Stand der Abwassertechnik.
Hinsichtlich Nitrifikations-/ und Denitrifikationsleistung wurden und werden derzeit vom Institut für Siedlungswasserwirtschaft der Universität Stuttgart teilweise vom BMFT bezuschusste Untersuchungsprojekte durchgeführt. Ziel ist jeweils die Ermittlung bzw. Festlegung definitiver Richtlinien für die einschlägigen ATV-Arbeitsblätter A 112, A135 und A 257.

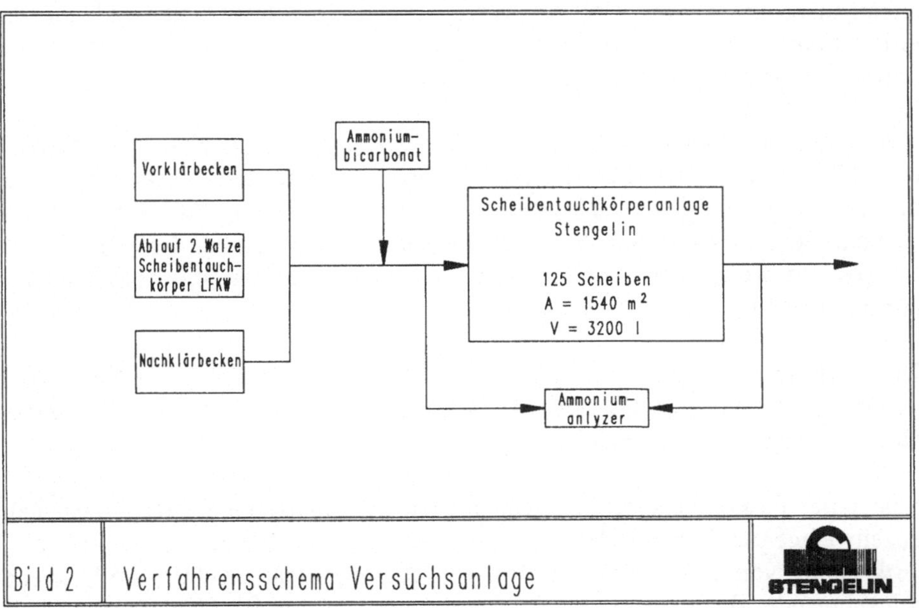

Bild 2 Verfahrensschema Versuchsanlage

Von den Untersuchungen zur Nitrifikationsleistung im kommunalen Abwasser kann über folgende Ergebnisse berichtet werden:

2.1.2. Ergebnisse der Untersuchungen [1]

* Offene, flächige Bewuchsträger bieten optimalen Kontakt (Tab.2) von Biomasse-Abwasser - Luftsauerstoff mit sehr hoher Sauerstoffanreicherung auch in der STK-Wanne. Ein zusätzlicher Sauerstoffeintrag in diesen Bereich mit hohem O_2-Gehalt (Tab. 1) ist Energieverschwendung.

*Die gesamte eingesetzte Scheibenfläche ist wirksame Bewuchsfläche

*Bei der ermittelten Nitrifikationsleistung (Tab. 3) ist eine gleichmäßige, flächige Ausdehnung der Nitrifikanten über die gesamte Scheibentauchkörperoberfläche gegeben.

*Die günstige Hydraulik im Scheibentauchkörper bewirkt eine hohe Reaktionsgeschwindigkeit. Die bisher von der ATV [6] angesetzten Werte von 4 Liter Wannenvolumen je m^2 spezifischer Bewuchsträgerfläche als Maß für die Aufenthaltszeit konnten deutlich bis etwa auf die Hälfte reduziert werden. Die Aufenthaltszeiten werden erst bei Werten kleiner 20 min limitierend für die Nitrifikationsleistung., wobei selbst bei nur 10 min Aufenthaltszeit (Tab. 3) die Nitrifikationsleistung nur auf etwa 80% absinkt.

*Sehr gute Nitrifikationsleistung, optimales Milieu im leicht alkalischen Bereich von pH ca. 8,0. Der Scheibentauchkörper erreichte bei Beschickung mit vollgereinigtem (BSB) und weitgehend suspensafreiem Abwasser, sowie ausreichendem NH_4-N Angebot Abbauleistungen bis 2,5 g NH_4-N/m^2. Die Randgeschwindigkeit der Scheiben betrug dabei ca. 15 m/min, die Aufenthaltszeit lag bei nur 23 Minuten.

*Der Bewuchs mit Nitrifikanten ist sehr stabil. Selbst nach Betriebsunterbrechungen bis etwa 3 Tagen setzte die volle Stickstoffoxidation sofort in vollem Umfang wieder ein.

*Sehr guter Feststoffaustrag aus dem offenen System, keine Verstopfungsgefahr bei zeitweiligen kritischen Belastungszuständen durch Veränderungen im Zulauf. Verwendung von expandiertem Polystyrol (Raumgewicht ca. 80 g/dm^3) erlaubt „schwimmende Bewuchsträger". Nur sehr geringe Lagerkräfte ergeben hohe Lebensdauer der mechanischen Konstruktion.

*Geringste erforderliche Antriebsenergie aller vergleichbaren Tauchtropfkörpersysteme.

Zulaufbeschaffenheit	Umdrehungszahl in U/min	Versuchsabschnitt	O_2-Gehalt in der Wanne in mg/l
Ablauf 2.Walze LFKW	1,0	1,2	1,5 bis 3,5
Ablauf 2.Walze LFKW	1,75	10	2,1 bis 4,5
Ablauf NKB	1,0	4	2,0 bis 4,0
Ablauf NKB	1,75	5,6,7,8,9	2,5 bis 5,0

Tab. 1 O_2-Gehalt in der STK-Wanne

Datum	Probenort	O_2 in Volumen %	N_2 in Volumen %	CH_4 in Volumen %
13.04.92	achsennah	19,7	80,3	nicht nachweisbar
13.04.92	1/2 Radius von Achse entfernt	21	79	n.n.
27.04.92	achsennah	20,5	79,5	n.n.
27.04.92	1/2 Radius von Achse entfernt	21	79	n.n.
Vergleich Luft		20,95	79,0	

Tab. 2 O_2-Verteilung im Inneren der STK-Walze

Versuchsabschnitt	Zulauf in m^3/h	Aufenthaltszeit in Minuten	mittlere Nitrifikationsrate in $g/(m^2 \cdot d)$	mittlere Nitrifikationsrate in % (VA 5 = 100 %)
VA 9	3,2	60,0	2,225	95,1
VA 8	5,5	35,0	2,168	92,7
VA 5	8,4	22,8	2,339	100
VA 6	12,0	16,0	2,063	88,2
VA 7	18,0	10,7	1,896	81,1

Tab. 3 Zusammenhang t_A und Nitrifikationsrate

2.2. Denitrifikation

Im Zuge der verschärften Anforderungen an den Ablauf auch von kleinen Kläranlagen, die in Deutschland in sehr großer Zahl mit Tauchtropfkörpern ausgerüstet sind, wird die Forderung nach weitgehender Stickstoffelimination gestellt. Daß sowohl Tropfkörper als auch Tauchtropfkörper unter Sauerstoffabschluß gute DN - Leistungen erbringen, ist schon in sehr frühen Untersuchungen [7] nachgewiesen worden. Unter Beachtung eines sicheren hydraulischen Stoffaustausches können mit luftdicht gekapselten Scheibentauchkörpern hohe Stickstoffeliminationsraten erzielt werden. Nach dem Verfahrensprinzip der getrennten, vorgeschalteten Denitrifikation wurde von Februar bis Juni 1993 der nitrifizierte Ablauf einer Kläranlage für Produktionsabwässer eines textilverarbeitenden Betriebes behandelt. Das vorliegende Kohlenstoffdefizit wurde durch „Überdosierung“ mit leicht abbaubarer Essigsäure ausgeglichen. Mit der Vorgabe, eine möglichst hohe Stickstoffumsetzung zu erreichen, wurden die nachstehend dargestellten Ergebnisse erzielt:

Datum	12.02	22.02	23.02	24.02	25.02	26.02	01.03	02.03	03.03	04.03
Temperatur Zul.	23	23	23	23	23,7	24,7	23,4	23	23	24
Temperatur Abl.	16,4	12	13	12,5	11,5	18,7	17,9	16,4	15	18
NO3-N Zulauf	169	36,2	50,3	60	60,1	55,7	77,7	91,5	102	104
NO3-N Ablauf	1,03	1	0,57	0,58	0,62	0,48	0,43	0,62	0,69	0,38

Datum	05.03	16.03	17.03	18.03	19.03	22.03	24.03	25.03	26.03
Temperatur Zul.	24	24	23	23	23	23,7	23	22,3	22,2
Temperatur Abl.	17,8	24	21,8	22,1	16,7	22,1	21	19,9	19,3
NO3-N Zulauf	106	167	141	160	129	140	90	96	92
NO3-N Ablauf	0,4	0,54	0,55	1,13	0,018	0,388	2,45	0,534	1,87

Tab. 4 DN-Leistung mit Scheibentauchkörpern

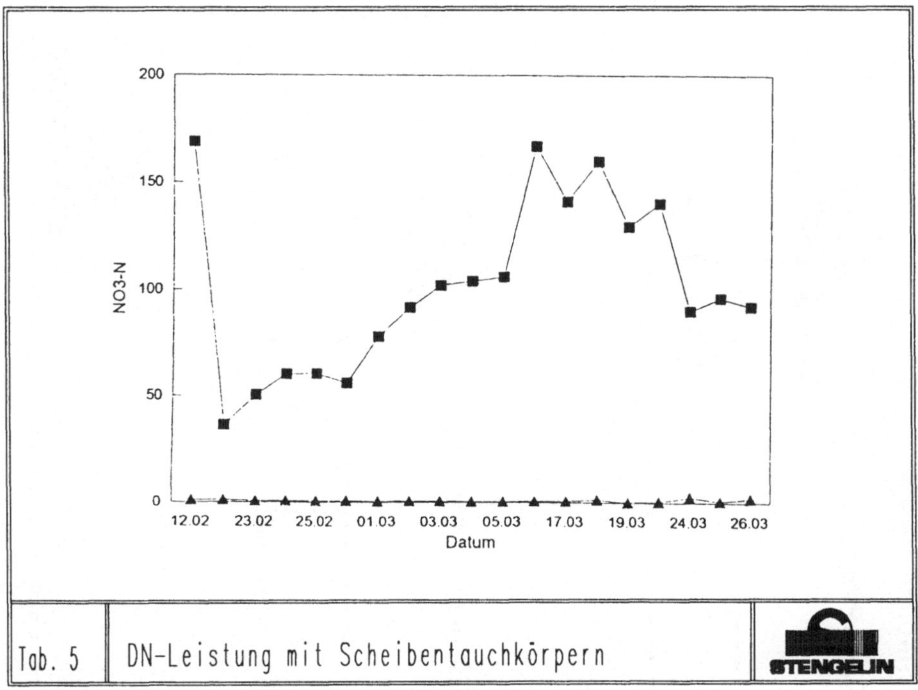

Tab. 5 DN-Leistung mit Scheibentauchkörpern

Zur Erarbeitung von Bemessungsrichtlinien für die Denitrifikation mit Tauchtropfkörpern läuft derzeit unter Bezuschussung des BMFT ein Forschungsprogramm am Institut für Siedlungswasserwirtschaft der Universität Stuttgart. Mit einem luftdicht gekapselten Scheibentauchkörper wurden erste Ergebnisse erzielt., die im folgenden dargestellt sind.

Zur Untersuchung der Leistungsfähigkeit wurde ein herkömmlicher Scheibentauchkörper mit einer Gesamtbewuchsfläche von etwa 1.300 m^2 eingesetzt. Der Scheibendurchmesser betrug 3,0 m, das Nettovolumen der Stahlwanne 4,5 m^3, d.h. es stehen ungefähr 3,5 l Wannenvolumen je m^2 Bewuchsträgerfläche zur Verfügung.

Die Beschickung erfolgte mit vorgeklärtem Abwasser sowie dem nitrathaltigen Ablauf der in 3 Kaskaden betriebenen Scheibentauchkörper des Lehr- und Forschungsklärwerkes Büsnau. Nach ATV-Arbeitsblatt A 135 [6] wird eine vierkaskadige Tauchkörperanlage für die Nitrifikation mit einer BSB_5-Flächenbelastung von 5g/m^2xd bemessen. Wird ergänzend ein Scheibentauchkörper zur Denitrifikation einer aerob betriebenen , vierkaskadigen Anlage vorgeschaltet, so wird diese mit einer Belastung von B_A = 20 g/m^2xd beaufschlagt. Die nachfolgenden Darstellungen zeigen den Versuchsaufbau und einige Untersuchungsergebnisse des DN-Tauchtropfkörpers in diesem Belastungsbereich.

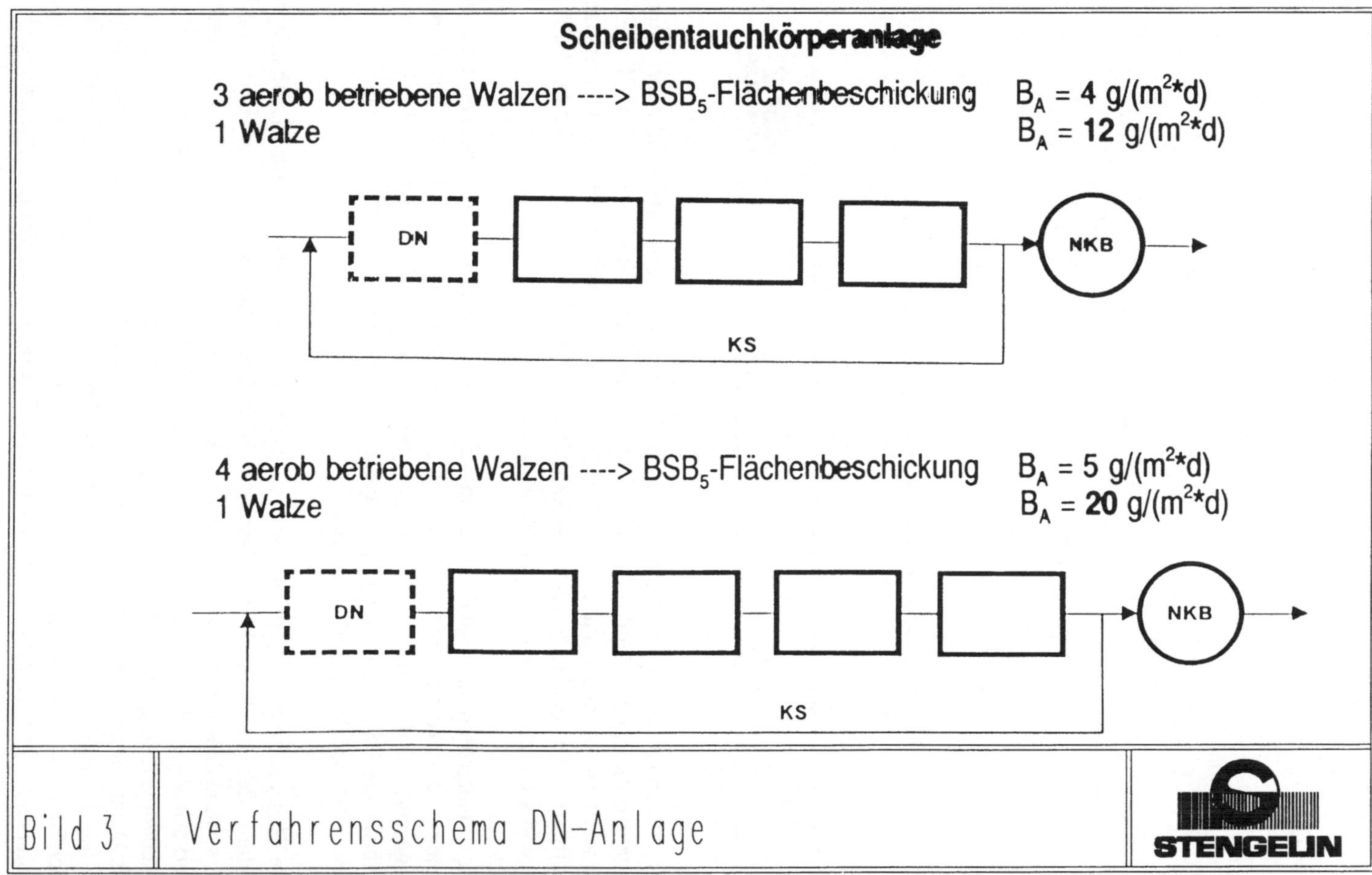

Bild 3 Verfahrensschema DN-Anlage

Abgedeckter Scheibentauchkörper			
Umdrehungszahl 1,2 U/min., Rez. 200 %, Kontaktzeit 26 Minuten im Mittel			
		Schwankungsbereich	**Mittelwert**
BSB_5-Flächenbelastung	[g/(m^2*d)]	11,8 - 21,1	**14,5**
CSB-Flächenbelastung	[g/(m^2*d)]	18,8 - 25,5	**22,1**
Abwassertemperatur	[°C]	12,0 - 14,8	**13,8**
NO_x-N im Ablauf	[mg/l]	3,3 - 12,4	**7,5**
DN-Leistung	[g/(m^2*d)]	0,85 - 2,26	**1,61**
DN-Kapazität, N_{den}/BSB_5	[%]	6,6 - 18,5	**11,2**

Tab. 6 Leistungswerte DN STK

STENGELIN

Die erzielte Denitrifikationskapazität von 11,2% zeigt, daß die Denitrifikation in derselben Größenordnung wie bei einer vorgeschalteten Belebungsanlage oder einem abgedeckten Tropfkörper bei vergleichbarem V_{DN}/V_{ges} erfolgt. Bei einer Aufstockung mit Natriumacetat entsprechend einer CSB-Erhöhung von 2oo auf 700 mg/l wurden DN - Leistungen von rund 10 g/m²xd erreicht. Die Variation der Umdrehungszahl ergab bei einer Verringerung von 1,2 auf 0,6 Umdrehungen/min eine Abnahme der Denitrifikation um ca. 15%. Die Erhöhung der Umdrehungszahl von 1,2 auf 3 U/min verminderte die Denitrifikation um 65%. Die heute allgemein übliche Drehzahl für Scheibentauchkörper ist damit auch zweckmäßig für das Ziel der Denitrifikation.

3. Erweiterte Einsatzbereiche von Scheibentauchkörpern

3.1 N/DN von Deponiesickerwasser

Ein relativ neuer Einsatzbereich für Scheibentauchkörper liegt in der Nitrifikation und Denitrifikation von Deponiesickerwasser, das teilweise enorm hohe Konzentrationen bis 2.000mg/l an Ammoniumstickstoff aufweist.
Bereits im Jahre 1985 wurde in einem ausgedehnten Untersuchungsprogramm auf einer Deponie im Großraum Stuttgart die Eignung des STK-Verfahrens zur energiegünstigen Nitrifikation von Deponiesickerwasser nachgewiesen. Zahlreiche weitere Untersuchungen und etwa 20 Anlagen im Betrieb [4] haben in den Folgejahren die ersten gewonnenen Erkenntnisse bestätigt.
Als erstes Großprojekt wird seit Herbst 1992 die Sickerwasserreinigungsanlage des Landkreises Euskirchen betrieben, wo unter wissenschaftlicher Begleitung durch Herrn Prof. Dr. Ing. Seyfried vom Inst. für Siedlungswasserwirtschaft der Universität Hannover eine sehr weitgehende Aufbereitung des Sickerwassers erfolgt.
Nitrifikationsstufe ist eine Scheibentauchkörperanlage mit 4 parallelen Strassen zu je 3 Kaskaden[3,4,5] . Die gesamt installierte wirksame Bewuchsfläche beträgt 65.000 m², wobei ein Abbau der Zulaufkonzentrationen von etwa 1.800 mg NH_4-N/l auf einen Ablaufwert von kleiner als 50 mg/l Ammoniumstickstoff erfolgt, ewas einer etwa 97%igen Nitrifikation entspricht.
Die insgesamt aufzuwendende Antriebsleistung der Scheibentauchkörperanlage beträgt ca. 220kwh. Bei einer Ammoniumfracht von 120 Kg/d bedeutet dies einen spezifischen Energieeinsatz von 1,9 KW je Kg abgebautem Ammonium (Wirkungsgrad 97% Abbauleistung berücksichtigt). Diese ausgezeichneten Leistungswerte sind mit anderen Verfahrem als dem Scheibentauchkörper kaum zu erreichen.Für andere Verfahrenstechniken, beispielsweise nach dem Belebungsverfahren belegen vergleichende Untersuchungen, daß nahezu der 5-fache Energieeinsatz erforderlich wäre.
Die nachstehende Abbildung zeigt den Aufbau der gesamten N/DN - Anlage der Deponie Mechernich.

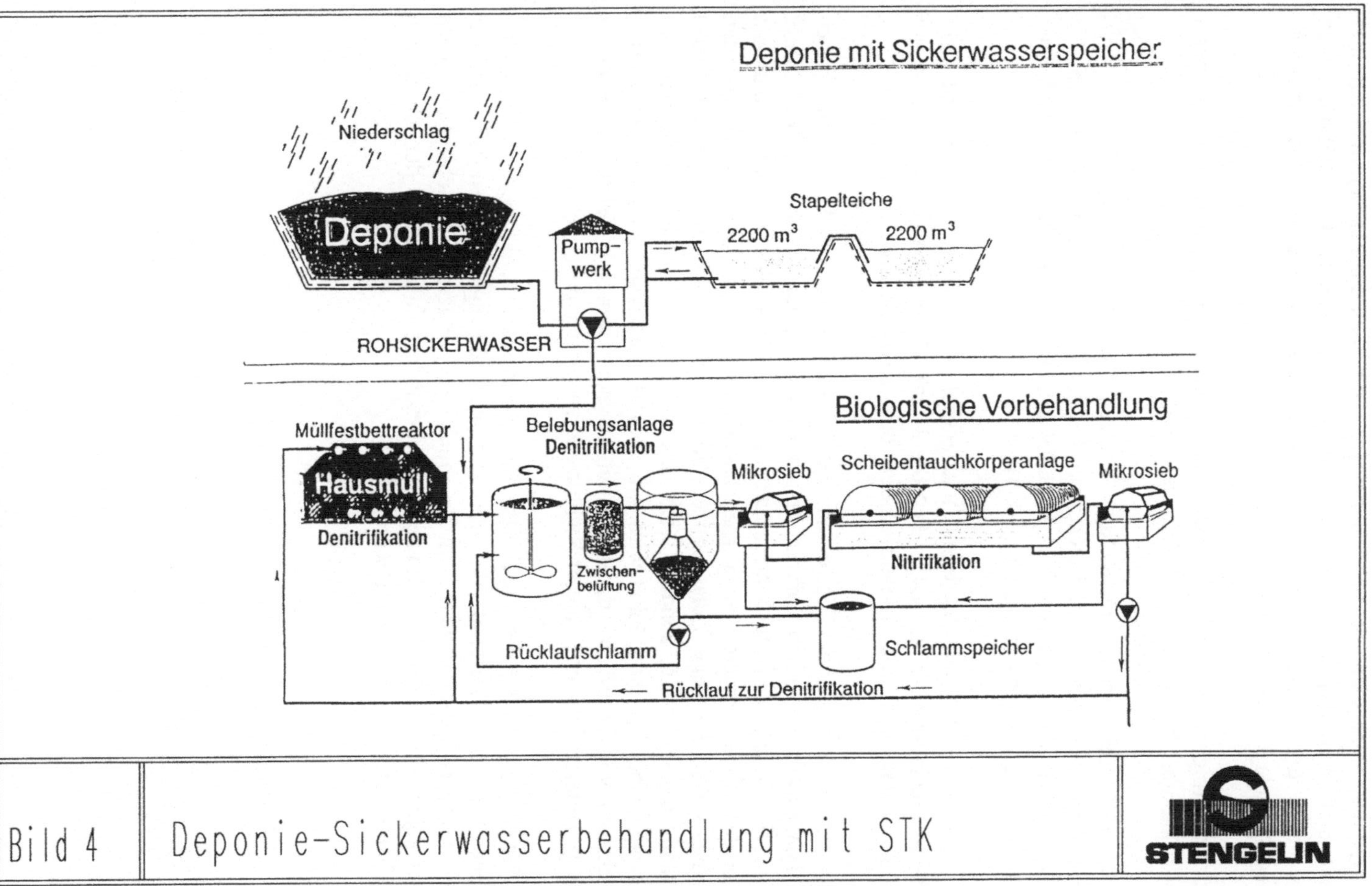

Bild 4 Deponie-Sickerwasserbehandlung mit STK

Im Rahmen einer Diplomarbeit [3] am Inst. für Siedlungswasserwirtschaft der Universität Hannover wurden im Sommer 1994 ausgedehnte Untersuchungen hinsichtlich der Nitrifikations- und Denitrifikationsleistung der Sickerwasserreinigungsanlage Mechernich durchgeführt.

In der nachfolgenden Tabelle [3] sind die erzielten Reinigungsleistungen einer der 4 dreikaskadigen Strassen dieser Anlage dargestellt.

Erklärend muß noch hinzugefügt werden, daß die Auslegungs- bzw. Bemessungswerte der Anlage Mechernich bei einer Flächenbelastung von ca. 1,6 gNH_4-N/m^2xd festgelegt worden sind.Dies entsprach dem Kenntnisstand über Leistungsfähigkeit zur Zeit der Projektierung.

Wie in gut 2 Betriebsjahren nachgewiesen werden konnte, ist der Scheibentauchkörper in der Lage, fast die 3-fache Flächenbelastung bezogen auf Ammoniumstickstoff noch zu deutlich über 80% zu nitrifizieren.

Insbesondere die letzten Werte auf der Tabelle zeigen, daß bei sehr hohen Flächenbelastungen schon auf der ersten Kaskade einer Strasse die zugeführte Ammoniumfracht weitestgehend abgebaut wird. Dies läßt vermuten, daß ein optimales Abbauverhalten einer mehrkaskadigen Strasse dann erreicht werden könnte, wenn die hohe Zulaufkonzentration nicht immer auf eine (die Erste) Kaskade gegeben wird, sondern wenn abwechselnd der Zulauf auf die weiteren Kaskaden einer Strasse geleitet wird. Dies würde dort sicher zu einem vermehrten Wachstum von Nitrifikanten, und damit zu einer weiteren Leistungssteigerung führen. Untersuchungen in dieser Richtung werden noch durchgeführt.

Inwieweit die vorstehenden Ergebnisse, die an Scheibentauchkörpern mit flächigen, offenen Bewuchsträgern mit sehr guten hydraulischen Eigenschaften und optimaler Sauerstoffversorgung erzielt wurden auch auf andere Bewuchsträgersystem übertragbar sind, müßte im Einzelfall insbesondere hinsichtlich der möglichen Flächenbelastung nachgewiesen werden.

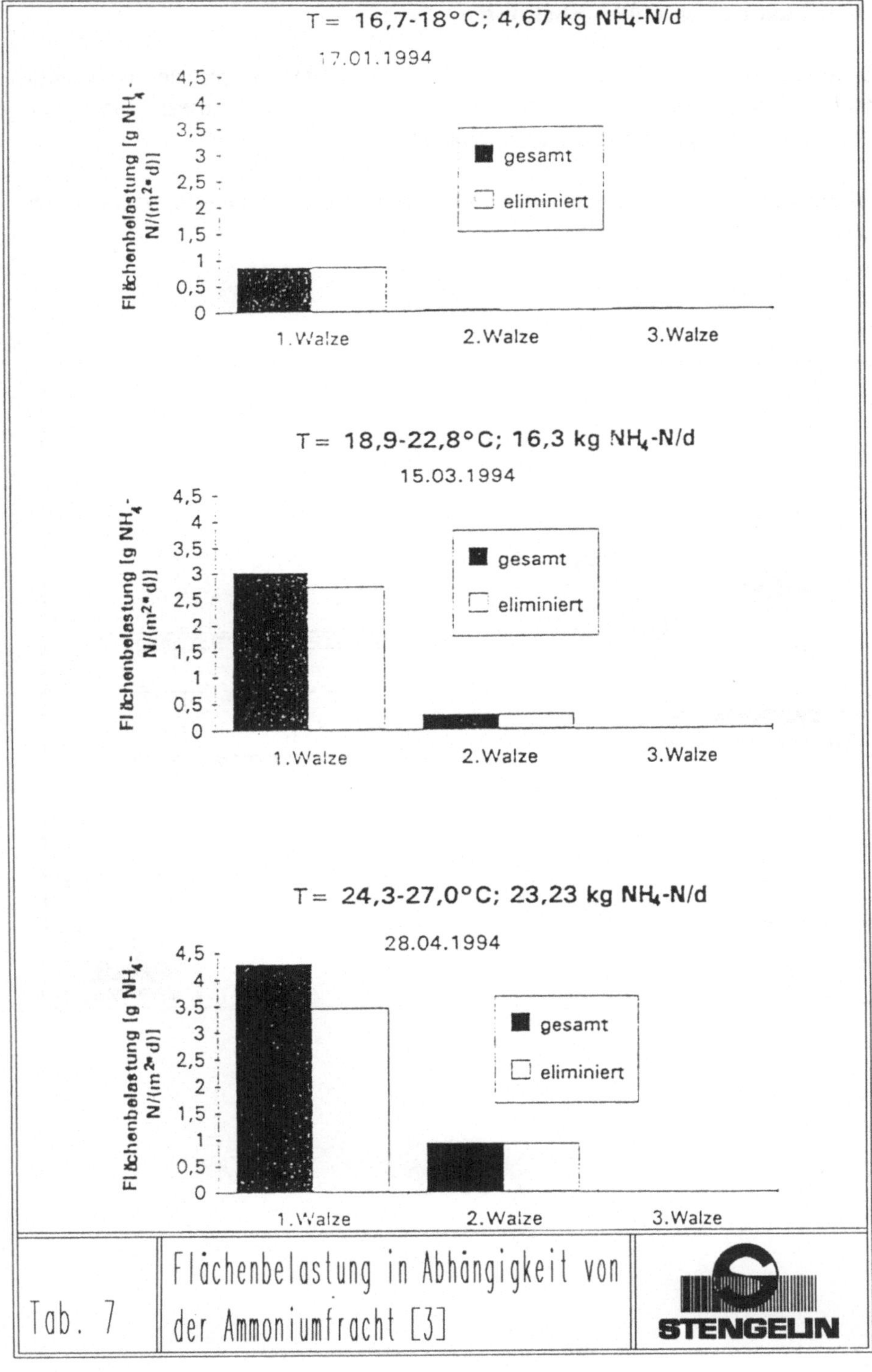

Tab. 7 Flächenbelastung in Abhängigkeit von der Ammoniumfracht [3]

3.2. Nitrifikation von Gülle- Stickstoff

In Zusammenarbeit mit Herrn Prof. Dr. Dr. K. U. Rudolph von der Universität Witten/Herdecke wurde mit Förderung des BMFT ab Herbst 1992 eine Untersuchung zur Gülleaufbereitung durchgeführt.

Nachstehendes Bild zeigt die Verfahrensanordnung der kombinierten mechanisch-biologischen Aufbereitungsanlage:

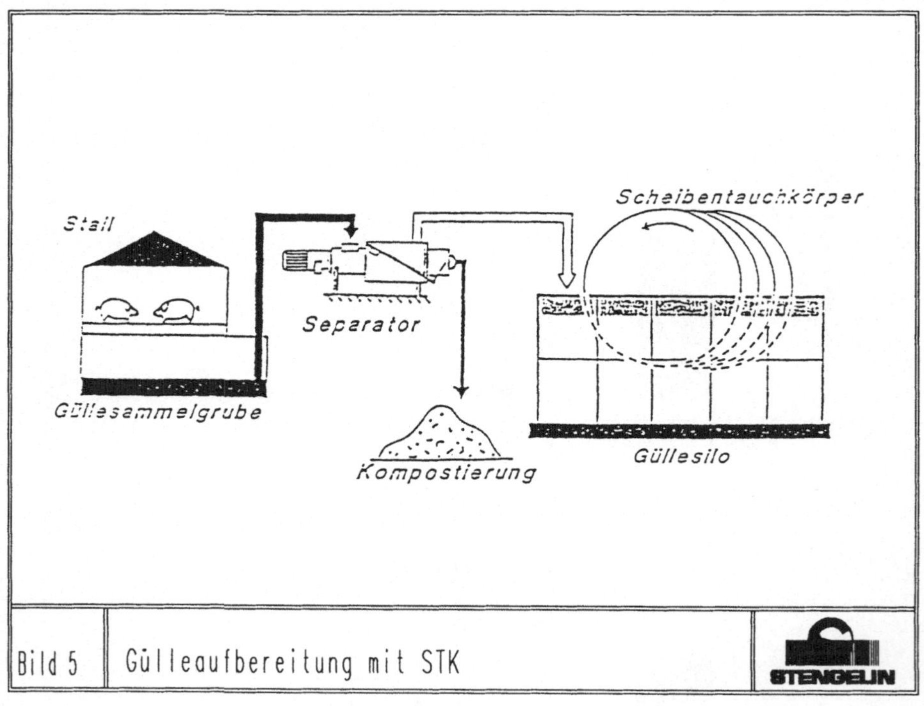

Bild 5 Gülleaufbereitung mit STK

Ein erheblicher Bedarf an Aufbereitungsanlagen dieser Art besteht nicht nur in verschiedenen Bereichen der Massentierhaltung, sondern insbesondere auch in den neuen Bundesländern, wo teilweise in großen Stapelteichen bzw. in Behältern Gülle aufgestaut ist.

Ziel unserer Untersuchung war nicht die „vorfluterreife Reinigung der Gülle“, sondern die optimale Nährstoffentfernung (Ammoniumstickstoff) mit einem möglichst einfachen, wirtschaftlichen Verfahren.

Der Einsatz eines Scheibentauchkörpers hat sich als besonders vorteilhaft erwiesen, da er durch seine einzigartige leichte Bauweise als „schwimmender Bewuchsträger“ in einen bestehenden Güllebehälter eingesetzt werden konnte. Nennenswerte bauliche Vorkehrungen waren hierfür nicht erforderlich. Selbst größeren wechselnden Güllepegeln konnte sich der schwimmende Bewuchsträger konstruktionsbedingt sehr gut anpassen.

In den folgenden Tabellen sind einige Leistungswerte der Verfahrenskombination mechanischer Separator und Scheibentauchkörper dargestellt:

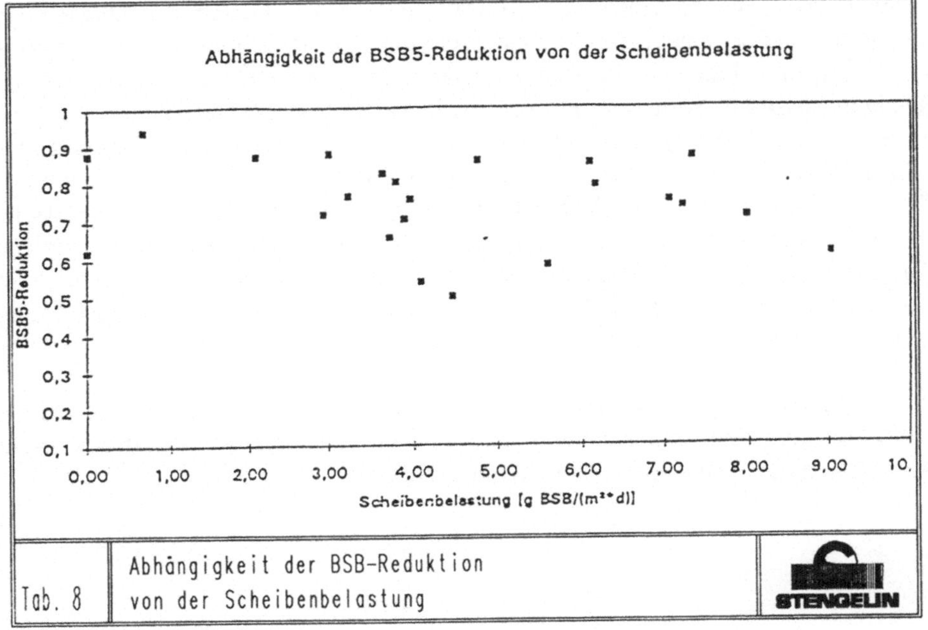

Tab. 8 Abhängigkeit der BSB-Reduktion von der Scheibenbelastung

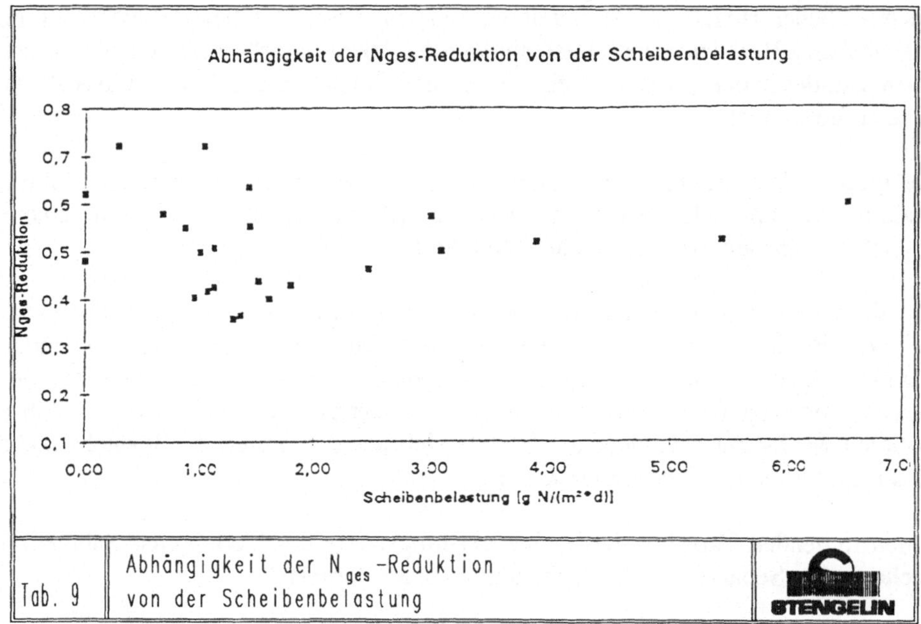

Tab. 9 Abhängigkeit der N_{ges}-Reduktion von der Scheibenbelastung

Unter Zugrundelegung von DM 0,30/KWh und Personalkosten von DM 40.- je Stunde wurden bei einem Abschreibungszeitraum von 10 Jahren Kosten von etwa 10.- DM/m³ Gülleteilreinigung gemäß den vorstehend beschriebenen Reinigungsleistungen ermittelt. Davon entfallen etwa DM 4,50 auf die mechanische Separation und DM 5,50 auf die biologische Teilreinigung mit Scheibentauchkörpern.Diese Kostenangaben gelten für einen Durchsatz von ca. 10 m³ Gülle pro Tag und wurden mit einer Versuchsanlage mit 1.500 m² Bewuchsträgerfläche ermittelt. Bei optimierter Auslastung der Anlage sind sicherlich noch deutliche Kostensenkungen möglich. Insgesamt sehr positiv hat sich im Untersuchungszeitraum die hohe Betriebsstabilität bei einfachster Betriebsführung (kein teures Personal) dargestellt.

Prof. Rudolph faßt zusammen: „Durch die hier vorgestellte dezentrale Einfachlösung wird mittelständischen Betrieben ein preiswerter Ansatz unter Ausnutzung der vorhandenen Einrichtungen geboten!“

4. Schlußbemerkung

Der Scheibentauchkörper als die in Deutschland älteste Variante der Tauchtropfkörpersysteme hat sich in der Vergangenheit sowohl in der kommunalen Abwasserbehandlung als auch bei weiteren"Problemabwässern" vieler Art bewährt.

Auch mit sehr kleinen Einheiten, die als werkmäßig vorgefertigte Containeranlagen zur Verfügung stehen, lassen sich für Anschlußwerte ab etwa 50 EW stabile und sehr weitgehende Reinigungsleistungen erzielen.

Gestützt auf neuere Theorien der Biofilmtechnik [8] werden auch STK-Anlagen zur Reinigung problematischer Industrieabwässer eingesetzt.

Es liegen schon Betriebsergebnisse von Anlagen im Phenolabbau und Formaldehydabbau vor. Die Darstellung dieser Ergebnisse würde allerdings den Rahmen dieser Ausarbeitung sprengen.
Über diese Einsatzfälle in der Industrieabwasserbehandlung hinaus haben sich Verfahrenskombinationen von STK,s mit Bio-Filtern in der Abluftbehandlung bestens bewährt.

Das Tauchtropfkörperverfahren erlebt zu Recht derzeit wieder besondere Wertschätzung in der Abwasserbehandlung und artverwandten Gebieten.

5. Literaturverzeichnis

[1] Prof. Dr. Ing. K. H. Krauth, Dipl. Ing. B. Dorias
Institut für Siedlungswasserbau, Wassergüte und Abfallwirtschaft der Universität Stuttgart
Untersuchungen zur Nitrifikation am modifizierten Scheibentauchkörper mit kleinem
Scheibenabstand.
Untersuchungsbericht für Fa. Stengelin GmbH & Co KG,, Sept.1992

[2] Dipl. Ing. B. Dorias
Denitrifikation mit Festbettreaktoren
Stuttgarter Berichte zur Siedlungswasserwirtschaft, Band 128

[3] Cand.Ing. Theda Hons
Untersuchungen zur Inbetriebnahme einer großtechnischen Anlage zur bioplogischen
Vorbehandlung von Deponiesickerwasser.
Diplomarbeit Universität Hannover, Inst. für Siedlungswasserwirtschaft und Abfalltechnik
Juli 1994

[4] Dipl. Ing. Klaus Waizenegger, Fa. Stengelin GmbH & Co KG
Sickerwasserreinigung mit Scheibentauchkörpern
Manuskript Lehrgang 16720 A/12.151 der Techn. Akademie Esslingen

[5]Dipl. Ing. Klaus Waizenegger, Fa. Stengelin GmbH & Co KG
Erweiterte Einsatzbereiche von Scheibentauchkörpern
ATV-Seminar 21/94 bei der Sächsischen Bildungsgesellschaft für Umweltschutz und
Chemieberufe Dresden mbH. November 1994

[6] ATV - Arbeitsblätter
Abwassertechnische Vereinigung, Arbeitsblätter A 122, A 135, A 257

[7] Cheung, Pak Shin
Stickstoffelimination mit dem Tauchtropfkörper
Wasserwirtschaft 72, Heft 6, 1982

[8] Dr. Flemming, H.-C.
Biofilme und Wassertechnologie
GWF Wasser-Abwasser 132, 1991

Relevante Verfahrensführungen der biologischen P-Elimination am Beispiel in Betrieb befindlicher Anlagen

N. Matsché

1. Einführung

Die heutige Aufgabe eines planenden Ingenieur liegt in der Regel darin, eine bestehende Kläranlage so zu erweitern, daß diese wirtschaftlich und sicher Stickstoff und Phosphor aus dem Abwasser entfernen kann.

Im Gegensatz zur Entfernung von Stickstoffverbindungen, bei denen die Möglichkeit besteht, Stickstoff gasförmig in die Atmosphäre abzugeben, ist eine gleichartige Entfernung für Phosphorverbindungen nicht möglich. Phosphorverbindungen können aus dem Wasser nur entfernt werden, wenn sie auf Grund von chemischen bzw. biochemischen Reaktionen in den festen Aggregatzustand übergeführt und hernach als Feststoffe aus dem Wasser abgeschieden werden können.

Über die Stickstoffentfernung mit biologischen Verfahren sind die theoretischen Zusammenhänge weitgehend geklärt, womit auch die exakte Bemessung von Anlagen zur Stickstoffentfernung heute Stand der Technik ist. Im Gegensatz dazu sind die Kenntnisse über die Grundlagen der vermehrten biologischen Phosphorentfernung noch weitgehend ungewiß. Es ist jedenfalls derzeit nicht möglich, ähnlich gesicherte Aussagen wie bei Nitrifikation/Denitrifikation zu treffen.

Hinsichtlich der Bedeutung der Nährstoffentfernung aus dem Abwasser kann aus der Entwicklung der letzten Jahre abgeleitet werden, daß die spezifische Phosphorfracht durch die weitgehende Ersetzung der Polyphosphate in den Waschmitteln nahezu ausschließlich aus der fäkalen Belastung herrührt, die mit etwa 1,9 g P/EW.d anzusetzen ist. Dies bedeutete eine Halbierung der Phosphorfracht in den letzten zehn Jahren. Beim Stickstoff hingegen ist eine leichte Zunahme der Fracht durch die veränderten Ernährungsgewohnheiten zu beobachten.

Die Überführung von Phosphaten aus dem Wasser in den festen Aggregatzustand kann auf 2 Arten erfolgen:

- Inkorporation des Phosphors
- Chemische Fällung des Phosphors

Neben der für die biologische Reingiung erforderlichen Phosphoraufnahme kommt es unter geeigneten Verfahrensbedingungen zu einer vermehrten Phosphoraufnahme, mit deren Hilfe es möglich ist, den Phosphorgehalt des Schlammes wesentlich zu steigern und damit ohne den Einsatz von Chemikalien die geforderte Phosphorentfernung zu erreichen.

Eine geeignete Kombination von aneroben und aeroben, bei Anlagen mit Stickstoffentfernung auch anoxischen Bedingungen, denen der belebte Schlamm abwechselnd ausgesetzt ist, erlaubt eine Anreicherung von Bakterien, die zur biologischen P-Entfernung befähigt sind.

Die verschiedenen Verfahren unterscheiden sich in Anordnung und Gestaltung der einzelnen Becken sowie in der unterschiedlichen Führung der einzelnen Schlammströme. Einzelne, z.T. patentrechtlich geschützte Verfahren, kommen sich dabei sehr nahe und unterscheiden sich z.B. nur durch Unterteilung der Becken in Form einer Beckenkaskade.

Alle Verfahren zur biologischen Phosphorentfernung sind hinsichtlich der gesicherten Einhaltung von P-Ablaufwerten gewissen Schwankungen unterworfen. Deshalb können niedrige Ablaufwerte nicht garantiert werden. Eine Kombination von biologischer P-Entfernung mit chemischer Fällung sollte vorgesehen werden.

Je nach verfahrenstechnischen Anordnung der Anaerobbecken im Prozeß werden Haupt- und Nebenstromverfahren unterschieden. Eine detaillierte Beschreibung findet sich im Arbeitsbericht der ATV-Arbeitsgruppe 2.6.6 (KA 1989).

Bei den Hauptstromverfahren tritt der Schlamm im anaeroben Becken mit dem gesamten Abwasserstrom in Kontakt. Die Phosphorentfernung findet durch alleinigen Abzug mit dem Überschußschlamm statt. Eine Einteilung der verschiedenen Verfahren kann aufgrund der Art der Stickstoffentfernung (vorgeschaltete, intermittierende und simultane Denitrifikation sowie ohne N-Entfernung) vorgenommen werden, wobei alle Verfahren eine vorgeschaltete, anaerobe Zone haben:

Prinzipiell sind Verfahren ohne Stickstoffentfernung heute nur für die erste Stufe von zweistufigen Anlagen denkbar. Dabei müssen jedoch die anfangs angeführten Grundlagen (Schlammalter > 2d) berücksichtigt werden. Ein Beispiel einer derartigen zweistufigen Verfahrensweise stellt das Hybridverfahren dar, bei dem in der ersten Stufe die vermehrte biologische Phosphoraufnahme neben einer Teil-Nitrifikation/Denitrifikation stattfindet (MATSCHÉ, 1992)

Bei den Nebenstromverfahren ist das anaerobe Becken in den Rücklaufschlammkreislauf integriert, d.h. der belebte Schlamm kommt unter anaeroben Bedingungen nicht mit dem gesamten Abwasserzulauf sondern nur mit einem Teilstrom in Berührung. Dabei wird angestrebt, aus dem Rücklaufschlamm unter anaeroben Bedingungen Phosphat rückzulösen und anschließend mit Kalk zu fällen. Es kommt daher eine Kombination von biologischer Phosphor-Entfernung mit chemischer Fällung zur Anwendung.

2. Bemessung

Eine naturwissenschaftlich abgesicherte Bemessung mit reproduzierbaren Ergebnissen, wie sie für die Stickstoffentfernung besteht, ist auch nach derzeitigen Kenntnissen noch nicht möglich. Die positiven Betriebsergebnissen von zahlreichen Belebungsanlagen mit vermehrter biologischer Phosphorelimination ermöglichen es aber, aus den vorliegenden Daten Schlußfolgerungen abzuleiten, die die vermehrte biologische Phosphorentfernung in die Planung von Abwasserreinigungsanlagen integrierbar machen.

Unter Beachtung der erforderlichen Randbedingungen lassen sich bei technischen Kläranlagen in der Regel je Gramm zugeführtem BSB_5 0,03 bis 0,05 g Phosphor mit dem Überschußschlamm entnehmen. Da Nitrat im Rücklaufschlamm sich grundsätzlich negativ auf die vermerhrte biologische Phoshporentfernung auswirkt, muß bei unzureichendem Kohlenstoffangebot auf eine externe Kohlenstoffquelle zurückgegriffen werden.

Nach dem derzeitigen Vorschlag der ATV-Arbeitsgruppe 2.6.6 - Biologische Phosphorentfernung - soll die Ermittlung des Volumens für die Belebungsanlage unter Anwendung einer Simultanfällung mit sauren Metallsalzen nach dem ATV-Arbeitsblatt A 131 erfolgen. An den Tagen, an denen die Anlage nicht mit der Bemessungsfracht bei der Bemessungstemperatur von 10°C belastet ist (Großteil der Betriebszeit), bestehen beträchtliche Reserven an Beckenvolumen, die unter anderem für die vermehrte biologische Phosphorentfernung genützt werden können. Im Regelfall liegt in diesem Teil der Belebungsanlage das damit zur Verfügung stehende anaerobe Volumen bei über 20% und entspricht damit einer Kontaktzeit von etwa 0,75 bis 1,25 Stunden (bezogen auf Zulauf + Rücklaufschlamm). Kann die Mindestkontaktzeit von 0,75 Stunden nicht eingehalten werden, ist dieses Volumen für die Nitrifikation/Denitrifikation zu nutzen und die Phosphorentfernung mittels Fällung durchzuführen (ATV 1994).

Untersuchungen in Waiblingen haben gezeigt, daß während der Außerbetriebnahme der Anaerobbecken in den Monaten November und Dezember die Fähigkeit der vermehrten biologische Phosphoraufnahme nur langsam verloren ging. Nach Inbetriebnahme der anaeroben Zone hingegen konnte die vermehrte biologische Phoshporaufnahme schon nach 2 bis 3 Wochen wieder beobachtet werden (KRAUTH, 1993). Dies deutet darauf hin, daß die dazu fähigen Bakterien aus dem System nicht ausgewaschen wurden sondern ohne Anaerobbecken nur in ihrer Aktivität eingeschränkt waren.

Damit konnte nachgewiesen werden, daß bei einer kurzfristigen Unterbrechung der vermehrten biologischen Phoshporentfernung während des Winterbetriebes und Fällung kein Verlust der zur biologischen Phosphorentfernung befähigten Biomasse zu erwarten ist.

Daher wird nach den neuesten Überlegungen der Arbeitsgruppe eine Vergrößerung der Belebungsbecken über das nach dem Arbeitsblatt A 131 berechnete Maß hinaus nicht für erforderlich gehalten. Die Anlagen sollen jedoch verfahrensmäßig so ausgerüstet werden, daß sie in der Lage sind, anaerobe Volumenelemente für die biologische Phosphorentfernung vorzusehen. In Abbildung 1 sind die nach A 131 berechneten, erforderlichen Beckenvolumen in Abhängigkeit von der Temperatur und von der molaren Fällungsmitteldosierung aufgetragen. Mit 100% ist dabei das Volumen angegeben, das sich bei 10°C mit Nitrifikation und Denitrifikation mit 70%iger N-Entfernung und einem ß-Wert von 1,5 ergibt. Als Abwasser wurde dabei vom Standardabwasser nach einer Grobvorklärung (0,5-1,0 h) ausgegangen - nur die Phosphorkonzentration wurde auf realistische 9,5 mg/l verringert.

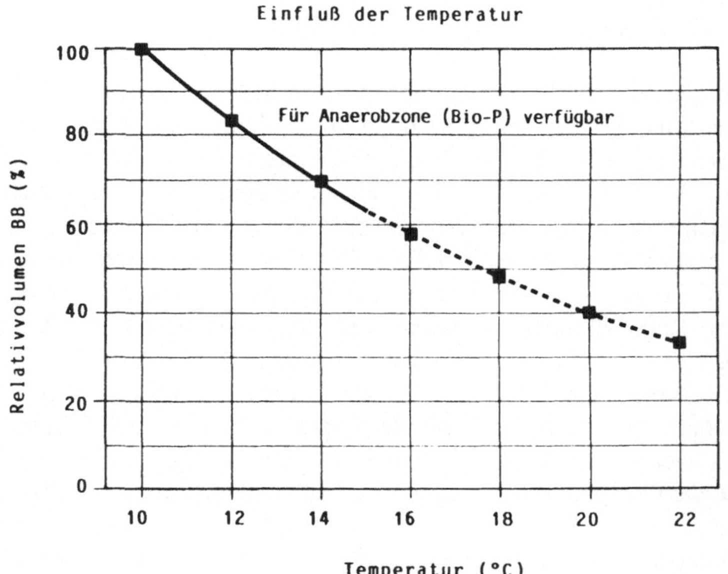

Abbildung 1 : Erforderliches Beckenvolumen nach A 131 in Abhängigkeit von der Temperatur

Die Abbildung zeigt, daß die Temperatur einen wesentlichen Einfluß auf das erforderliche Beckenvolumen ausübt. So sind bei 20 °C nur mehr 40% des bei 10 °C erforderlichen Volumens zur Erzielung des gleichen Ablaufergebnisses erforderlich. Andererseits übt auch die Fällmitteldosierung einen beträchtlichen Einfluß auf die Überschußschlammproduktion und damit auf das erforderliche Beckenvolumen aus. Bei 10° C würde bei ausschließlich biologischer Phosphorentfernung ein Volumen von 75% für die geforderte 70%ige Stickstoffentfernung ausreichen und die restlichen 25% würden demnach für eine Anaerobzone zur Verfügung stehen. Diese Berechnungen zeigen also, daß eine nach A 131 ausgelegte Anlage über die größte Zeit des Jahres auch ohne zusätzliches Beckenvolumen mit biologischer Phorphorentfernung betrieben werden kann. Bei den tiefsten Temperaturen ist sicherlich eine Kombination von biologischer mit chemischer Fällung erforderlich, mit Zunahme der Temperatur sind aber die zusätzlich zur Verfügung stehenden Beckenreserven ausreichend, daß bei geeigneter Verfahrenswahl und günstigen Abwasserverhältnissen die weitgehende biologische Phosphorentfernung betrieben werden kann.

Dieses Konzept ist unabhängig von der Wahl des Verfahrens zur Stickstoffentfernung und ist sowohl für simultane als auch für vorgeschaltete Denitrifikationanlagen einsetzbar. Voraussetzung ist aber, daß die Denitrifikationszonen wahlweise anaerob bzw. anoxisch betrieben werden können und das Belüftungssystem so flexibel ausgebildet ist, daß die erforderlichen Nitrifikationszonen den jeweiligen Verhältnissen angepaßt werden können.

Durch Versäuerung des Abwassers, zusätzliche Dosierung von Fällmittel und Vermeidung von Phosphorrückbelastungen aus der Schlammbehandlung sowie Verminderung des Nitratgehaltes im Rücklaufschlamm kann eine gezielte Verbesserung der Phosphorentfernung erreicht werden (ATV 1994).

3. Betriebsergebnisse von Anlagen mit vermehrter biologischer Phosphorentfernung

3.1. ARA Mödling

Die zentrale Abwasserreinigungsanlage Mödling ging im September 1990 in Betrieb, wobei die Anaerobbecken I+II erst im Juli 1991 in das Fließschema mit eingebunden wurden. Die Anlage wurde laut Planung für 100.000 EGW ausgelegt. Das zu behandelnde Abwasser besteht fast ausschließlich aus häuslichem Abwasser, wobei der Brunner-Hauptsammler als Mischkanalsystem und der Hauptsammler-Mödling als Trennkanalsystem ausgeführt sind. Die gereinigten Abwässer werden in den Krottenbach eingeleitet. Im Einzugsgebiet der Kläranlage Mödling befinden sich im Bereich des Mödlinger Sammlers die Stadtgemeinde Mödling, wesentliche Teile von Wr. Neudorf, Hinterbrühl, Teile von Gießhübl, sowie Gaaden und die Gemeinde Wienerwald. Im Bereich des Brunner Sammlers die Gemeinden Brunn/Gebirge, Maria Enzersdorf, Teile von Wr.Neudorf, Teile von Vösendorf, das Erholungszentrum City-Club und das Einkaufszentrum SCS. Die Kläranlage Mödling arbeitet als Belebungsanlage ohne Vorklärung mit zwei Anaerobstufen und zwei, in Serie geschalteten Belebungsbecken mit Nitrifikation und Denitrifikation, sowie drei Nachklärbecken.

Bei maximaler Trockenwetterzulaufmenge von 40.000 m^3/d ist in den Belebungsbecken eine Mindestaufenthaltszeit von 7,5 h vorgesehen. Die Anlage ist für eine BSB_5-Raumbelastung (BR) von 0,48 $kgBSB_5/m^3.d$ ausgelegt. Die Oberflächenbeschickung der Nachklärbecken beträgt bei QT = 2880 m^3/h 0,6m/h und bei QR max = 3924 m^3/h 0,82 m/h.

Das Abwasser gelangt nach Durchlauf der Grob- und Feinrechen in einen belüfteten Sandfang und anschließend in das erste Anaerobbecken (Kontaktbecken), wo es mit Rücklaufschlamm vermischt wird. Die Umlaufströmung wird durch 2 Propellerrührer erzeugt. Anschließend wird das zweite Anaerobbecken durchflossen. In diesem Anaerobbecken treten auch anoxische Zonen und Denitrifikation auf, wenn aus dem ersten Belebungsbecken Schlamm rückgeführt wird. Auch in diesem Becken wird die Strömung durch Rührwerke erzeugt. Die beiden Anaerobbecken dienen zusammen mit den Belebungsbecken der biologischen Phosphorentfernung. Bei Bedarf kann aber zusätzlich der Phosphor chemisch gefällt werden.

In den beiden in Serie geschalteten Belebungsbecken erfolgt der Abbau des BSB_5 und die simultane Nitrifikation und Denitrifikation. Die Regelung des Sauerstoffeintrages und damit verbunden die Steuerung der Nitrifikation und Denitrifikation erfolgt über Ein- und Ausschalten der insgesamt 12-Stabwalzenbelüfter. Aus den abgedeckten Belebungsbecken gelangt der Belebtschlamm in ein Entgasungsgerinne und über ein Verteilbauwerk in die drei Nachklärbecken. Der Rücklaufschlamm gelangt über eine Schlammheberleitung zu den Rücklaufschlammschnecken und von dort über das Rücklaufschlammgerinne in das Anaerobbecken I und/oder in das Belebungsbecken I. Der Ablauf der Kläranlage gelangt in den Krottenbach. Die Überschußschlammentnahme erfolgt aus dem Rücklaufschlamm.

Der Überschußschlamm wird in Siebtrommeln vorentwässert, zwischengestapelt und in der Kammerfilterpresse nach Zugabe von Konditionierungsmitteln entwässert und auf der Kläranlage zwischengelagert. Die Rückläufe aus der Schlammbehandlung werden in das Anaerobbecken I eingeleitet.

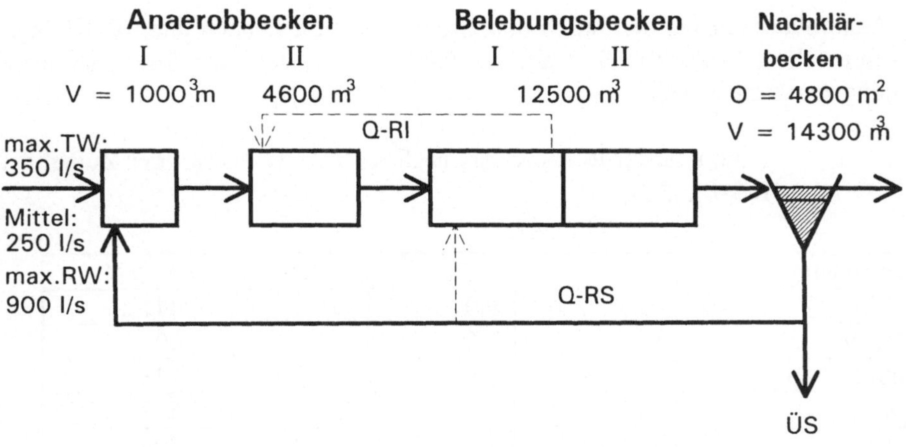

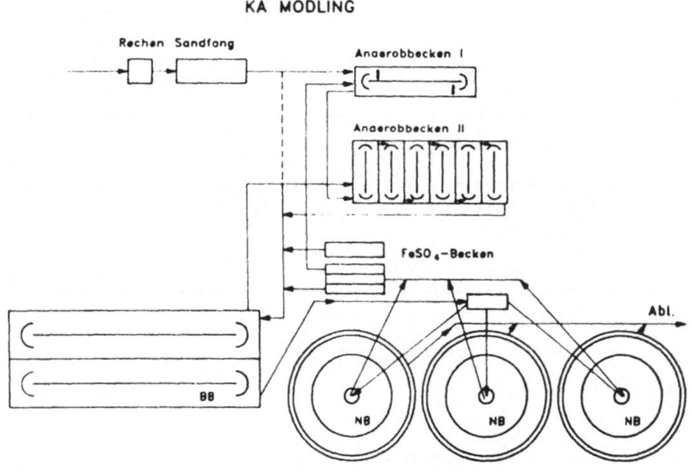

Abbildung 2: Schema und Lageplan der Kläranlage Mödling

Die Kläranlage besteht aus folgenden Anlagenteilen

Anaerobreaktor 1	1000 m^3
Anaerobbecken 2	4600 m^3
2 Nitrifikations/Denitrifikationsbecken	12500 m^3
2 x 6 Mammutrotoren (á 9 m) mit je	75 kW
3 Nachklärbecken Ø á 45 m	4800 m^2
3 Rücklaufschlammpumpen	2 x 800 l/s
	1 x 300 l/s

Maschinelle ÜS-Eindickung
2 Kammerfilterpresse (1,5 x 2 m)

Die Anaerobbecken wurden durch den Umbau der bestehenden alten Belebungsbecken erhalten. In der Tabelle 1 sind die Parameter für den Zulauf der Kläranlage Mödling zusammengestellt:

Tabelle 1: Parameter für Rohabwasser nach ATV A131 und für den Zulauf der KA-Mödling

Parameter		A131	Mittelwert	Anzahl
CSB	mg/l	600	306	441
BSB_5	mg/l	300	121	60
abf.St.(TSo)	mg/l	350	156	448
N	mg/l	55	25	507
P	mg/l	12,5	4,0	509
CSB/BSB_5	-	2,00	2,51	60
TSo/CSB	-	0,58	0,53	329
N/CSB	-	0,09	0,09	370
TKN/NH_4-N	-		1,57	495
org.N/CSB	-		0,03	366
P/CSB	-	0,02	0,02	371
CSB	g/EGW/d	120	120	
N	g/EGW/d	11	9,9	
P	g/EGW/d	2,5	1,55	

Die Ergebnisse von drei Untersuchungen sollen die Funktion der Anlage auszugsweise darstellen:

Tabelle 2: Betriebsergebnisse der Kläranlage Mödling

Parameter	Einheit	August 1991		Jänner 1992		Jänner 1993		Mai 1994	
Zul.-menge	m^3/d	20123		24750		24036		23484	
Temperatur	°C	17-18		11		10		16	
Eisenzugabe	ß (Zulauf)	0		0		1,1		0,32	
ISV	ml/g	73		95		86		91	
B_R	$kg/m^3.d$	0,24		0,15		0,24		0,19	
TSR	g/l	12,6		7,2		6,2		8,0	
		Zulauf	Ablauf	Zulauf	Ablauf	Zulauf	Ablauf	Zulauf	Ablauf
BSB_5	mg/l	215	1,3	111	3,0	180	2,0	142	2
CSB	mg/l	330	19	240	23	486	17	289	19
NH_4-N	mg/l	17	< 0,1	16,5	0,2	21,8	1,9	12,6	0,3
NO_3-N	mg/l	-	1,5	1,7	3,7	1,9	3,0	3,3	2,8
TKN	mg/l	28,4	1,1	24,5	0,8	30,6	2,5	25,6	1,2
PO_4-P	mg/l	2,9	1,1	2,3	2,0	3,4	0,1	2,4	0,8
Ges.-P	mg/l	4,1	1,2	4,0	2,2	5,2	0,2	4,7	0,9

Die unzureichende biologische Phosphatentfernung bei niedrigen Temperaturen macht die zeitweise Zugabe von Fällmitteln erforderlich. Nachteilig wirkt sich der Nitratgehalt des Zulaufes und der belüftete Sandfang sowie der hohe Fremdwasseranteil, der die niedrige Konzentration an leicht abbaubarem CSB im Zulauf verursacht. Darüberhinaus wird mit einem vergleichsweise hohem Rücklaufschlammverhältnis gefahren, was auch bei geringen Nitratgehalten des Ablaufes eine erhebliche Nitratfracht in die Anaerobzone einbringt.

Tabelle 3: Statistische Auswertung der Ablaufparameter im Zeitraum März 1992 bis August 1994 sowie Grenzwerte des Wasserrechts-escheides, der Emissionsverordnung und aus dem Emtwurf zur Immissionsverordnung (Franz 1994)

1992- 1994	CSBe mg/l	TOCe mg/l	NH_4-Ne mg/l	NO_3-Ne mg/l	PO_4-Pe mg/l	Ges-Pe mg/l	SS mg/l
Anzahl	165	289	731	729	732	662	317
Mittelwert	23	6,8	0,3	3,1	1,0	1,1	5
Median	19	6,3	0,1	2,7	0,9	1,0	3
Stdabw.	27	3,0	0,8	1,8	0,5	0,6	22
85%	25	8,0	0,3	4,7	1,5*	1,7*	5
Wasserrechts- bescheid 1987	-	-	Sommer: 3 Winter: 5	8	-	1	-
a)	75	25	5	-	0,8	1,0	-
b)	-	DOC=5,5	0,50	6,0	0,2		-

a) Ablaufkonzentrationen gemäß §1 der Allgemeinen Abwasseremissionsverordnung vom 12.4.1991 für Anlagen >50.000 EGW_{60}.
b) Auszug aus dem Entwurf zur Immissionsverordnung
* bei Fällung kann der Grenzwert von 1 mg/l Gesamtphosphor eingehalten werden

Der Ablauf der Kläranlage Mödling mit ca. 250 - 300 l/s fließt in einen Vorfluter mit einer Wasserführung von nur ca. 10 l/s, sodaß praktisch keine Verdünnung eintritt. Die Auswirkungen eines nach dem Stand der Technik gereinigten Abwassers auf die Wassergüte eines Vorfluters sind derzeit Gegenstand eines Forschungsprojektes.

3.2 ARA Tel Aviv

Die erste Ausbaustufe der Kläranlage wurde ca. 8 km südlich der Stadt Tel Aviv errichtet. Von dem für die Behandlung des Abwassers von 1,3 mio. Einwohner mit den zugehörigen industriellen Abwässern erforderlichen Belebungsbeckenvolumen von 220.000 m^3 wurden in der ersten Bauphase 2 Becken á 55 m^3 und 5 Nachklärbecken mit je 52 m Durchmesser errichtet.

Das Abwasser wird nach Durchfließen einer Rechenanlage (25 mm und 20 mm Stabweite) durch einen Sandfang geleitet in dem die Turbulenz nicht wie bei belüfteten Sandfängen üblich mit Druckluft, sondern durch entsprechende Pumpen erzeugt wird. Dadurch kann das Strippen von Schwefelwasserstoff und anderen Geruchsstoffen, die sich in der langen Transportleitung bei den erhöhten Temperaturen leicht bilden können, vermieden werden. Die biologische Anlage besteht aus 2 Anaerobbecken mit je 6.000 m^3 und einer mittleren Tiefe von 2,35 m. Die erforderliche Umwälzung wird mit Propellerrührern durchgeführt. Die beiden Belebungsbecken haben je ein Volumen von 55.000 m^3 sind 208 m lang, 104 m breit und 2,65 m tief. Der belebte Schlamm fließt durch diese Becken in 17 m breiten und insgesamt 1.200 m langen Schlängelgerinnen. Jedes Becken ist mit 36 Mammutrotoren ausgerüstet, die in einem Abstand von 30 m voneinander in 6 parallelen Kanälen angeordnet sind. Jeder Rotor besteht aus einem 7,5 m Doppelrotor von 1 m Durchmesser mit einem Antrieb von 75 kW.

Die Fließgeschwindigkeit des belebten Schlammes und der Sauerstoffeintrag in die Becken kann durch die Anzahl der in Betrieb befindlichen Rotoren sowie durch deren Eintauchtiefe in weiten Grenzen variiert und gesteuert werden.

Der Ablauf der beiden Belebungsbecken wird gleichmäßig auf die 5 Nachklärbecken mit je 52 m Durchmesser, einer Randwassertiefe von 2,65 m und einer Tiefe von 5,8 m im Zentrum, aufgeteilt. Jedes Nachklärbecken ist mit einer durchgehenden Räumerbrücke ausgerüstet. Diese Räumbrücken haben eine spezielle Einrichtung für den Abzug von Schwimmschlamm, der sich schon seit Jahren auf der Kläranlage Blumental bewährt hat.

Das gereinigte Abwasser wird den Versickerungsflächen für die Wiederverwertung des Wassers zugeführt.

Der Rücklaufschlamm wird mit 2 Schneckenpumpen mit einem Durchmesser von 2,4 m vier Meter gehoben. Abhängig von der Drehzahl der Pumpen können entweder 1,2 oder 1,8 m^3/s an Rücklaufschlamm gefördert werden.

Zur Einhaltung der für die Nitrifikation und Denitrifikation bzw. zur biologischen Phosphor-Entfernung besonders wichtigen Bedingungen hinsichtlich des gelösten Sauerstoffs muß die Sauerstoffzufuhr den jeweiligen Verhältnissen angepaßt werden. Dies wird auf der Anlage mit Hilfe eines Respirometers von 18 m^3 erreicht, in das kontinuierlich ein Zulauf aus beiden Belebungsbecken erfolgt und das konstant belüftet wird. Der in diesem Becken gemessene gelöste Sauerstoff ist umgekehrt proportional dem Sauerstoffverbrauch des belebten Schlammes und dient als Regelsignal für das Zu- bzw. Abschalten von Belüftern im

Belebungsbecken entsprechend dem jeweiligen Bedarf. Auch diese Regeltechnik wurde auf der Kläranlage Blumental entwickelt und hat sich im langjährigen Betrieb äußerst bewährt. Als weitere Kontrollmöglichkeiten stehen kontinuierliche Messungen von Ammonstickstoff und Nitratstickstoff im Ultrafiltrat aus dem Belebungsbecken zur Verfügung.

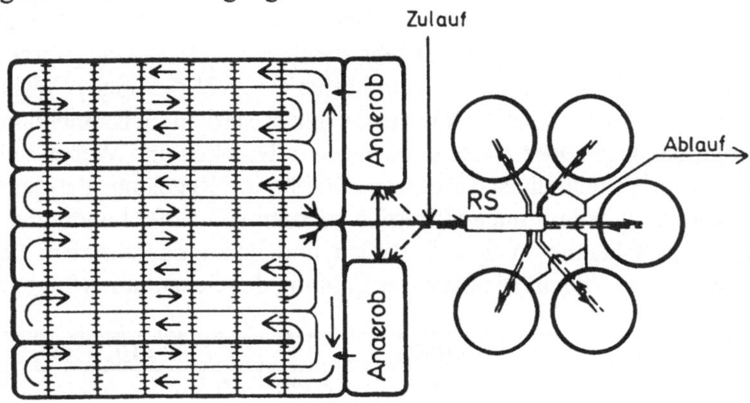

Abbildung 3: Lageplan Kläranlage DAN-Region (Tel Aviv)

Die Anlage wurde zunächst ohne Anaerobbecken in Betrieb genommen, wobei durch geeignete Wahl der in Betrieb befindlichen Stabwalzenbelüfter die anaeroben Bedingungen im Umlaufbecken selbst geschaffen wurden (Periode 1-3). Auch bei dieser Fahrweise konnte eine weitgehende biologische Phosphorentfernung bis zu über 70% bei Ablaufkonzentrationen von ca. 3-4 mg/l PO_4-P/l erzielt werden. Durch Inbetriebnahme des externen Anaerobbeckens (Periode 4) stieg die biologische Phosphorelimination auf über 80% (Ablaufkonzentrationen von 2,5 mg/l.)

Parameter	Einheit	Periode 1 31.05.87 08.08/.87	Periode 2 09.08.87 14.11.87	Periode 3 15.11.87 26.03.88	Periode 4 27.03.88 28.05.88
Zulauf	m^3	94.000	182.600	114.000	178.400
BSB_5-Fracht	t/d	34,5	68,6	44,1	79,4
Rotor/Becken	-	20	29	20	32
TS_R	g/l	3,20	2,56	3,83	2,68
t_S	d	11,1	3,6	8,6	3,3
Bel. Zeit	h	28,1	14,5	23,2	14,8
B_R	$kg/m^3.d$	0,317	0,624	0,401	0,72
B_{TS}	kg/kg.d	0,100	0,244	0,105	0,27
Temperatur	kg/kg.d	27,8	27,2	19,9	23,9
Energie	kWH/kg BSB_5	1,38	0,99	1,14	0,98

Tabelle 4: Versuchsperioden Kläranlage DAN-Region (Tel Aviv)

Die Betriebsparameter und die Betriebsergebnisse der beschriebenen Zeiträume sind in Tabelle 4 und 5 zusammengefaßt (ARUESTE et al., 1989). Während der Perioden 1 und 3 wurde weitgehende Nitrifikation erzielt. In den Perioden 2 und 4 war zur Folge der höheren Belastung die Nitrifikation nicht vollständig, da die spezifische Belüftungsenergie unter 1 kWh/kg BSB_5 betrug und damit nicht für eine volle Nitrifikation ausreichte. Die Denitrifikation war über den gesamten Jahresablauf praktisch vollständig und sehr stabil. Mit 92% Wirkungsgrad war die N-Entfernung während der Periode 3 am besten (Ges.-N < 5 mg/l). Während des Betriebes in den Wintermonaten kam es zu einer starken Schaumbildung durch Nocardia und damit zu einer Verschmutzung von Brücken und Wegen bei längere Zeit nicht in Betrieb befindlichen Rotoren. Durch eine Regelung, daß jeder Rotor zumindest kurzzeitig jede Stunde in Betrieb genommen wurde, konnte der Schaum in den belebten Schlamm integriert werden und damit das Problem beherrscht werden. Zugabe von Chemikalien zur Bekämpfung des Schaumes erfolgte nicht.

Parameter (mg/l)	PERIODE 1			PERIODE 2		
	Zulauf	Ablauf	Abb. %	Zulauf	Ablauf	Abb. %
BSB_5	367	6,9	98,1	378	15,1	96,0
BSB_5-Filtriert	159	2,5	98,4	166	3,6	97,8
CSB	844	34,4	95,9	781	63,7	91,8
CSB-Filtriert	301	22	92,6	283	37,2	86,9
SS-105° C	362	4,5	-	334	15,5	-
Ges.-N	62,5	6,9	89,0	60,1	14,9	75,1
NH_4-N	37,8	1,8	95,2	34,9	8,7	75,1
NO_3-N	-	2,5	-	-	1,1	-
NO_2-N	-	0,2	-	-	1,3	-
Phosphor	13,8	4,9	64,4	12,4	3,3	73,3

Parameter (mg/l)	PERIODE 3			PERIODE 4		
	Zulauf	Ablauf	Abb. %	Zulauf	Ablauf	Abb. %
BSB_5	386	9,2	97,6	445	16,0	96,4
BSB_5-Filtriert	159	2,7	98,3	223	3,3	98,5
CSB	822	63,1	92,3	918	64,4	93,0
CSB-Filtriert	295	34,6	88,3	348	47,5	86,4
SS-105° C	371	21,0	-	391	11,6	-
Ges.-N	59,7	4,8	92,0	64,2	18,2	71,7
NH_4-N	32,9	1,0	97,0	36,5	11,3	69,0
NO_3-N	-	0,8	-	-	1,5	-
NO_2-N	-	0,4	-	-	0,8	-
Phosphor	12,6	3,9	69,0	13,9	2,5	82,0

Tabelle 5: Betriebsergebnisse Kläranlage DAN-Region

3.3. Weitere Anlagen mit vermehrter biologischer Phosphorentfernung

Bereits zu Beginn der 80iger Jahre wurde bei Untersuchungen auf der Kläranlage Eisenstadt die Kombination von biologischer mit chemischer Phosphorentfernung auf einer Anlage mit Nitrifikation/Denitrifikation eingehend untersucht. Zum gleichen Zeitpunkt konnten auch auf der hochbelasteten Wiener Hauptkläranlage mit einem Schlammalter von ca. 2-3 Tagen eine wirksame biologische Phosphorentfernung auf einer Anlage ohne Nitrifikation nachgewiesen werden (LUDWIG 1985).

Einen entscheidenden Einfluß auf die Entwicklung der vermehrten biologischen Phosphorentfernung im deutschen Sprachraum hatten die Untersuchungen auf den Berliner Kläranlagen, von denen nunmehr ein umfangreicher Abschlußbericht vorgelegt wurde (SARFERT 1993). Die Untersuchungen wurden dabei als technischer Großversuch in Versuchsanlagen mit Nitrifikation/Denitrifikation (etwa 80% N-Entfernung) durchgeführt, wobei 3 gleich ausgebildete und beschickte Straßen mit unterschiedlichen Betriebsverhältnissen über einen Zeitraum von mehreren Jahren beobachtet wurden. Zunächst schwankten die Ablaufkonzentrationen stark und lagen im Mittel bei 2 mg P/l. Erst durch eine Erhöhung der Schlammbelastung von 0,1 auf 0,17 kg/kg.d bei zwei Becken bzw. durch intermittierendes Rühren in der anaeroben Zone des dritten Beckens konnte eine stabile und sehr weitgehende biologische P-Entfernung mit Ablaufkonzentrationen von 0,1-0,2 mg/l erreicht werden. Trotz späterer Rücknahme dieser Maßnahmen blieb die biologische Phosphorentfernung stabil. Die Rückbelastung aus der Schlammbehandlung führte zu einer Aufstockung der Zulaufkonzentration um 1,5 mg P/l, blieb jedoch ohne Einfluß auf die Eliminierungsrate.

Gleichzeitig mit diesen großtechnischen Versuchen wurden auch auf der Großanlage des Klärwerks Ruhleben und später auch auf dem Klärwerk Marienfelde nach geringfügigen Umbauten Untersuchungen zur biologischen Phosphorentfernung aufgenommen. Beide Anlagen nitrifizieren nur zeitweise in den Sommermonaten und und erbrachten unerwartet hohe Eliminationsraten ohne Fällmitteleinsatz mit Ablaufwerten unter 0,5 mg P/l. Eine wesentliche Voraussetzung für diese niederen Ablaufkonzentrationen waren sicherlich die günstigen Abwassereigenschaften und die hohen Säuregehalte mit im Mittel 80 mg/l. Diese Ergebnisse wurden mit Kontaktzeiten zwischen 1,1 und 2,3 Stunden in der Anaerobzone erzielt. Kürzere Kontaktzeiten konnten aus betriebstechnischen Gründen nicht untersucht werden. Gewisse Ergebnisse deuten darauf hin, daß unter Berliner Verhältnissen Anaerobzeiten zwischen 0,5 und 1 Stunde ausreichend sein dürften.

Die biologischen P-Entfernungsversuche in Berlin haben einen wesentlichen Beitrag zur Entwicklung der bioloigischen Phosphorentfernung gebracht und wirkten stimulierend auf eine Vielzahl von Kläranlagen im gesamten Bundesgebiet (Hildesheim - Husum SEYFRIED, HARTWIG 1992, Waiblingen KRAUTH 1993) sowie im benachbarten Ausland. Die in Berlin gewonnenen Erfahrungen mit der biologischen Phosphorentfernung wurden durch zahlreiche Publikationen der Fachwelt zur Kenntnis gebracht und sind auch in die ATV Arbeitsgruppe 2.6.6. eingeflossen. Aufgrund des sehr umweltfreundlichen Verfahrens sollte bei allen Klärwerksumbauten, -erweiterungen und - neubauten die vermehrte biologische Phosphorentfernung einbezogen werden.

4. Zusammenfassung und Diskussion

Aus ökologischen Gründen sollte bei der Abwasserreinigung im weitestmöglichen Ausmaß auf biologische Verfahrensweisen zurückgegriffen werden. Dies hat sich sowohl bei der Entfernung der Kohlenstoffverbindungen als auch bei den Stickstoffverbindungen (Nitrifikation/Denitrifikation) bewährt. Die für diese Reinigungsverfahren alternativ eingesetzten physikalisch/chemischen Verfahren (Fällung, Flockung, Strippung,...) sind zwar theoretisch möglich, haben sich jedoch u.a. wegen der großen Schlammmengen in der Praxis der Abwasserreinigung nur in Spezialfällen durchgesetzt.

Für die Phosphorentfernung war es im Gegensatz dazu zunächst praktisch ausschließlich die chemischen Fällungsverfahren, die in unterschiedlichen Verfahrenskombinationen zur Erzielung der gewünschten Reinigungsleistungen eingesetzt wurden. Erst relativ spät kam es zur Entwicklung biologischer Alternativen, für deren theoretisches Verständnis zwar Modelle bestehen, die jedoch nicht für eine gesicherte Dimensionierung des Verfahrens ausreichen. Demzufolge sind auch die erzielten Eliminationsgrade mit den biologischen Verfahren zur Phosphorentfernung allein in der Regel nicht ausreichend, um die Grenzwerte gesichert einhalten zu können.

Durch Kombination dieser biologischen Verfahren mit konventionellen Fällungsverfahren zur Elimination der Restphosphatfracht können die Vorteile beider Verfahren ohne großen Fällmitteleinsatz bei gesicherter Einhaltung von Grenzwerten erreicht werden. Die Regelung des Fällmitteleinsatzes sollte dabei so erfolgen, daß nur die biologisch nicht eliminierbar Phosphatfracht durch Chemikalienzugabe reduziert wird. Vorteilhaft in diesem Zusammenhang ist die bisher beobachtete Eigenschaft der phosphoranreichernden Mikroorganismen, daß sie durch eine gleichzeitig erfolgende Fällmittelzugabe in ihrer Wirkungsweise nicht eingeschränkt werden. Damit können beide Prozesse zur Phosphorentfernung ungestört nebeneinander zum Einsatz kommen.

5. Literatur

ARUESTE G., FARCHILL D., GOLDSTEIN M., GRUBER Y. (1989):
Operation of the Soreq wastewater treatment plant with a single stage nitrification - denitrification activated sludge system, Wat. Sci. Tech. 21, 1359 - 1372.

ATV Arbeitsgruppe 2.6.6 (1989):
Arbeitsbericht Biologische Phosphorentfernung, KA 36, 327 -348.

ATV-Arbeitsgruppe 2.6.6 (1994):
Biologische Phosphorentfernung bei Belebungsanlagen. ATV Merkblatt M 208 Sep.1994

FRANZ, A(1994).:
Untersuchungsberichte der Kläranlage Mödling, 1991-1994 (unveröffentlicht).

KRAUTH, K., BAUMANN, P.(1993):
Untersuchungen zur biologischen Phosphorentfernung auf der Kläranlagen Waiblingen, unveröffentlicht.

LUDWIG CH., SPATZIERER G. u. MATSCHÉ N. (1985):
Praktische Anwendung der biologischen P-Entfernung in Kombination mit der Simultanfällung, GWF 126, 257 - 263.

MATSCHÉ N. (1981):
Phosphorentfernung aus Abwasser durch die vermehrte biologische Phosphoraufnahme des belebten Schlammes, Wasserwirtschaft 71, 170 - 174.

MATSCHÉ, N.; GUAN, L.: Österreichisches Patent Nr. 396684

SARFERT, F. (1993):
Abschlussberichrt zum BMFT-Forschungsvorhaben 02 WA 8549 7 (Biologische Phosphorentfernung im Klärwerk Berlin-Ruhleben) Berlin.

SEYFRIED, C.F., HARTWIG, P. (März 1992):
Verfahrenstechnische Besonderheiten und großtechnische Erfahrungen mit biologischer Phosphorelimination am Beispiel der Kläranlagen Hildesheim und Husum. ATV-Seminar Bemessung von Belebungsanlagen, Dresden.

Aerobe oder anaerobe Stabilisierung bei kleinen und mittleren Anlagen?

Voigtländer, Gottfried

1 Problemstellung

In Fachkreisen wird die Frage nach dem oberen Kapazitätsbereich der aeroben Stabilisierung z. T. kritisch und uneinheitlich diskutiert. Die Aktualität der Problematik ist nicht zuletzt aus der "Korrespondenz Abwasser" vom Mai 1994 erkennbar. Darin wird unter der Überschrift "ATV stellt Weichen für Kosteneinsparungen in der Abwasserentsorgung" empfohlen, man sollte offen sein für Lösungen wie Abwasserteiche, simultane aerobe Schlammstabilisierung bei Anschlußwerten < 30 000 EW. Gegenüber den Aussagen in den Arbeitsblättern der Abwassertechnischen Vereinigung e. V.

- ATV-A 122 "Grundsätze für Bemessung, Bau und Betrieb von kleinen Kläranlagen mit aerober biologischer Reinigungsstufe für Anschlußwerte zwischen 50 ... 500 EW",

- ATV-A 126 "Grundsätze für die Abwasserbehandlung in Kläranlagen nach dem Belebtschlammverfahren mit gemeinsamer Schlammstabilisierung bei Anschlußwerten zwischen 500 und 5 000 EW",

- ATV-A 131 "Bemessung von einstufigen Belebungsanlagen ab 5 000 EW",

stellen Anschlußwerte < 30 000 EW eine Öffnung nach oben dar. Diese Aussage gilt auch, wenn berücksichtigt wird, daß im ATV-A 131 bis 20 000 EW die aerobe Schlammstabilisierung zugelassen und erst ab 100 000 EW nicht empfohlen wird.

Insbesondere in den neuen Bundesländern gewinnt die aerobe Schlammstabilisierung an Bedeutung. Ursachen dafür sind:

- der größtenteils erforderlich werdende stufenweise Ausbau der Kläranlagen infolge nicht verfügbarer kompletter Entwässerungssysteme sowie unklarer Entwicklungskonzepte von Kommunen, Gewerbe und Industrie;

- die vergleichsweise noch niedrigen Entsorgungskosten der Klärschlämme auf Deponien;

- das nicht überall bekannte Know how kleinerer Planungsbüros für die Entwicklung von geschlossenen Faulbehältern einschließlich Blockheizkraftwerk (BHKW) u. a.

Als relevant erweist sich deshalb die Fragestellung, ob in solchen Fällen zunächst mit aeroben Stabilisierungsanlagen begonnen wird und später deren Komplettierung im Sinne von anaeroben Anlagen erfolgt. Für diese unkonventionelle Lösung spricht auch die Tatsache, daß die Bemessungsansätze für Schlammbelastung bzw. Schlammalter bei biologisch arbeitenden Kläranlagen mit Nitrifikation und Denitrifikation eine starke Verschiebung in Richtung aerobe Stabilisierung erfahren haben.

2 Zielstellung

Mit den folgenden Ausführungen werden die Ziele verfolgt,

- anhand selbstgewählter Bewertungsparameter die Vor- und Nachteile der aeroben und anaeroben Stabilisierung darzustellen.

- den Einfluß wirtschaftlicher Parameter auf die unterschiedlichen Stabilisierungsverfahren zu beschreiben.

- Vorschläge für die Festlegung von möglichen Einsatzgrenzen zu unterbreiten.

- kompromißorientierte Alternativvorschläge anzubieten.

3 Verfahrensbewertung nach technischen Parametern

Die Bewertung stabilisierter Klärschlämme ist nicht so einfach wie die von vorflutgerecht aufbereiteten Abwässern. Aushilfsweise werden

- für die **aerobe Stabilisierung** die Parameter

$OV \leq 0{,}1$ kg O_2/(kg oTR * d)
$BSB_5 : CSB = 0{,}15$
30 %ige oTR-Reduzierung
$B_{TS} \leq 0{,}05$ kg BSB_5/(kg TS * d)

- für die **anaerobe Stabilisierung** die Parameter

$$\frac{GV}{TR} \leq 0{,}45 \ldots 0{,}55$$

Methangasanfall: $\geq$ 400 l/kg oTR

verwendet.

Im folgenden werden die Vor- und Nachteile der anaeroben und aerob-simultanen Stabilisierung von vorwiegend aus häuslichen Abwässern resultierenden Klärschlämmen gegenübergestellt.

Wirksamkeit und Zuverlässigkeit des Verfahrens

aerobe Stabilisierung: Starke Abhängigkeit von den klimatisch bedingten Prozeßtemperaturen. Bei niedrigen Außentemperaturen muß das Schlammalter erhöht werden. Infolge der großen Reaktorvolumina ist die frachtbezogene Pufferkapazität besonders hoch. Durch den Wegfall der Vorklärbecken wird jedoch die Zuverlässigkeit hinsichtlich Rückhalt von Grobstoffen und Schwimmstoffen reduziert. Die Entsorgung auftretender Schwimmstoffe ist nicht eindeutig gelöst.
anaerobe Stabilisierung: Die mesophile Faulung ist das älteste und am weitesten erprobte Verfahren. Außentemperaturen sind nahezu ohne Einfluß auf den Prozeß.

Qualität des stabilisierten Schlammes

aerobe Stabilisierung: Eindick- und Entwässerungseigenschaften, einschließlich Hygienisierungsgrad erreichen nur z. T. den angestrebten Zustand. Die Gleichmäßigkeit der Schlammqualität ist nicht immer gewährleistet. Bei längeren Liegezeiten kommt es zu anaeroben Nachfaulungen und Geruchsproblemen. Unklar ist noch das Entwässerungsverhalten von aerob stabilisiertem Schlamm, der im Rahmen der biologischen P-Elimination anaeroben Verhältnissen ausgesetzt wurde.
anaerobe Stabilisierung: Es werden die vorgenannten Ziele der Stabilisierung weitestgehend erreicht.

Qualität des stabilisierten Schlammes

aerobe Stabilisierung: Der anfallende Schlamm ist relativ voluminös. Nach Literaturangaben schwankt der TS-Gehalt zwischen 0,5 ... 3,0 i. M. 2 %. Bei mehrfachen Aufkonzentrieren, z. B. mit Kalk als Konditionierungsmittel, sinkt der Wirkungsgrad der zuletzt zum Einsatz kommenden Maschinen. Kalkhaltige Schlämme werden bei kalkhaltigen Böden in vielen Regionen nicht sehr geschätzt.

anaerobe Stabilisierung: Der TS-Gehalt schwankt zwischen 1,8 ... 7,5 i. M. 4 %. Besonders positiv wirkt sich bei Mischschlamm der Vorklärschlam auf den TS-Gehalt aus. Der vergleichsweise höhere TS-Gehalt führt demzufolge zu geringeren Schlammengen.

Verwertbarkeit des stabilisierten Schlammes

aerobe Stabilisierung: Entsprechend der novellierten Klärschlammverordnung vom 01.07.1992 ist das Aufbringen von Klärschlamm auf Dauergrünland und forstwirtschaftlich genutzte Flächen verboten. Somit haben Entseuchungsanforderungen (Hygienisierung) an Bedeutung verloren. Sofern der Schlamm nur teilstabilisiert ist, steigen die Emissionsbelastungen.
anaerobe Stabilisierung: Dieses Verfahren kommt dem "Minimierungsgebot" der Schlammengen am Nächsten. Viele Landwirte akzeptieren, wenn überhaupt, nur ausgefaulte Schlämme.

Investaufwand und Anzahl der Bauwerke/Ausrüstungen

aerobe Stabilisierung: Der Investaufwand ist infolge Wegfall der Faulbehälter, Gasverwertungsanlagen trotz vergrößerter Belebungsbecken gering.
anaerobe Stabilisierung: Geschlossene Faulbehälter haben die höchsten spezifischen Baukosten. Die Faulung in Kombination mit Blockheizkraftwerk ist bau- und ausrüstungsintensiv. Die Anzahl der Bauwerke/Ausrüstungen ist funktionsbedingt hoch.

Einfachheit der Bauwerke und Ausrüstungen, MSR-Technik

aerobe Stabilisierung: Die Bauwerke sind einfach und robust, die Ausrüstungen leicht zugänglich. Eine zusätzliche MSR-Technik zur Abwasserbehandlung wird bei kleinen und mittleren Kläranlagen benötigt.
anaerobe Stabilisierung: Die Bauwerke und Ausrüstungen sind z. T. kompliziert und schwer zugänglich. Der Anteil der MSR-Technik ist hoch.

Energiebedarf

aerobe Stabilisierung: Infolge der längeren Aufenthaltszeiten des Abwassers im belüfteten Reaktor ist der Fremdenergiebedarf besonders groß.
anaerobe Stabilisierung: Bei vorhandenen Blockheizkraftwerken kann aus dem Methangas Heiz- und Elektroenergie zusätzlich gewonnen werden. Energieautarke Kläranlagen sind allerdings nicht möglich.

Betriebsmittelbedarf

aerobe Stabilisierung: Infolge des Entwässerungsverhaltens ist der Betriebsmittelbedarf an Chemikalien vergleichsweise groß.
anaerobe Stabilisierung: Zusätzlicher Betriebsmittelbedarf wird bei der Gasreinigung erforderlich. Chemikalien für die Entwässerung sind ebenfalls erforderlich.

Personalbedarf/Einfachheit des Betriebes

aerobe Stabilisierung: Es werden vergleichsweise weniger Arbeitskräfte und solche mit geringerer Qualifikation bezogen auf die **anaerobe Stabilisierung** benötigt.

Mitbehandlung von Fäkalien und Fäkalienschlämmen

aerobe Stabilisierung: Es ist nur der Pfad Belebungsanlage möglich.
anaerobe Stabilisierung: Es ist außerdem der Pfad Faulbehälter möglich. Damit erhöht sich die Zuverlässigkeit der Gesamtanlage.

Aus der qualitativen Gegenüberstellung beider Verfahren ist die aerobe Stabilisierung für die Größenordnungen über 20 000 EW (30 000 EW) weniger geeignet als die anaerobe. Dieses Erkenntnis entspricht auch der Auffassung der meisten Fachkollegen. Unter den speziellen Bedingungen der neuen Bundesländer erscheinen jedoch, zumindest mittelfristig, weitere Gegebenheiten berücksichtigungswürdig.

4 Temporäre Besonderheiten der neuen Bundesländer

Die neu zu bauenden Kläranlagen sind zunächst meist stark unterbelastet. In Abhängigkeit vom auszubauenden Entwässerungsnetz und den sich unterschiedlich entwickelnden Gewerbegebieten, bringt der geplante stufenweise Ausbau der Kläranlagen nicht immer befriedigende Lösungen. Es sind Kläranlagen mit hohen Pufferkapazitäten gefragt. Dieses Argument spricht z. B. für den Einsatz der aeroben Schlammstabilisierung. Die Kosten für die Schlammverwertung und -entsorgung sind vergleichsweise in den neuen Bundesländern niedrig. Sie akzeptieren demzufolge Klärverfahren mit hohem Schlammanfall.

Eine spezifische Situation stellen Territorien mit Industriehalden dar. Deren Rekultivierung erhöht die Chancen einer effektiven Klärschlammentsorgung. In den neuen Bundesländern wird der Fäkalien- und Fäkalschlammanteil mittelfristig hoch bleiben. Nach dem ATV-A 123 ist die Mitbehandlung dieser Produkte in mechanisch-biologischen Kläranlagen > 10 000 EW möglich. Als höchstzulässige

Zugabemenge in Abhängigkeit vom Kapazitätsbereich werden 20 m^3 Fäkalien/Fäkalschlämme pro Tag auf 10 000 EW angegeben. Bei einem mittleren BSB_5-Anteil von 5 g/l entsprechen 20 m^3 Fäkalien/Fäkalschlämme ca. 1 700 EW.

Unter Beachtung vorgenannter Argumente, gewinnen wirtschaftliche Lösungen, auch bei nicht immer eindeutigen positiven technischen Randbedingungen, zunehmend an Bedeutung. In der Praxis werden in Ausnahmefällen Kläranlagen mit aerober Stabilisierung bis 100 000 EW geplant.

5 Verfahrensbewertung nach technisch-wirtschaftlichen Gesichtspunkten

5.1 Aus der Sicht der Abwasserreinigung

Belebtschlammanlagen mit aerob-simultaner Stabilisierung garantieren sehr gute Reinigungseffekte hinsichtlich Kohlenstoffabbau und Nitrifikation. Ursächlich ist das auf die niedrige Schlammbelastung bzw. das hohe Schlammalter zurückzuführen.

Bauwerksbezogen bringt der Wegfall der Vorklärung mit rd. 0,01 m^3/EW keine nennenswerten Einsparungen gegenüber den notwendig werdenden Erhöhungen in der Belebungsanlage. **Tabelle 1** zeigt den höheren Volumenbedarf von abwasserseitig gleichwertigen Belebungsanlagen. Dabei werden Verfahrenstechniken mit Nitrifikation, Denitrifikation und bio-P-Elimination zugrunde gelegt. Die sogenannten klassischen Anlagen werden als Variante A, die mit aerob-simultaner Stabilisierung als Variante B bezeichnet.

[EW]	**$V_{anaerob}$ [m^3/EW]**		**$V_{anoxisch\text{-}aerob}$ [m^3/EW]**	
	A	**B**	**A**	**B**
37 000	0,06	0,06	0,30	0,44
66 000	0,06	0,06	0,28	0,44
98 000	0,06	0,06	0,25	0,44

Tabelle 1: Gegenüberstellung relevanter Belebungsbeckenvolumina

Aus der Interpretation der Ergebnisse aus Tabelle 1 folgt:

- die Belebungsbeckenvolumina nach Variante A sind deutlich geringer als nach Variante B.

- mit steigendem Anschlußwert nehmen die spezifischen Volumina der Variante A ab, bei Variante B bleiben diese konstant.

Ursache dafür sind die unterschiedlichen Ansätze nach ATV-A 131 für das zu wählende Schlammalter. Danach ist es weiterhin möglich, die Bemessungsansätze für den Schlammindex zu differenzieren. Für Variante A folgt ISV = 130 ml/g und für Variante B ISV = 90 ml/g. Bei gleichem Beckenvolumina für die Nachklärung haben diese Ansätze infolge notwendig werdender geringerer TS-Gehalte größere Beckenvolumina bei Variante B zur Folge. Letztere Überlegung ist in Tabelle 1 noch nicht berücksichtigt. Insgesamt wird festgestellt, Kläranlagen mit aerober Schlammstabilisierung erfordern **abwasserseitig** bedeutend größere Beckenvolumina als klassische Anlagen.

Betriebsbezogen ist der Vergleich des Elektroenergiebedarfs für beide Varianten von besonderem Interesse. An einem konkreten Beispiel für 50 000 EW ergab sich für

- Variante A: 0,047 kWh/(EW * d)

- Variante B: 0,063 kWh/(EW * d)

Die Differenz wird sich noch erhöhen, wenn bei Variante A durch die Biogasnutzung eine Energierückgewinnung erreicht wird.

5.2 Aus der Sicht der Schlammbehandlung

Die Nachteile von aerob gegenüber anaerob stabilisierten Schlämmen wurden bereits im Pkt. 3 besprochen.

Bauwerksbezogen werden zur anaeroben Stabilisierung einschließlich Biogasnutzung zusätzlich erforderlich:

Faulbehälter
Gasspeicher
Gasverwertungsanlagen (BHKW)
Nacheindicker.

Im Gegensatz dazu, benötigt die aerobe Stabilisierung lediglich einen Schlammspeicher. Normalerweise übersteigen die investierten Aufwendungen der anaeroben Stabilisierung die der aeroben beträchtlich. Diese Aussage gilt auch, bei Berücksichtigung der im Pkt. 5.1 diskutierten in entgegengesetzter Richtung verlaufender Tendenz. Dieser Sachstand ist bei Bevorzugung der aeroben Stabilisierung für größere Anschlußwerte das Hauptargument.

Betriebsbezogene Vergleiche für beide Varianten können der **Tabelle 2** entnommen werden. Sie wurden an einem Beispiel für 50 000 EW ermittelt.

	Variante A	**Variante B**
Energiebedarf - Strom	0,047 kWh/(EW * d)	0,063 kWh/(EW * d)
Energiegewinn - Strom und Wärme	0,037 kWh/(EW * d)	—
Chemikalienbedarf	0,035 kg/(EW * d)	0,039 kg/(EW * d)
Schlammanfall	0,060 m^3/(EW * a)	0,084 m^3/(EW * a)
bis 30 % TS	0,055 tTS/(EW * a)	0,069 tTS/(EW * a)

Tabelle 2: Gegenüberstellung relevanter Betriebsparameter der Schlammstabilisierung

Die Tabelle 2 weist die Variante A in allen betriebsgezogenen Vergleichen als Vorzugsvariante aus.

6 Wirtschaftlichkeitsbetrachtungen

Wirtschaftlichkeitsrechnungen dienen als Hilfsmittel zur Vorbereitung von Investitionsentscheidungen. Die sachgemäße Vorgehensweise kann den gültigen LAWA-Richtlinien zur Durchführung von Kostenvergleichsrechnungen entnommen werden. In Abhängigkeit von der gewünschten Qualität der Aussagen werden unterschiedliche Methoden empfohlen. Von Bedeutung sind Kenntnisse:

- zum Investitionsaufwand und zur Lebensdauer der Anlagenteile einschließlich abschätzbarer Zinssätze.

- zu den laufenden Kosten, insbesondere aus Energie, Chemikalien, Schlammbehandlung, Schlammverwertung oder -entsorgung, Personalbedarf, Reparatur und Wartung.

Durchgeführte Vergleichsrechnungen an alternativ geplanten Kläranlagen gestatten die Hypothese, daß die Grenze zwischen aerober und anaerober Stabilisierung sich gegenwärtig bei 15 000 bis 20 000 EW einpegeln dürfte. Schließlich entscheiden die speziellen Angebote über die wirtschaftlichste Lösung unterschiedlicher Verfahrensvarianten.

7 Alternativvorschlag

Infolge der investitionsbezogenen Finanznot und den bereits ausgeführten besonderen Bedingungen in den neuen Bundesländern zeichnet sich für Kläranlagen mittlerer Größenordnung folgender alternativer Kompromißvorschlag ab:

- Errichtung der Kläranlage nach dem Verfahren der aeroben Stabilisierung für eine mittelfristige realistische Größenordnung, u. U. bei teilweisem Verzicht auf Fäkalien/Fäkalschlammitbehandlung. Diese Größenordnung sollte ca. 50 % des geplanten Endausbaues entsprechen. Notwendig werdende Ausbaustufen sind analog zu konzipieren.

- Erweiterung der Kläranlage in Abhängigkeit vom Erreichen der vorgegebenen mittelfristigen Größenordnung in den Schritten

  Nachrüstung der geschlossenen Faulung als kalte Stufe
  Nachrüstung der Vorklärung
  Umrüstung der geschlossenen Faulung als mesophile Stufe
  Errichtung eines Blockheizkraftwerkes.

Bei Überschreitung der vorgegebenen mittelfristigen Größenordnung wird das Schlammalter ständig verringert. Die aerobe Stabilisierung kann nicht mehr gewährleistet werden, deshalb wird schrittweise auf anaerobe Stabilisierung umgestellt. Abwasserseitig können in etwa bis zur Halbierung des Schlammalters die vorgegebenen Grenzwerte weiterhin eingehalten werden. Für eine derartige Verfahrensführung ist die simultane Nitrifikation/Denitrifikation besonders geeignet.

BELÜFTUNGSSYSTEME FÜR BELEBTSCHLAMMANLAGEN - WIRTSCHAFTLICHE WERTUNG UND BETRIEB *

M. Wagner, H.J. Pöpel; Darmstadt

1. Einleitung

In Abwasserbehandlungsanlagen mit Stickstoff- und Phosphorelimination sind ein ausreichend bemessenes und betriebssicheres Belüftungssystem sowie entsprechende Mischeinrichtungen wesentliche Voraussetzung für geringe Ablaufkonzentrationen. Während in Abwasserbehandlungsanlagen zum Abbau von Kohlenstoffverbindungen in den siebziger und achtziger Jahren Oberflächenbelüftungssysteme zum Einsatz gekommen sind, werden heute vorrangig feinblasige Druckluftbelüftungssysteme eingebaut. Diese haben gegenüber Oberflächenbelüftungssystemen den Vorteil, daß von ihnen wesentlich geringere Lärm- und Geruchsbelästigungen ausgehen. Weiterhin sind die Sauerstoffertragswerte [kg O_2/ kWh], die für einen wirtschaftlichen Einsatz von ausschlaggebender Bedeutung sind, bei Druckluftbelüftungssystemen höher als bei vergleichbaren Oberflächenbelüftungssystemen.

Im vorliegenden Beitrag werden nach einer kurzen Darstellung der verschiedenen Belüftungssysteme Meßergebnisse von Druckluftbelüftungssystemen in Reinwasser vorgestellt. Die Meßergebnisse wurden sowohl in einer halbtechnischen Versuchsanlage als auch aus Messungen in Abwasseranlagen erhalten. Eine Richtwerttabelle von erreichbaren Sauerstoffeinträgen- und erträgen von Oberflächen- sowie Druckluftbelüftungssystemen in Reinwasser und unter Betriebsbedingungen ergänzt diese Ausführungen. Anschließend werden aus den Ergebnissen Schlußfolgerungen für Planung, Betrieb und Wirtschaftlichkeit von Druckluftbelüftungssystemen gezogen. Eine praxisbezogene Zusammenfassung schließt den Beitrag ab.

2. Belüftungssysteme

Mit Belüftungssystemen soll zum einen Sauerstoff in das (Ab)Wasser eingetragen und zum anderen der Belebtschlamm durchmischt werden. Die Sauerstoffeintragskapazität muß den Sauerstoffbedarf (OV) des Belebtschlammes abdecken, der sich aus dem Bedarf zur Oxidation von Kohlenstoffverbindungen und zur Oxidation von Ammoniumstickstoff zusammensetzt. Er wird entsprechend den Verfahrensbedingungen berechnet, wobei sich bei geringer Schlammbelastung und hohem

---

* nach einem Vortrag am 06.10.1994 auf dem Fortbildungskurs H/2 der ATV in Fulda

Schlammalter hohe Sauerstoffverbräuche und umgekehrt ergeben. Weiterhin muß ein ausreichender Sauerstoffgehalt im Abwasser sichergestellt werden, damit insbesondere die Nitrifikanten optimale Bedingungen zum Abbau der Stickstoffverbindungen vorfinden. Bei der zweiten Aufgabe von Belüftungssystemen, der Durchmischung müssen drei Aspekte berücksichtigt werden. Zum einen muß der Belebtschlamm in Schwebe gehalten werden (Makromaßstab); zum anderen müssen sowohl das Substrat als auch Sauerstoff zu den Belebtschlammflocken geführt werden (Mikromaßstab) und die Abbauprodukte, die bei biologischen Abwasserreinigung entstehen z.B. Kohlendioxid und Stickstoff, von den Flocken entfernt werden. Außerdem müssen diese Gase aus dem Abwasser gestrippt werden.

Der Sauerstoffeintrag erfolgt durch Belüftung über die Grenzfläche zwischen Luft und Wasser. Man unterscheidet die absolute Grenzfläche A [m^2] und die spezifische Grenzfläche a = A/V [m^2/m^3]. Ein Belüftungssystem hat zwei wesentliche Aufgaben; zum einen müssen große Grenzflächen geschaffen und erhalten, zum anderen der wasserseitige Teil der Grenzfläche erneuert werden. Der gasseitige Teil der Grenzfläche braucht dagegen nicht erneuert zu werden, da die Beweglichkeit der Sauerstoffmoleküle in der Luft extrem groß ist und damit keine Einschränkungen vorhanden sind.

Zur Erfüllung der beiden Aufgaben von Belüftungssystemen gibt es grundsätzlich zwei Möglichkeiten. Zum einen die Schaffung von Wassertropfen bzw. -filmen in der Luft, wobei die Grenzfläche allerdings nur gasseitig erneuert wird, was für effektive Belüftungssysteme nicht vorteilhaft ist. Typische Belüftungssysteme bei dieser Art der Schaffung von Grenzflächen ist die Mechanische- oder Oberflächenbelüftung. Zum zweiten können Grenzflächen auch durch Blasen geschaffen werden, die im Wasser aufsteigen. Dabei wird einzig die wasserseitige Grenzfläche erneuert, was sich positiv auf den Sauerstoffeintrag auswirkt. Typisch für diese Belüftung sind Druckluft- oder Blasenbelüftungssysteme.

Bei Mechanischen- oder Oberflächenbelüftern unterscheidet man zwischen Walzen (horizontale Wellen) und Kreisel (vertikale Wellen). Bei Walzen sind Plattenwalzen üblich, während bei Kreiselbelüftern vorwiegend der sogenannte Pumptyp zum Einsatz kommt. Bei der Druckluftbelüftung wird in Abhängigkeit der Luftblasengröße im Wasser die feinblasige Belüftung (d_b = 2 bis 3 mm), mittelblasige Belüftung ($d_b \sim 5$ mm) und grobblasige Belüftung ($d_b \sim 20$ mm) unterschieden. Sowohl die absolute Grenzfläche A als auch die spezifische Grenzfläche a und der Sauerstoffeintrag sind proportional zu $1/d_b$. Beispielsweise ergibt sich für eine Luftblase in der (angenommenen) Form einer Kugel im Wasser eine spezifische Grenzfläche von $a = 6/d_b$. In der Praxis werden vorwiegend feinblasige Belüftungssysteme eingesetzt, die aufgrund hoher Sauerstoffeintrags- und -ertragswerte vorteilhaft sind. Nachteilig ist, daß eine Luftfiltration, ölfreie Kompressoren, korrosionsfreie Leitung und verstopfungsfreie Belüftungselemente notwendig sind. Übliche Ausführungsformen feinblasiger Belüftungssysteme sind (s. PÖPEL/ WAGNER, 1989):

- ❑ Breitbandanordnung
- ❑ flächendeckende Anordnung
  - mit Elementen (Rohre, Teller und Platten)
  - mit Platten aus Folienmaterial
- ❑ Trennung von Mischung und Belüftung.

Neben Oberflächen- und Druckluftbelüftungssystemen werden in Sonderfällen andere Belüftungssysteme eingesetzt:

- ❑ In- und Ejektoren
- ❑ Strahlbelüfter
- ❑ Mischformen von Druckluft und mechanischen Belüftungssystemen.

Nachfolgend wird gezeigt, wie der Sauerstoffeintrag von Belüftungssystemen maximiert werden kann. Die grundlegende Gleichung des Sauerstoffeintrags in Wasser lautet:

OC_R	=	$dc/dt = k_L \cdot a \cdot (c_S - c)$	[g/m³·h]	(1)
OC_R	=	Sauerstoffzufuhrvermögen	[g/m³·h]	
$k_L a$	=	Belüftungskoeffizient	[1/h]	
c_S	=	Sauerstoffsättigungskonzentration	[mg/l]	
c	=	Sauerstoffkonzentration	[mg/l]	
k_L	=	Sauerstoffaustauschkoeffizient	[m/h]	
a	=	spezifische Grenzfläche	[1/m]	

Gleichung 1 zeigt die große Bedeutung der Erzeugung und der Erhaltung der spezifischen Grenzfläche a, die linear den Sauerstoffeintrag beeinflußt. Der zweite wichtige Parameter in Gleichung 1 ist der Stoffaustauschkoeffizient k_L [m/h], für den wasserseitigen Teil der Grenzfläche (liquid).

Nach HIGBIE (1935) kann der Stoffaustauschkoeffizient berechnet werden:

$$k_L = 2 \cdot \sqrt{\frac{D}{\pi \cdot t_k}} \qquad [m/h] \qquad (2)$$

D = Diffusionskoeffizient von Sauerstoff in Wasser [m²/s]
t_k = Dauer der Existenz der wasserseitigen Grenzfläche [s]
1 / t_k Erneuerungsrate der Grenzfläche [1/s]

Insgesamt ergibt sich damit folgende Gleichung zur Berechnung des Sauerstoffeintrags:

$$\boxed{OC_R = 2 \cdot \frac{A}{V} \cdot \sqrt{\frac{D}{\pi \cdot t_k}} \cdot (c_S - c)} \qquad [g\ O_2/m^3 \cdot h] \qquad (3)$$

Gleichungen 1 bis 3 zeigen, daß zur Erzielung eines hohen Sauerstoffeintrages ein großer Belüftungskoeffizient ($k_L a$) notwendig ist. Damit müssen auch der Gasaustauschkoeffizient k_L und die spezifische Grenzfläche a maximiert werden. Der Gasaustauschkoeffizient kann maximiert werden, in dem die Erneuerungsrate der Grenzfläche t_k sehr klein bleibt bzw. die Erneuerungsrate der Grenzfläche $1/t_k$ sehr groß wird. Bei der feinblasigen Belüftung ist die Existenzzeit der wasserseitigen Grenzfläche t_k besonders kurz bzw. die Erneuerungsrate $1/t_k$ sehr hoch und kann nicht beeinflußt werden. Besonders effektiv hinsichtlich der langen Aufenthaltszeit der Blasen im (Ab)wasser und damit großer Grenzflächen A bzw. a sind flächendeckende feinblasige Belüftungssysteme und feinblasige Belüftungssysteme mit getrennter Umwälzung und Belüftung. Aufgrund der hohen Eintrags- und Ertragswerte werden diese Ausführungsformen von feinblasigen Druckluftbelüftungssystemen vorrangig in modernen Abwasserbehandlungsanlagen eingesetzt.

Die Bewertung der Leistungsfähigkeit von Belüftungssystemen erfolgt über den Sauerstoffeintrag und den dafür notwendigen relativen Energiebedarf.

Der Sauerstoffeintrag wird gemessen als

- Sauerstoffzufuhrvermögen OC_R [g O_2/m³·h]
- spezifische Sauerstoffaufnahme SSA [g $O_2/m^3{}_N \cdot m$]
- spezifischer Sauerstoffausnutzungsgrad η_{O2} [%/m],

während die Wirtschaftlichkeit anhand des Parameters

- Sauerstoffertrag O_N oder O_P [kg O_2/kWh]

beurteilt wird.

Nachfolgend werden Meßergebnisse von flächendeckenden Druckluftbelüftungssystemen ausführlich diskutiert.

3. Meßergebnisse von flächendeckenden Druckluftbelüftungssystemen in Reinwasser

3.1 Allgemeines

Die Ergebnisse von Sauerstoffzufuhrmessungen hinsichtlich der den Sauerstoffeintrag- und -ertrag in Reinwasser kennzeichnenden Parameter wurden zum einen in einer halbtechnischen Versuchsanlage aus Glas und zum anderen in großtechnischen Abwasserbehandlungsanlagen mit unterschiedlich großen Belebungsbeckenvolumen erhalten. Im weiteren werden die Ergebnisse sowohl aus der Versuchsanlage als auch den Abwasserbehandlungsanlagen detailliert vorgestellt und Schlußfolgerungen aus diesen Messungen gezogen. Die Aussagen beziehen sich ausschließlich auf feinblasige flächendeckende Belüftungssysteme.

3.2 Messungen in der halbtechnischen Versuchsanlage in Reinwasser

Die halbtechnische Versuchsanlage besteht aus einer verglasten Stahlkonstruktion mit einer Länge von 3,00 m, einer Breite von 1,50 m und einer maximal möglichen Wassertiefe von 3,80 m. Im Rahmen der Messungen wurden Belüftungselemente aus Keramik und perforierter Membran in Form von Rohren, Tellern und Platten untersucht. Die Eintauchtiefe der Elemente schwankte zwischen 3,50 m und 3,60 m während die Belegungsdichte der Elemente (m² abgasende Fläche je m² Beckenboden) zwischen 5 bis 70 % und der spezifische Luftvolumenstrom von 0,40 bis 5,50 $m^3{}_N/m^3 \cdot h$ variiert wurde.
Die Ergebnisse der Messungen in der halbtechnischen Versuchsanlage in Reinwasser sind in zwei Abbildungen zusammengefaßt. In **Abbildung 1** ist die spezifische

Sauerstoffaufnahme [g $O_2/m^3_N \cdot m$] und in **Abbildung 2** der Sauerstoffertrag [kg O_2/kWh] in Abhängigkeit vom spezifischen Luftvolumenstrom [$m^3_N/m^3 \cdot m$] aufgetragen. In beiden Abbildungen werden weiterhin Belegungsdichte, Material und Form der Belüftungselemente unterschieden.

Abbildung 1 zeigt, daß die spezifische Sauerstoffaufnahme mit steigendem Volumenstrom (leicht) abnimmt, wogegen die spezifische Sauerstoffaufnahme mit steigender Belegungsdichte größer wird. Ein Einfluß des Materials und der Form der Belüftungselemente kann nicht bzw. in nur geringem Umfang nachgewiesen werden. Der Sauerstoffertrag (**Abbildung 2**) zeigt die gleichen Abhängigkeiten wie die spezifische Sauerstoffaufnahme.

3.3 Messungen in Abwasserbehandlungsanlagen in Reinwasser

Von Abwasserbehandlungsanlagen standen 98 Sauerstoffeintragsmessungen in Reinwasser ausschließlich mit flächendeckenden Druckluftbelüftungssystemen zur Verfügung, wobei die Beckenvolumen zwischen 106 m^3 bis 3.974 m^3 schwankten. Das Material der eingesetzten Elemente bestand aus Keramik, perforierter Membran und Folienmaterial in Form von Tellern und Platten. Die Belegungsdichte reichte von 4,3 bis 78 % und die Eintauchtiefe der Belüftungselemente von 3,50 m bis 12,00 m. Der spezifische Luftvolumenstrom wurde zwischen 0,1 bis 6,7 $m^3_N/m^3 \cdot h$ variiert.

Die Ergebnisse der Sauerstoffzufuhrmessungen in den Abwasserbehandlungsanlagen in Reinwasser sind in vier Abbildungen zusammengefaßt. Während in **Abbildung 3** das Sauerstoffzufuhrvermögen OC_R von Belüftungselementen in Form von Rohren, Tellern und Platten in Abhängigkeit des spezifischen Luftvolumenstromes und der Eintauchtiefe aufgetragen ist, ist in **Abbildung 4** die spezifische Sauerstoffaufnahme als Funktion von Luftvolumenstrom und Eintauchtiefe dargestellt. In **Abbildung 5** ist für Elemente (Rohre, Teller und Platten) die Abhängigkeit der spezifischen Sauerstoffaufnahme von der Belegungsdichte und des Luftvolumenstroms gezeigt. Für Platten aus Folienmaterial ist die spezifische Sauerstoffaufnahme in **Abbildung 6** als Funktion des Luftvolumenstroms, der Eintauchtiefe und der Belegungsdichte aufgetragen.

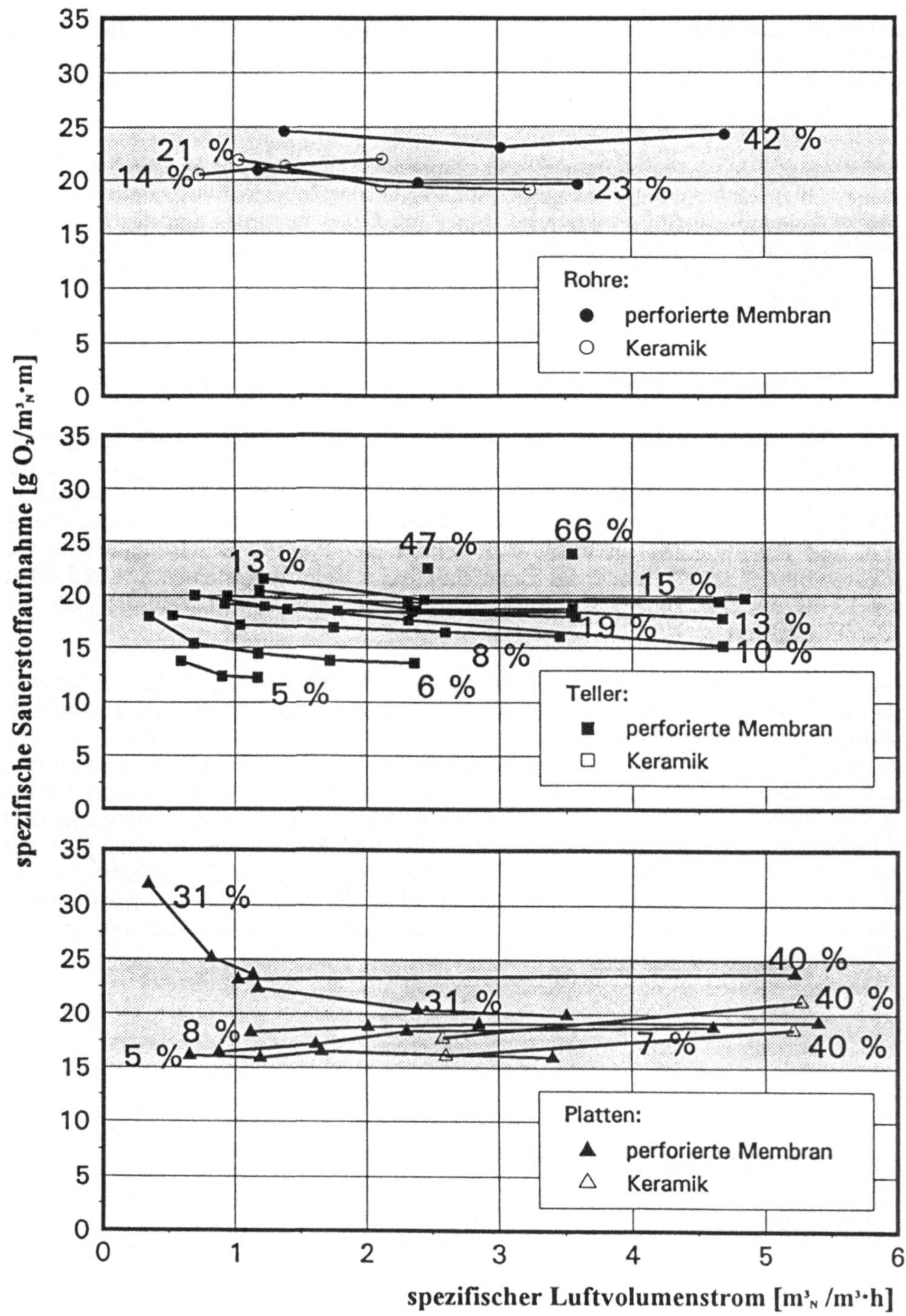

Abbildung 1: Spezifische Sauerstoffaufnahme in der Versuchsanlage

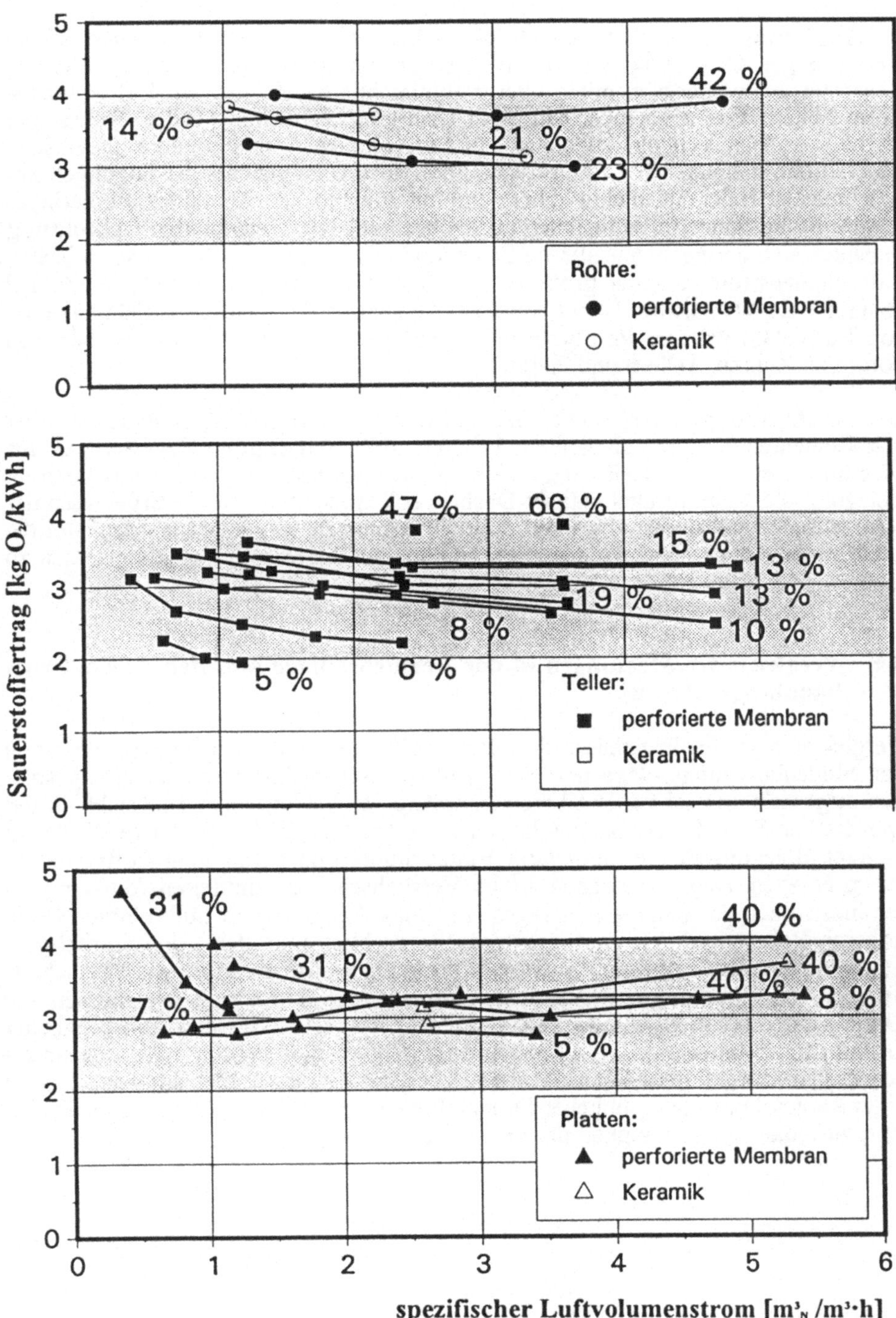

Abbildung 2: Sauerstoffertrag in der Versuchsanlage

Die **Abbildungen 3** bis **6** erlauben folgende Schlußfolgerungen: Das Sauerstoffzufuhrvermögen OC_R steigt wie erwartet linear mit größer werdendem Luftvolumenstrom an, wobei sich mit größerer Eintauchtiefe bei gleichem Luftvolumenstrom höhere Werte ergeben. Mit allen Belüftungselementen (Teller, Rohre und Platten) ergeben sich mit zunehmenden Luftvolumenstrom geringere spezifische Sauerstoffaufnahmen SSA. Ebenso sind unter ansonsten gleichen Bedingungen mit zunehmender Belegungsdichte höhere und mit zunehmender Eintauchtiefe geringere spezifische Sauerstoffaufnahmen zu beobachten. Für Folienplatten (**Abbildung 6**) zeigen sich geringere spezifische Sauerstoffaufnahmen bei höherem spezifischen Luftvolumenstrom und bei größerer Eintauchtiefe, aber zunehmende Werte bei höherer Belegungsdichte. Damit weisen Folienplatten die gleichen Abhängigkeiten von Luftvolumenstrom, Belegungsdichte und Eintauchtiefe auf wie Elemente in Form von Rohren, Tellern und Platten.

Der in **Abbildung 7** dargestellte Sauerstoffertrag in Großanlagen in Reinwasser von Elementen in Form von Rohren, Tellern und Platten zeigt im Gegensatz zu den Messungen in der Versuchsanlage keine Abhängigkeiten von Luftvolumenstrom, Belegungsdichte und Eintauchtiefe. Deshalb sollen nachfolgend die Ergebnisse der Versuchsanlage und der Abwasserbehandlungsanlagen verglichen werden, um die nicht vorhandenen Abhängigkeiten hinsichtlich des Sauerstoffertrags ergründen zu können.

3.4 Vergleich der Messungen in der Versuchsanlage und den Abwasserbehandlungsanlagen

Vergleicht man die Ergebnisse der Sauerstoffzufuhrmessungen in Reinwasser in der Modellbelüftungsanlage und den großtechnischen Abwasserbehandlungsanlagen zeigt sich eine sehr gute Übereinstimmung der Meßergebnisse hinsichtlich der spezifischen Sauerstoffaufnahme. Es wurde festgestellt, daß sich höhere Werte bei höherer Belegungsdichte, geringerer Eintauchtiefe und geringerem Luftvolumenstrom ergeben. Dagegen können die im Versuchsbecken ermittelten Abhängigkeiten hinsichtlich des Sauerstoffertrages (Zunahme bei geringem Luftvolumenstrom, höherer Belegungsdichte und geringer Eintauchtiefe) in den Abwasserbehandlungsanlagen nicht festgestellt werden. Da der Sauerstoffertrag für die Wirtschaftlichkeit von Belüftungssystemen von maßgebender Bedeutung ist, müssen die Gründe für das Fehlen dieser Abhängigkeiten festgestellt werden. Ein möglicher Grund ist der unterschiedliche spezifische Energiebedarf [$Wh/m^3_N \cdot m$], den unterschiedliche Drucklufterzeuger in Abhängigkeit des Gegendruckes aufweisen. Nach einer kurzen Darstellung üblicher Drucklufterzeuger wird daher deren spezifischer Energiebedarf in Abhängigkeit des Gegendrucks angegeben.

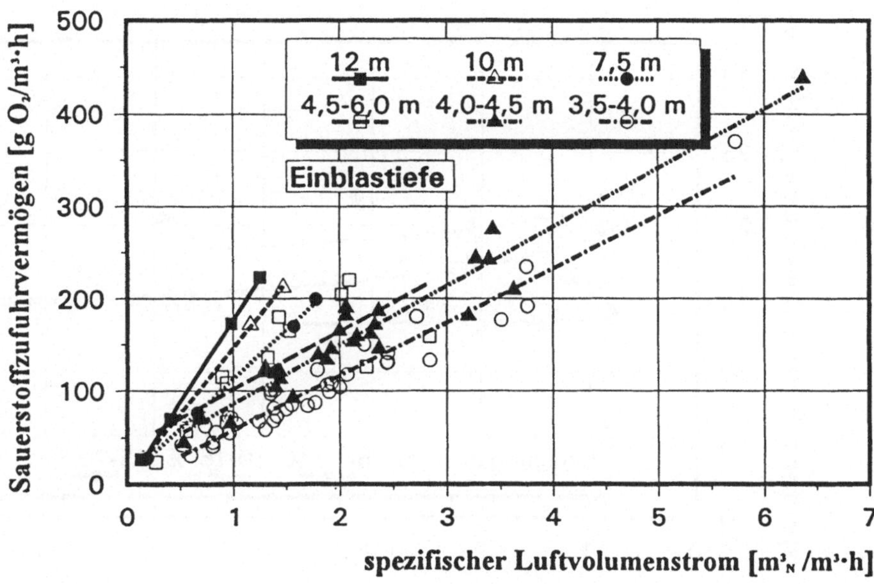

Abbildung 3: Sauerstoffzufuhrvermögen in Abwasserbehandlungsanlagen (Elemente)

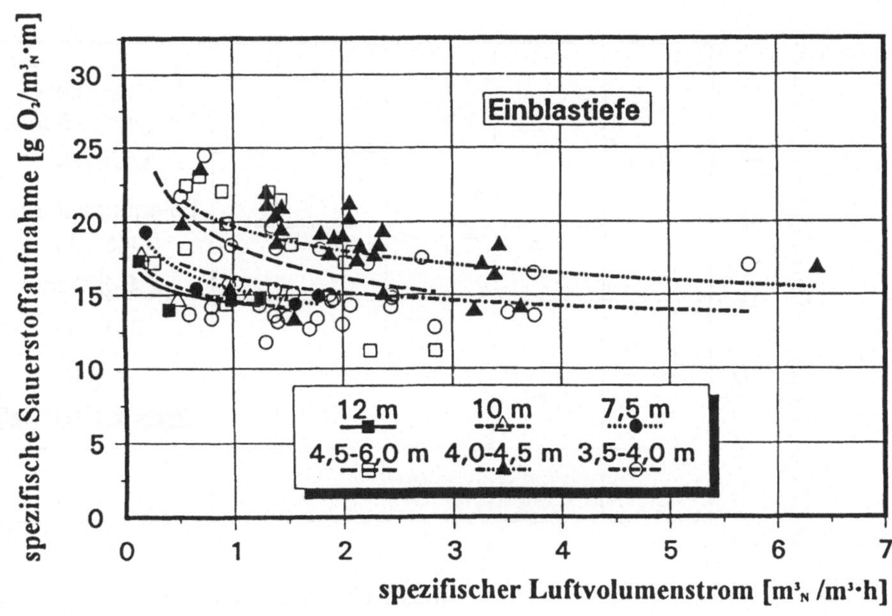

Abbildung 4: Spezifische Sauerstoffaufnahme in Abwasserbehandlungsanlagen als Funktion der Eintauchtiefe (Elemente)

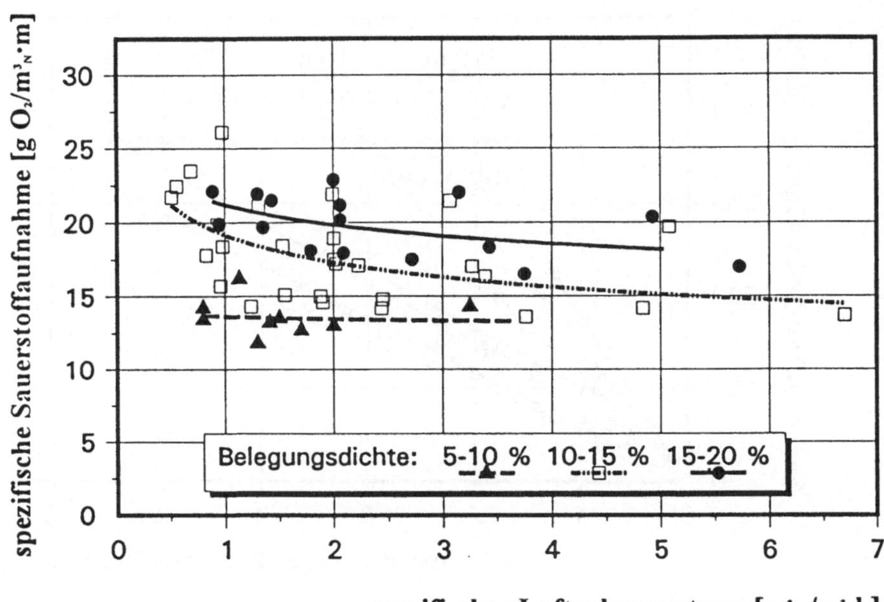

Abbildung 5: Spezifische Sauerstoffaufnahme in Abwasserbehandlungsanlagen als Funktion der Belegungsdichte (Elemente)

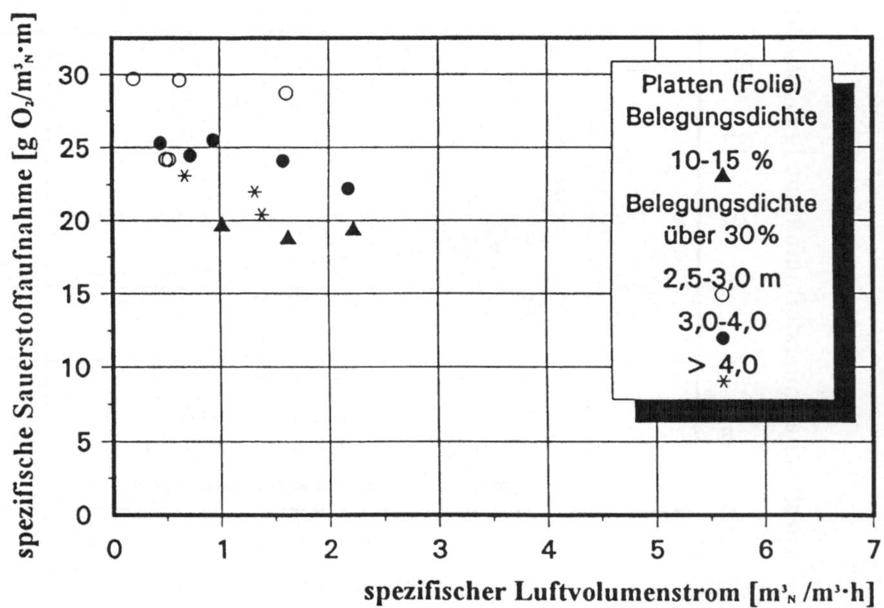

Abbildung 6: Spezifische Sauerstoffaufnahme in Abwasserbehandlungsanlagen als Funktion der Eintauchtiefe und der Belegungsdichte (Platten aus Folienmaterial)

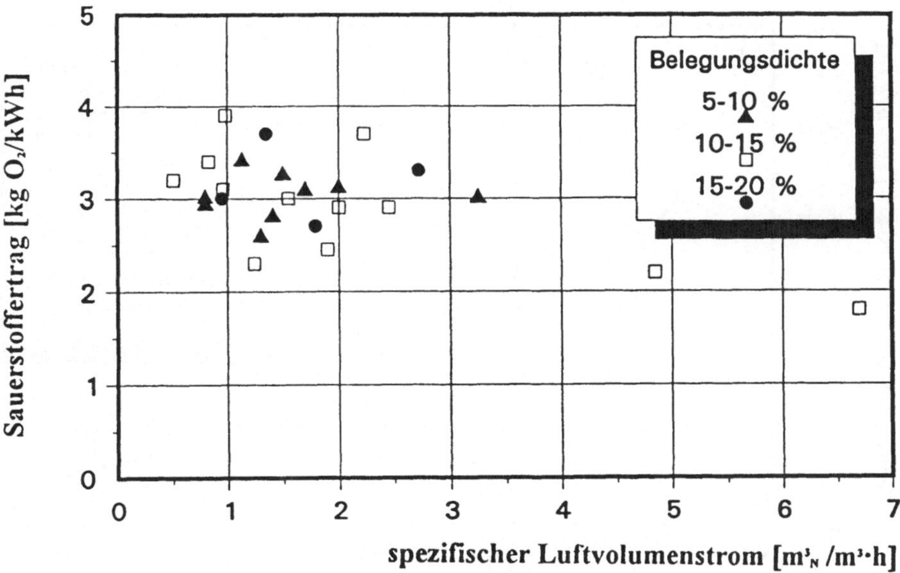

Abbildung 7: Sauerstoffertrag in Abwasserbehandlungsanlagen

Übliche Drucklufterzeuger auf Abwasserbehandlungsanlagen sind Drehkolbengebläse, Turbokompressoren (ein- und zweistufig) und vereinzelt auch Schraubenverdichter. Während Drehkolbengebläse bei geringen bis mittleren Luftvolumenströmen und einem maximalen Gegendruck von etwa 10 m eingesetzt werden, sind große Abwasserbehandlungsanlagen mit großem erforderlichen Luftvolumenstrom das Haupteinsatzgebiet von Turbokompressoren bei einem in abwassertechnischer Hinsicht unbegrenzten Gegendruck. Der Einsatzbereich der nur vereinzelt eingesetzten Schraubenverdichter entspricht demjenigen von Turbokompressoren.

Der spezifische Energiebedarf [Wh/m^3_N·m] der unterschiedlichen Drucklufterzeuger (Turboverdichter einstufig, Turboverdichter zweistufig, Schraubenverdichter und Drehkolbengebläse) ist in **Abbildung 8** in Abhängigkeit des Gegendrucks [m WS] dargestellt. Diese Abbildung ist als Beispiel zu verstehen und gilt für einen Luftvolumenstrom von 5.000 m^3_N/h. Bei davon abweichenden Luftvolumenströmen und nicht optimalen Betriebsbedingungen ergeben sich andere spezifische Bedarfswerte und gegebenenfalls sogar eine andere Reihung der Drucklufterzeuger hinsichtlich des Energieverbrauchs.

Die nicht systematischen Schwankungen des Sauerstoffertrags der Großanlagen sind daher durch unterschiedliche Drucklufterzeuger bei unterschiedlich günstiger Abstimmung auf die örtlichen Verhältnisse begründet.

Schlußfolgerungen aus den Meßergebnissen in der Versuchsanlage und den Abwasserbehandlungsanlagen hinsichtlich Betrieb und Wirtschaftlichkeit werden im Kapitel 6 gezogen.

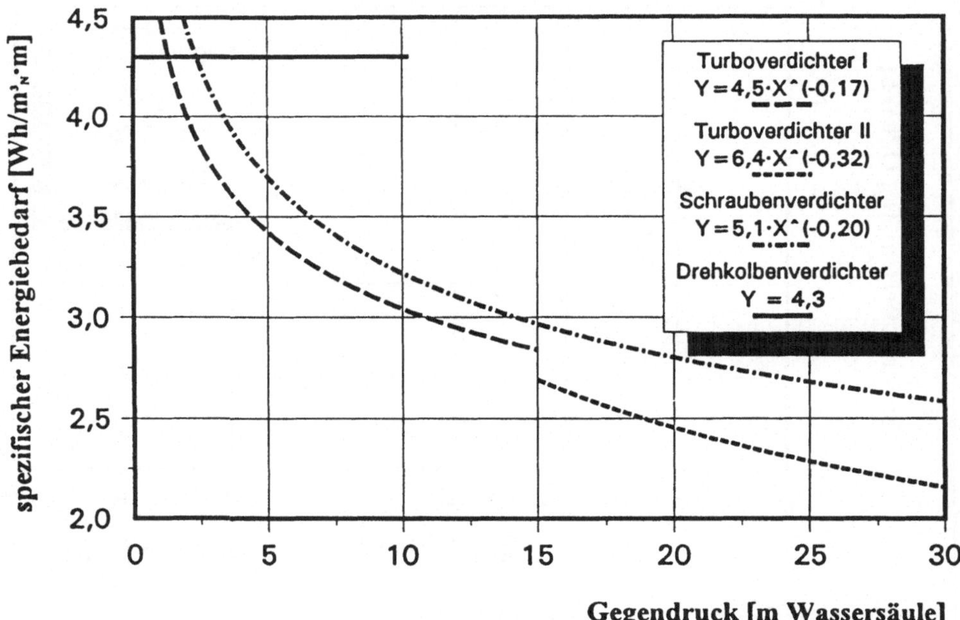

Abbildung 8: Spezifischer Energiebedarf von Drucklufterzeugern (Beispiel bei 5.000 m^3_N/h)

4. Belüftungssysteme unter Betriebsbedingungen

Bisher wurden ausschließlich Ergebnisse von Sauerstoffzufuhrmessungen in Reinwasser vorgestellt. Der Sauerstoffeintrag muß jedoch unter Betriebsbedingungen gewährleistet werden. Die Umrechnung der Eintragswerte in Reinwasser auf die Verhältnisse im Betrieb wird mit dem α-Wert vorgenommen. Dieser ist definiert als

$$\alpha - \text{Wert} = \frac{O_2 - \text{Eintrag im Betrieb}}{O_2 - \text{Eintrag in Reinwasser}}$$

Der α-Wert von Belüftungssystemen ist bei Druckluft- und Oberflächenbelüftungssystemen unterschiedlich. Bei der Druckluftbelüftung sind mittlere α-Werte von 0,4 bis 0,7 in Abhängigkeit vom Gehalt des Abwassers an oberflächenaktiven Stoffen (Tenside, lypophile Stoffe) zu erwarten. Mit fortschreitender Abwasserreinigung in Längsrichtung der Belebungsbecken wird der α-Wert größer. So werden am Einlauf des Belebungsbeckens geringere α-Werte (α = 0,4) als am Ablauf (α = 0,8) festgestellt. Ebenso ist zu beobachten, daß sich der α-Wert im Tagesgang (Einsatz von Haushaltsreinigern) und im Wochengang ("Waschtage", Fertigungszeiten der Industrie etc.) verändert. Der α-Wert von Oberflächenbelüftungssystemen wird üblicherweise zwischen 0,9 und 0,95 angesetzt. Bei der Planung von Belüftungssystemen ist vom Ingenieurbüro unbedingt darauf zu achten, daß der α-Wert entsprechend sorgfältig ermittelt und berücksichtigt wird. Nach DIN 19 569

(1992) in eindeutig vorgeschrieben, daß der α-Wert vom Planer vorgegeben werden muß.

5. Richtwerttabelle

Auf der Grundlage der vorgestellten und weiteren Messungen in 85 Abwasserbehandlungsanlagen (300 Sauerstoffzufuhrmessungen) wurde sowohl für Druckluftbelüftungssysteme als auch für Oberflächenbelüftungssysteme in unterschiedlichen Ausführungsformen eine Richtwerttabelle mit Sauerstoffeinträgen und -erträgen in Reinwasser und unter Betriebsbedingungen aufgestellt (PÖPEL/WAGNER, 1989). Bei Druckluftbelüftungssystemen werden Breitbandanordnung, flächendeckende Anordnung mit Rohren, Tellern und Platten sowie Platten aus Folienmaterial und Systeme mit Trennung von Mischung und Belüftung unterschieden. Bei Oberflächenbelüftungssystemen werden die Ergebnisse für Kreisel in Mischbecken, Kreisel in Umlaufbecken und Walzen in Umlaufbecken angegeben. In der Richtwerttabelle (**Tabelle 1**) wurde bei der Druckluftbelüftung unter günstigen Bedingungen der mittlere Sauerstoffeintrag bei einem Luftvolumenstrom von 2 $m^3_N/m^3 \cdot h$ bestimmt. Bei Systemen mit getrennter Mischung und Belüftung wird aufgrund der dort vorliegenden spezifischen Bedingungen der Sauerstoffeintrag bei 1,5 $m^3_N/m^3 \cdot h$ angegeben. Der Sauerstoffertrag der Druckluftbelüftungssysteme wird aus dem Sauerstoffzufuhrvermögen unter Annahme eines spezifischen Energieaufwandes der Drucklufterzeuger von 5,5 $Wh/m^3_N \cdot m$ berechnet. Zur Ermittlung der Ein- und Ertragswerte unter Betriebsbedingungen wird der α-Wert mit 0,6 angesetzt.

Bei Oberflächenbelüftungssystemen werden unter günstigen Bedingungen die mittleren Sauerstoffeintrags- und -ertragswerte bei einer Leistungsdichte von 35 W/m^3 verstanden. Der α-Wert zur Umrechnung der Reinwasserwerte in Abwasserwerte beträgt 0,9.

Die mittleren Bedingungen in der Richtwerttabelle wurden sowohl für Oberflächen- als auch Druckluftbelüftungssysteme mit 75 % der Werte unter günstigen Bedingungen angesetzt.

6. Schlußfolgerungen für Planung, Betrieb und Wirtschaftlichkeit

Die Meßergebnisse in der Versuchsanlage und den Abwasserbehandlungsanlagen (**Abbildungen 1** bis **8**) lassen Schlußfolgerungen für Planung und Betrieb von Belüftungssystemen sowie deren Wirtschaftlichkeit zu, die nachfolgend zusammengefaßt sind.

Bei der **Planung** von flächendeckenden Druckluftbelüftungssystemen können verschiedene Zielrichtungen verfolgt werden: Zum einen die Maximierung des Sauerstoffeintrags, zum zweiten die Maximierung der spezifischen Sauerstoffaufnahme und zum dritten die Maximierung des Sauerstoffertrages. Die Maximierung des Sauerstoffeintrages [g $O_2/m^3 \cdot h$ oder kg O_2/h] wird am besten in tiefen Becken, bei hoher Belegungsdichte der Belüftungselemente und bei hohem spezifischen Luftvolumenstrom erreicht. Die spezifische Sauerstoffaufnahme [g $O_2/m^3_N \cdot m$] kann am besten in flacheren Becken, bei hoher Belegungsdichte und bei geringem spezifischen Luftvolumenstrom maximiert werden.

Tabelle 1: Richtwerttabelle

Leistungstabelle für Druckluftbelüftungssysteme				
System	**günstig**		**mittel**	
	%/m	kg/kWh	%/m	kg/kWh
Reinwasserbedingungen				
Breitbandbelüftung	4,1	2,2	3,1	1,7
flächendeckende Elemente	5,7	3,2	4,3	2,4
flächendeck. Folienplatten	7,6	3,9	5,7	2,9
Umwälzung und Belüftung	4,8	3,0	3,6	2,3
Betriebsbedingungen				
Breitbandbelüftung	2,5	1,3	1,9	1,0
flächendeckende Elemente	3,4	1,9	2,6	1,4
flächendeck. Folienplatten	4,6	2,3	3,4	1,8
Umwälzung und Belüftung	2,9	1,8	2,2	1,4

Leistungstabelle für Oberflächenbelüftungssysteme [alle Werte in kg O_2/kWh]				
System	**Reinwasser**		**Betrieb**	
	günstig	mittel	günstig	mittel
Kreisel in Mischbecken	1,7	1,3	1,5	1,15
Kreisel in Umlaufbecken	2,1	1,6	1,9	1,4
Walzen in Umlaufbecken	1,7	1,3	1,5	1,15

Die Maximierung des Sauerstoffertrages [kg O_2/kWh] wird durch einen hohen Sauerstoffeintrag (s. o.) bei gleichzeitig niedriger Leistungsaufnahme der Drucklufterzeuger und Rührwerke erreicht. Da Oberflächenbelüftungssysteme weniger flexibel hinsichtlich der Änderung der Volumenaufteilung zwischen Nitrifikations- und Denitrifikationszone sind und geringere Sauerstofferträge im Vergleich zu Druckluftbelüftungssystemen aufweisen, sollte deren Einsatz im Einzelfall überprüft werden. Neben Sauerstoffeintrag und -ertrag sind zusätzliche andere Kriterien bei der Auswahl von Belüftungssystemen von großer Bedeutung. Insbesondere ist auf Betriebssicherheit, einfache Regelung des Sauerstoffeintrags, lange Lebensdauer, Wartungsarmut und Reparaturfreundlichkeit, Aerosol-, Lärm- und Geruchsemissionen sowie niedrige Jahreskosten zu achten.

Beim **Betrieb** von Belüftungssystemen ist unbedingt zu berücksichtigen, daß weitreichende Regelungsmöglichkeiten bestehen, damit der Sauerstoffeintrag an den aktuellen Sauerstoffbedarf angepaßt werden kann. Ausschließlich dann ist gewährleistet, daß optimale Bedingungen zur Reinigung der Abwässer, insbesondere der Stickstoffelimination (ausreichender Gelöstsauerstoffgehalt im Belebungsbecken, kein Verschleppen von Sauerstoff in die Denitrifikationszone) vorliegen. Von wesentlicher Bedeutung bei der Regelung von Belüftungssystemen ist die andauernde Überwachung von Sauerstoffsonden, Redoxsonden bzw. kontinuierlichen Nitrat- oder Ammoniummessungen, die die Regelung bewirken. Weiterhin muß überprüft werden, ob bei minimalem Sauerstoffeintrag eine ausreichende Durchmischungsintensität vorhanden ist, damit sich kein Belebtschlamm absetzen kann. Bei Druckluftbelüftungssystemen muß der Gegendruck in der Verteilerleitung überwacht werden, damit ein Anstieg (Verstopfen keramischer Belüftungselemente) bzw. eine Reduzierung (Materialermüdung bei Membranbelüftungselementen) des Gegendruckes registriert und entsprechende Gegenmaßnahmen getroffen werden können. Bei Oberflächenbelüftungssystemen sind im Winter Maßnahmen vorzusehen, damit ein Vereisen der Aggregate vermieden wird.

Die **Wirtschaftlichkeit** von Belüftungssystemen wird durch den Sauerstoffertrag bestimmt. In der Richtwerttabelle sind erreichbare Sauerstofferträge verschiedener Belüftungssysteme unterschiedlicher Ausführungsformen in Reinwasser und unter Betriebsbedingungen angegeben. Betrachtet man Druckluftbelüftungssysteme hinsichtlich der Wirtschaftlichkeit, d.h. bezüglich des Sauerstoffertrages unter Betriebsbedingungen, zeigt sich, daß sich sehr geringe Werte für Breitbandbelüftungssysteme ergeben. Diese Ausführungsform von Druckluftbelüftungssystemen sollte daher auf modernen Abwasserbehandlungsanlagen nicht mehr zum Einsatz kommen. Höhere Sauerstofferträge lassen sich mit flächendeckenden Druckluftbelüftungssystemen mit Elementen und Systemen mit getrennter Belüftung und Durchmischung erzielen. Eine nochmalige Erhöhung der Erträge ergibt sich mit flächendeckenden Belüftungssystemen mit Platten aus Folienmaterial. Im Vergleich zu Druckluftbelüftungssystemen sind die Sauerstofferträge von Oberflächenbelüftungssystemen geringer. Einzig mit Kreiselbelüfter in Umlaufbecken können bei geringer Leistungsdichte Sauerstofferträge erreicht werden, wie sie mit flächendeckenden Druckluftbelüftungssystemen mit Elementen (Rohre, Teller und Platten) sowie Druckluftbelüftungssystemen mit Trennung von Belüftung und Umwälzung erzielt werden.

7. Zusammenfassung

Bei der biologischen Abwasserreinigung mit Stickstoff- und Phosphorelimination sind Belüftungssysteme und Mischeinrichtungen unabdingbare Voraussetzung für niedrige Ablaufkonzentrationen. Anhand der grundlegenden evtl.: Überlegung zum Sauerstoffeintrag in (Ab)wasser zeigt sich, daß insbesondere feinblasige flächendeckende Druckluftbelüftungssysteme sehr hohe Sauerstoffeinträge [kg O_2/h] aufweisen. Durchgeführte Sauerstoffzufuhrmessungen in Reinwasser in einer Versuchsanlage aus Glas und auf 98 Abwasserbehandlungsanlagen zeigen, daß sich die spezifische Sauerstoffaufnahme als charakteristischer Kennwert für Druckluftbelüftungssysteme mit zunehmender Belegungsdichte der Belüftungssysteme erhöht und mit steigendem Luftvolumenstrom sowie größerer Eintauchtiefe verringert. Diese Abhängigkeiten wurden in der Versuchsanlage auch für den Sauerstoffertrag [kg O_2/kWh] beobachtet, der für die Wirtschaftlichkeit der Belüftungssysteme von entscheidender Bedeutung ist. Dagegen konnten diese Abhängigkeiten bei den Sauerstoffzufuhrmessungen in Abwasserbehandlungsanlagen nicht festgestellt werden. Die Ursache für das Ausbleiben solcher Abhängigkeiten ist in der für verschiedene Drucklufterzeuger (Drehkolbengebläse, Turbo-Kompressoren und Schraubenverdichter) unterschiedlichen spezifischen Leistungsaufnahme [Wh/m^3_N·m] zu sehen. Die richtige Auswahl der für den entsprechenden Anwendungsfall optimalen Drucklufterzeuger ist daher von ausschlaggebender Bedeutung für hohe Sauerstofferträge.

Erreichbare Sauerstoffeinträge und -erträge von Druckluft- und Oberflächenbelüftungssystemen verschiedener Ausführungsformen sind für Reinwasser- und Betriebsbedingungen in einer Richtwerttabelle angegeben. Detaillierte Hinweise für Planung und Betrieb sowie die Wirtschaftlichkeit von Belüftungssystemen werden gegeben. Insbesondere wird auf die Maximierung des Sauerstoffeintrags bei gleichzeitiger Betriebssicherheit hinsichtlich niedriger Ablaufkonzentrationen eingegangen.

8. Literatur

DIN 19 569 Entwurf (1992):
Baugrundsätze für Bauwerke und technische Ausrüstung
Besondere Baugrundsätze für Einrichtungen zur aeroben biologischen Abwasserreinigung
Normenausschuß Wasserwesen (NAW) im DIN Deutsches Institut für Normung e.V.

PÖPEL, H.J.; M. WAGNER (1989):
Sauerstoffeintrag und Sauerstoffertrag moderner Belüftungssysteme
Teil 1: Druckluftbelüftung
Korrespondenz Abwasser 36 (1989), S. 453 - 457
Teil 2: Mechanische oder Oberflächenbelüftung
Korrespondenz Abwasser 36 (1989), S. 582 - 590

HIGBIE, R. (1935):
The Rate of Absorption of a Pure Gas into a Still Liquid during Short Periods of Exposure, Am. Inst. Chem. Engrs., S. 365 - 389

Probleme der Abwasserreinigung im Industiezentrum Gomel/Belarus

V.R.Waaks, Ch.A.Romanowskij, W.N.Pawletschko

In der Republik Belarus bilden sich allährlich etwa 2 Mlrd.m³.Abwasser,deren Hälfte als normativ reines Wasser gilt, das keiner Behandlung bedarf. Die Menge von normativ gereinigtem Abwasser, das in die Oberflächengewässer eingeleitet wird, liegt unter der Hälfte, ungenügend gereinigtes Abwasser beträgt gegen 5% Gegen 35% des Abwassers werden von den Industrie-und Gewerbeobjekten abgeleitet, 31% des Abwassers werden von der Kommunalwirtschaft bzw. 33% von der Landwirtschaft abgeleitet.

Die bestehenden Abwasserbehandlungsverfahren ermöglichen darunter 90% der organischen Stoffe und nur 10 - 40% der anorganischen Verbindungen zu entfernen (extrahieren).

Die Struktur und Einrichtung der Abwasserbehandlungsanlagen sind außerordentlich ungleichartig. Nur 87% der Gesamtmenge von durch den Abwasserbehandlungsanlagen durchgelassenen Abwasser werden der vollständigen biologischen Reinigung unterworfen. Die Anlagen zur Abwassernachreinigung (11% der Gesamtabflüsse) sowie die zur Entseuchung (weniger als 40% der Gesamtabflüsse) sind ungenügend entwickelt. Es fehlen völlig Anlagen zur tiefgehenden Reinigung fürs Entfernen der Biogenstoffe: Stickstoff, Phosphor.

Eine bedeutende Anzahl der Abwasserbehandlungsanlagen funktioniert mit der Höchstbeanspruchung oder sind überlastet.

Die Summenkapazität der Abwasserbehandlungsanlagen der Republik Belarus übertrifft die Gesamtmenge von Abwasser, das einer Abwasserbehandlungsanlage zugeführt wird. Infolge der ungleichmäßigen Entwicklung einzelner Objekte verfügt jedoch ein Teil davon über den Überplanbestand der Leistung, während ein Teil der anderen in den Planleistungsgrenzen funktioniert oder überlastet ist.

Zu den letzten gehört die Hälfte der Abwasserbehandlungsanlagen in Minsk, Gomel, Retschiza, Borissow, Pinsk, Molodetschno, Lida, Wolkowyssk mit Überbeanspruchung.

Von Jahr zu Jahr wird die Menge von Industrieabwasser vegrößert, vielerorts werden die Regel der Annahme von Abwasser in die kommunalen Kanalisationsnetze nicht eingehalten. Der Umfang der Verunreinigung, die durch Industrieabwasser bedingt ist, übersteigt vielmehr den Verunreinigungsumfang, den Siedlungsabwasser bedingen:

z.B.: in bezug auf die Großstädte Minsk und Gomel ist die Menge von Industrieabwasser zweimal so groß die Menge von kommunalem Siedlungsabwasser.

Der Metallgehalt in den Abwässern solcher Städte wie Minsk, Gomel, Brest, Witebsk, Mogiljow, Orscha, Swetlogorsk wird bedeutend vergrößert. Das Problem der Kläranlagenschlammverwertung und-wiederverwendung ist nicht gelöst, dabei handelt es sich um die Bildung von Klärschlamm in Umfang von mehr als 10 Mln. m^3/Jahr.

Der Fehler bzgl. der Angaben über den Auslaß der Verschmutzungsmittel ist hoch, da die Nullbedeutungen einzelner Bestandteile aus vielen statistischen Berichten bedeuten können, daß Chemieanalysen für ihre Bestimmung nicht durchgeführt wurden. Außerdem charakterisieren die Angaben bzgl. der Auswürfe der Verunreinigungsmittel aus Abwasser die Belastung nicht in vollem Maße, die die natürlichen Wasserobjekte erfahren, weil die Summenverunreinigung infolge des Abspülens der Dünger vom Ackerland, des Oberflächenabfließens von den urbanisierten Territorien sowie der Schadstoffe von den Niederschlägen in einer Reihe der Fälle vergleichbar ist oder den Verunreinigungsumfang von Abwasser übersteigt.

Die angemerkten Probleme der Abwasserbehandlung von Belarus sind in bedeutendem Maße für eine der großen Industriezentren der Republik Belarus bzw. die Stadt Gomel charakteristisch.

Die Stadt Gomel liegt im Süd-Westen der Republik am Ufer des Flusses Sosh, der sich weiter in den Fluß Dnepr mündet. In Gomel (der Bevölkerung nach ist es die zweitgrößte Stadt der Republik Belarus) wohnen über 500 t. Menschen. In der Stadt befinden sich die Betriebe der Energie, des Maschinenbaus, Werkzeugmaschinenbaus, der Chemie, Elektrotechnik, Elektronik, Holzbearbeitungs- und Nahrungsmittelindustrie und anderer Industriezweige. Die größten Betriebe der Stadt Gomel, die die Umwelt in höchstem Grad beeinträchtigen, sind das Wärmekraftwerk, Chemiewerk, Radiowerk, Werk "Gomselmasch", Werk zur Herstellung der vollmotorisierten Mähdrescher, das elektrotechnische Werk, "Zentrolit", "Gomelkabel" sowie Kombinate für Holzbearbeitung, für Herstellung der Streichhölzer und Furnieren, die Molkerei und das Fleischverarbeitungskombinat etc.

Alle Betriebe von Gomel führen ihre Industrie-und Brauchabwässer den öffentlichen Kläranlagen zu. 8 Betriebe der Stadt leiten relativ reine Abwässer nach der lokalen Reinigung oder ohnehin direkt in den Fluß Usa (Nebenfluß von Sosh) und in den Fluß Sosh ein (Siehe Tabelle 1).Die unweit Gomels in der Sied lung Kostjukowka gelegene Glasfabrik stießt ihre Industrie-, Brauch-und Haushaltabwässer der Siedlung nach der Reinigung in den Betriebskläranlagen in den Fluß Usa ab.

In der Tabelle 1 ist es zu sehen, daß die Hauptmenge von Abwasser (93,26%) von kommunalen Kläranlagen eingeleitet wird. Zu den anderen wichtigsten Abwasserquellen gehören das Chemiewerk (5,55%0, das Hauptkesselhaus (0,52%) und das Holzverarbeitungskombinat (0,40%). Die Abwässer in Umfang von 66,7 Mln. m³/Jahr der Stadt Gomel beeinträchtigen die Umwelt, dieser Anteil von Abwasser ist gleich 44% der Abwassermenge des o.g. Gebietes und 6,7% der Abwassermenge der Republik.

Die Abwasserbehandlungsanlagen von Gomel schließen den vollen Zyklus einer Stufe der biochemischen Reinigung ein. Dieses Schema ist in der Abbildung dargestellt.

Die großkörnigen Schwebestoffe werden auf den Sieben zurückgehalten. In den Sandfängern lagern sich Schwebemakroteilchen ab, hauptsächlich sind das Stoffe der Mineralzusammensetzung, die später zu den Sandplätzen abgeleitet werden. Die Voraeratoren sind geeignet für die einleitende (vorläufige) Oxidierung der organischen Verschmutzungen. Die entstehenden Abprodukte der Oxidierung sowie Schlamm setzen sich in den Erstklärbecken an. Der Klärschlamm wird teilweise den Schlammplätzen für die Schlammfaulung und Entwässerung zugeführt. Die Hauptmenge von Klärschlamm (65%) aus den Erstklärbecken wird in die Klärteiche (Schlammbassins) gefördert. Das Schlammwasser wird regelmäßig von den Schlammplätzen in die Voraeratoren zurückgeführt, der eingedickte Schlamm wird in die Schlammbassins weitergeleitet.

Die grundlegende Abwasserreinigung von den Verunreinigungsmitteln erfolgt durch Schlamm in den Schlammbelebungsanlagen, wohin auch der aktive Schlamm zurückgeführt wird und die komprimierte Luft mit Gebläsen zugeführt wird. Die Biomasse des aktiven Schlammes scheidet aus gereinigtem Wasser in den Nachklärbecken aus. Das Klärwasser wird mit Chlor in den Kontaktbehältern entseucht und in den Fluß Usa (Nebenfluß von Sosh) abgegossen. Die Sedimente von belebtem Schlamm sammeln sich in den Behältern an und werden in die Belebungsbecken zurückgefördert. Die Übermenge von Schlamm wird den Voraeratoren zugeführt.

Der Gehalt der trockenen Stoffe im Schlamm nach der Behandlung in den Vorklärbecken beträgt gegen 1%. Eine geringere Konzentration der Stoffe im Schlamm erschwert die Entgiftung und Verwertung.

Unter der faktischen Belastung von 62 - 65 Mln. m^3/Jahr besitzen die vorhandenen Abwasserbehandlungsanlagen von Gomel das Vermögen, nur 50 Mln.m^3/Jahr zu reinigen. Infolge der Überlastung sowie der beträchtlichen Verschmutzung der Abwässer funktionieren die städtischen Kläranlagen nicht genug effektiv und sichern keine normativen Angaben in behandeltem Abwasser in bezug auf alle Meßwerte.

In der Tabelle 2 sind die Kennziffern der Leistungen der Abwasserbehandlungsanlagen von Gomel im Jahre 1991 angegeben (dieses Jahr gilt als Jahr der Stabilität der Industrie). Die Gehalterhöhung der Nitrate und Nitrite in gereinigtem Wasser im Vergleich zu den Ausgangsabflüssen ist bedingt durch die Oxidierung von Ammonium bei der Reinigung.

Aus der Tabelle folgt, daß die niedrige Effektivität der Abwasserreinigung in bezug auf NH4NO3, Phosphate, Schwermetalle ausschließlich Chroms.

Soviel es bekannt ist, wird die optimale Wechselbeziehung Kohlenstoff - Stickstoff-Phosphor in den Abwässern, die biologisch zu behandeln sind, wie 100 : 5 : 1 bestimmt. In diesem Zusammenhang gelten die Konzentrationen von Ammonium unter Berücksichtigung Stickstoffs, der Nitrate und Nitrite sowie Phosphors in den Ausgangsabflüssen (Siehe Tabelle 2) als erhöht, all das ist ein der Gründe ihrer geringen Reinigung.

Der Vergleich der Zusammensetzung der Verschmutzungsmittel in behandeltem Wasser mit ihren annehmbaren Grenzkonzentrationen in den Gewässern des

Fischereigewerbes (Siehe Tabelle 2) zeigt, daß die normativen Meßwerte in den Abwasserbehandlungsanlagen der Stadt Gomel nur in bezug auf die Schwebestoffe und Nitrate erreicht werden. Die bedeutenden Abweichungen von den normativen Werten beziehen sich auf Eisen (37,4-mal), Ammoniumstickstoff (23,8-mal), Zink (10-mal), Mineralerdölerzeugnisse (9,8-mal), Kupfer (7-mal), Nickel (6-mal) und sonstige Stoffe.

Für die Einschätzung der Gefährdung, die die Abwasserverschmutzungen für die Oberflächengewässer bieten, verwendet man gewöhnlich die angegebenen Verschmutzungsmengen. Diese Angaben werden als Quotient des Dividierens der Physischen Stoffmassen durch ihre annehmbaren Grenzkonzentrationen festgesetzt. Dieselben Werte der angegebenen Massen verschiedener Stoffe sind identisch.

Die Ergebnisse der Berechnung der aufgeführten Verschmutzungsmengen der Abwässer der Stadt Gomel (Siehe Tabelle 3) weisen auf, daß die Gefährdung für die Hydrosphäre die Ablässe der Schwermetalle (49,12% der Gesamtmenge aller Verschmutzungsmittel) insbesondere Eisen bieten. Die Abwässer, die Ammonium, Mineralerdölerzeugnisse (Altöl), Phosphor, Zink, Fluor, Kupfer und sonstige Stoffe enthalten, erweisen bedeutende schädliche Auswirkungen. Die aufgeführten Verschmutzungsmengen der Stadt Gomel betragen 53,8% der Gesamtabwassermenge dieses Gebietes und 13,3% der Gesamtabwassermenge der Republik.

Die galvanischen Produktionen gelten als Hauptverunreinigungsquellen durch Metalle.Diese Produktion zählt 26 Betriebe in Gomel. Das bezieht sich auf Beizen bzw. Beseitigung der Oxidschichte von den Metalloberflächen. Die Betriebe der Stadt verfügen in der Regel über lokale Abwasserreinigungsanlagen, in denen spülbare und konzentrierte Abwässer der galvanischen und Beizbecken durch Kalk bis zur schwachalkalischen Reaktion neutralisiert werden. Chromhaltige Abwässer werden vorangehend durch die Elektrogalvanokoagulatoren gelassen, in denen der 6-wertige Chrom bis zum 3-wertigen Chrom reduziert wird. Bei der Abwasserneutralisation bilden sich Hydroxide der Schwermetalle, die sich in den Klärbecken absetzen. Der Schlamm der Klärbecken wird in den Filtern entwässert und entsorgt.

Da in Belarus Sonderdeponiestellen für die Deponierung der schwermetallhaltigen Abfälle fehlen sowie ihre Verwertungsverfahren nicht verwendet werden, müssen die Industriebetriebe den galvanischen Schlamm auf dem Territorium ansammeln und ablagern.Die Größen (Abmessungen) der Betriebsterritorien sind begrenzt, die Betreiber sind gezwungen den Klärschlamm zu den Deponiestellen für Haushaltabfälle ohne Genehmigung zu bringen. Ein der erzwungenen Verfahren der Entsorgung von schwermetallhaltigem Schlamm ist der Ablauf der erhöhter Menge der Abwasserschadstoffe aus den bestehenden industriellen Kläranlagen, infolgedessen fällt die bedeutende Menge der Metalle in die kommunalen Abwasserreinigungsanlagen ein. Das wird durch die Probeanalysen der Industrie-und Gewerbeabwässer von Gomel bestättigt, die Analysen sind von den Überwachungseinrichtungen ausgeführt.

Auf solche Weise kann die Reduzierung der Verunreinigung der Industrie-und Gewerbeabwässer durch Metalle und die des Schwermetalleintrags in die kommunalen Kläranlagen dank der Erhöhung der Wirksamkeit der industrieeigenen (betrieblichen) Kläranlagen erreicht werden.

Die Verringerung des Schwermetallgehaltes im Abwasser hängt abgesehen von technologischen Faktoren von den Verwertungsverfahren der Großmengen von Schlamm der galvanischen Produktion sowie vom Vorhandensein der Sonderdeponien für die Entsorgung und Deponierung der Schlamme von solchen Arten ab.

Die Verringerung des industriellen Schwermetalleintrags kann dank des möglichen Ersatzes der galvanischen Deckschichte durch die Elektrovakuumbearbeitung erreicht werden. Beim absoluten Nichtvorhandensein der mit Schwermetallen verunreinigten Abwässer verfügen solche Elektrovakuumanlagen zur schutzdekorativen und verschleißten Beschichtung und Ausführung sonstiger funktioneller Anstriche über die mit den galvanischen Anlagen vergleichbaren spezifischen Energieaufwände, unter der Berücksichtigung der Energieaufwände für die nächstfolgende Reinigung der galvanischen Abwässer sind diese Anlagen in vielen Fällen sogar bevorzugt. Das Gomeler Werk für Herstellung der Gußstücke und Normenblätter hat die Taktstraße "Dekor" für die Beschichtung im Elektrovakuumverfahren erworben.

Eine große Gefahr für die Umwelt bilden Metalle im Klärschlamm der Abwässer, die in den Schlammsammler eingeleitet werden. Die Metalle gehören zur Zusammensetzung der Schlammbiomasse, sie werden mit Schlamm teilweise sorbiert, teilweise werden sie als Lösungen in die Gewässer eingeleitet, da die Feuchtigkeit der Schlammsuspension 99% beträgt.

Die Schlammräumer verfügen über keine Hydroisolation. Die gelösten Metalle dringen in die Grundwässer sehr leicht ein und verbreiten sich im Grundboden der nahliegenden Gegenden langsam. Während der Deponierung von Klärschlamm erfolgt die Teilzersetzung und Mineralisierung, infolgedessen übergehen die sorbierten Metalle und die in der Biomasse enthaltenen Metalle in den aufgelösten Zustand und verbreiten sich in der Umwelt. Außerdem ermöglicht die anhaltende (dauernde) Ablagerung von Klärschlamm die Entwässerung (Trocknung), Verwitterung sowie Metallversetzung in der Umgebung.

Aus der Tabelle 2 folgt, daß 60% von Zink, 62,5% von Nickel, 70,3% von Eisen, 72% von Kupfer und 81,6% von Chrom als Inhaltsstoffe von Klärschlamm in die Schlammräumer eingeleitet werden. Der Metallgehalt im Klärschlamm im Vergleich zu der Metallkonzentration in den Ausgangsabwässern vergrößert sich auf das Vierfache. Dabei werden 1% von belebtem Schlamm der Abwässer und 1% der trockenen Substanzen im Klärschlamm berücksichtigt, diese Schlußfolgerungen werden durch Analysen der Schlammproben bestättigt. Tabelle 4.

Der Vergleich der Metallzusammensetzung im Klärschlamm der Stadt Gomel zu den annehmbaren Grenzkonzentrationen der entsprechenden Elemente im Klärschlamm, der in der Landwirtschaft einiger europäischen Länder und der der Europäischen Gemeinschaft (Siehe Tabelle 4) von der erhöhten Verschmutzung von verwendbarem Klärschlamm zeugt. Es findet die Steigerung (Überschreitung) der Zusammensetzung von Kupfer im Vergleich zu den Meßwerten der europäischen Länder und der Staaten der EG statt. Die annehmbare Grenzkonzentration von Zink ist höher nur in Deutschland und England, der Gegenwert in bezug auf Zink ist höher nur in England.

Die annehmbaren Grenzwerte der Konzentration im Klärschlamm, der in der Landwirtschaft seine Verwendung findet, sind in Belarus nicht bestimmt, der aufgeführte Vergleich zeugt von der Unmöglichkeit der Verwertung der Schlammsuspension der Stadt Gomel zwecks der nächstfolgenden Verwendung als Dünger.

Das Problem der Abwasserentsorgung im Industriezentrum ist solcherweise vielseitig und großangelegt und ist in bezug auf die gesamte Stadt nur in komplexer Betrachtungsweise zu lösen. Gemeinsam mit der Modernisierung der kommunalen Kläranlagen durch Sonderprojekte oder evtl. durch ein Komplexprojekt ist es erforderlich, die Lösung aller Probleme, die mit der Abwasserbeförderung,

Abwasserreinigung und-verwertung verbunden sind, zu berücksichtigen und vorherzusehen.

Diese Sonderprojekte werden auf die Lösung folgender Aufgaben gerichtet werden:

- Eliminierung der Schwermetallionen, Ausschließung der Einträge der Schwermetallionen in die kommunalen Abwasserbehandlungsanlagen durch die Verbesserung der Funktionierung und Vervollkommnung der betrieblichen Kläranlagen (hier: die galvanischen oder Beizbetriebe sowie die Betriebe mit dem Übergang zum Elektrovakuumverfahren für die Vakuumbeschichtung anstatt des galvanischen Verfahrens);
- Errichtung der betrieblichen Kläranlagen für die Verringerung der Erdölabprodukte in den Abwässern;
- Modernisierung der Regenwasserkanalisation mit Verlegung zu den kommunalen Abwasserbehandlungsanlagen;
- Vervollkommnung der Verfahren der Schlammverdichtung im Verfahren der Druckflotation, Konzentrierung in den Zentrifugen durch die Flockungsprodukten;
- Behandlung des angeführten aktiven Schlamms mit der nächstfolgenden Extraktion der Schwermetalle mit dem Ziel der Weiterverwendung als Dünger.

Für die Lösung aller o.g. Probleme ist es erforderlich, in der Planung/Projektierung die modernesten hocheffektiven Technologien zu berücksichtigen und ausländische Partner zu der Ausarbeitung der Projekte, Investierung und ihrer Umsetzung heranzuziehen.

Tabelle 1

Verzeichnis der Betriebe der Stadt Gomel, die relativ reine Abwässer in die Umwelt abstießen

Betrieb	Aufwendung von Abwasser T.m³/Jahr	Einleitungsstelle
Kommunale Kläranlagen	62217	Fluß Usa
Chemiewerk	3700	Usa
Zentrales Kesselhaus	347	Sosh
Holzverarbeitungskombinat	270	Sosh
Gießerei "Zentrolit"	70	Usa
Industriehandelsfirma "Der 8.März"	45	Sosh
Schiffsbau-u.-reparaturwerk	40	Sosh
Werk "Gomselmasch"	21	Usa
Werk zur Herstellung der vollmotorisierten Mähdrescher	1,5	Usa
in bezug auf die Stadt, insgesamt	66711,5	
Lomonossow-Glaswerk Siedlung Kostjukowka	1658	Usa

Tabelle 2
Jahresdurchnittsangaben der Wirksamkeit der Funktionierung der Abwasserbehandlungsanlagen von Gomel/Belarus

1	2	3	4	5
Benennung der Komponenten	Gehalt im Abwasser mg/l		Wirksamkeit der Reinigung	annehmb. Grenzkonzentration
	vor Reinigung	nach Reinigung		
Voller biochemischer Sauerstoffverbrauch	155	11,1	92,84	3
Chemischer Sauerstoffverbrauch	303,4	62,5	79,40	-
Schwebestoffe	171,4	12,5	92,71	20
Ammonium (Ammoniumstickstoff)	32,5	9,53	70,68	0,4
Nitrate	0,25	0,82	-228	40
Nitrite	0,025	0,12	-380	0,08
Phosphate	7,14	2,24	68,63	-
Oberflächenaktive Stoffe (Mittel)	4,24	0,83	80,42	0,5
Mineralölerzeugnisse	11,19	0,49	92,94	0,05
Eisen	6,3	1,87	70,32	0,05
Kupfer	0,25	0,07	72,0	0,01
Zink	0,25	0,10	60,0	0,01
Nickel	0,16	0,06	62,5	0,01
Chrom	0,049	0,009	81,63	0,05

Tabelle 3
Gefahr der Abwasserverschmutzungen der Stadt Gomel für die Umweltsituation

Benennug der Komponenten	Abflußmenge T/Jahr	Angegebene Menge der Verunreinigung relative T/Jahr	Anteil der Komponenten bei der Verschmutzung
Voller biochemischer Sauerstoffverbrauch	916,24	302,36	3,78%
Schwebestoffe	942,0	47,10	0,59%
Sulfate	3128,07	6,26	0,08%
Chloride	5191,54	15,57	0,19%
Ammoniumstickstoff	609,7	1524,25	19,04%
Nitrate	51,3	1,28	0,02%
Nitrite	7,5	93,75	1,17%
Phophor,allgemein	705,5	705,5	8,81%
Mineralöl	37,6	752,0	9,39%
Synth. oberflächenakt. Stoffe	51,73	103,46	1,29%
Eisen	117,4	2348,0	29,32%
Kupfer	4,480	448,0	5,60%
Zink	6,44	644,0	8,04%
Nickel	3,412	341,2	4,26%
Chrom	0,748	149,6	1,87%
Kadmium	0,024	2,40	0,03%
Fluor	26,12	522,4	6,52%
Insgesamt	11799,8	8007,13	100%

Tabelle 4

Vergleich der Zusammensetzung der Metalle im Klärschlamm der Stadt Gomel zu ihren annehmbaren Grenzwerten der Konzentration bei der Verwendung von Klärschlamm in der Landwirtschaft einiger Staaten mg/kg trockene Stoffe

Element	Klärschlamm von Gomel	Annehmbare Grenzwerte der Konzentration in den Staaten					
		EG	Polen	Deutschland	Holland	Frankreich	England
Kupfer	2377	1000	1000	1200	500	1500	1500
Zink	2996	2500	1000-2500	3000	2000	3000	2500
Nickel	145	300	100	200	50	100	600
Chrom	1045	1000	1000	1200	500	1500	1500
Blei	446	750	500	1200	500	300	1500
Cadmium	22	20	15	30	10	15	20
Quecksilber	3	16	10	25	10	8	7,5
Zinkäquivalent	9529	6900	3800-5300	7000	3400	6800	10300

Das strukturelle Schema der städtischen Abwasserbehandlungsanlagen von Gomel (m^3/Tag)

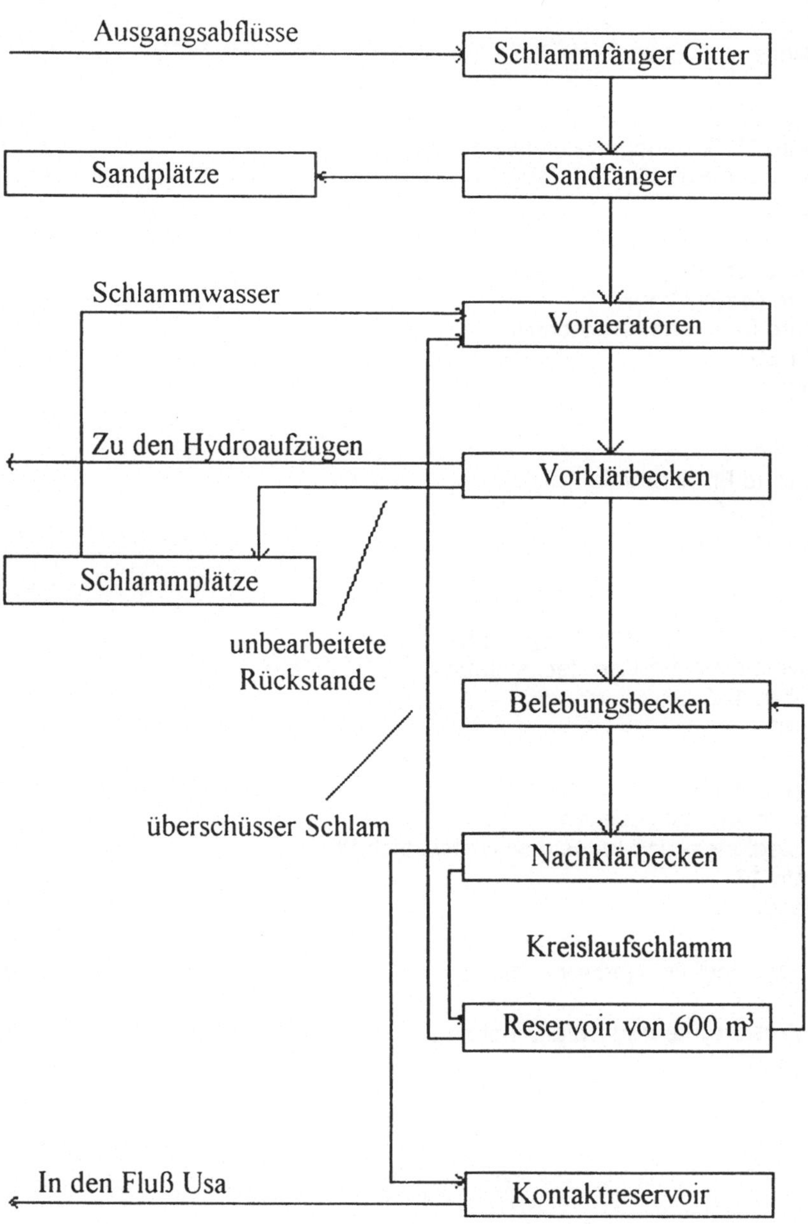

Adressenverzeichnis der Referenten

Dipl.-Volkswirt Klemens Bellefontaine
Mittelrheinische Treuhand GmbH
Postfach 14 68
56014 Koblenz

Prof. Dr.-Ing. habil. Johannes Bosold
Ingenieurbüro für Siedlungswasserwirtschaft
Richard-Lehmann-Str. 19
04275 Leipzig

Dr.-Ing. Gerrit Ermel
Dr. Born - Dr. Ermel GmbH
Ingenieurbüro für Verfahrenstechnik
Postfach 11 26
28817 Achim

Dr. Predrag Ilic
Umlandverband Frankfurt/Main
Postfach 11 19 41
60054 Frankfurt/Main

Dipl.-Ing. Jürgen Kern
Verband privater Abwasserentsorger e.V.
Private Universität Witten/Herdecke GmbH
Stockumer Str. 10
58453 Witten

Prof. Dr.-Ing. habil. Klaus Lützner
Technische Universität Dresden
Institut für Siedlungs- und Industriewasserwirtschaft
Mommsenstr. 13
01069 Dresden

Univ.-Doz. Dipl.-Ing. Dr. Norbert Matsché
Universität Wien
Institut für Wassergüte und Abfallwirtschaft
Karlsplatz 13 / 226
1040 Wien

W.N. Pawletschko
Belarussian Research Centre "Ecology"
31-A, Horuzhaya Str.
220002 Minsk
Republic of Belarus

Dipl.-Ing. Ludwig Pawlowski
Berliner Wasser Betriebe
Abteilung Entwässerungsnetz
Köpenicker Str. 126
10179 Berlin

Dr.-Ing. Rolf Pecher
Planungsbüro Erkrath
Klingerweg 5
40699 Erkrath

Dipl.-Ing. Christoph Platzer
Technische Universität Berlin
Institut für technischen Umweltschutz
Straße des 17. Juni 135
10623 Berlin

Prof. Dr.-Ing. H. Johannes Pöpel
Technische Hochschule
Institut W A R
Petersenstr. 13
64287 Darmstadt

Dr. Stefan Rettig
Technische Hochschule Darmstadt
Fachbereich Mathematik
Schloßgartenstr. 7
64289 Darmstadt

Ch. A. Romanowskij
Belarussian Research Centre "Ecology"
31-A, Horuzhaya Str.
220002 Minsk
Republic of Belarus

Dipl.-Ing. Thomas Schäfer
rohrtec consult GmbH
Wiegenfeldring 2b
85570 Markt Schwaben

Dipl.-Ing. Max Schenk
Stadtverwaltung Erfurt
Tiefbauamt
Kantstr. 39
99096 Erfurt

Prof. Dr.-Ing. Dietrich Stein
Ruhr-Universität Bochum
Fakultät für Bauingenieurwesen
Arbeitsgruppe Leitungsbau und Leitungsinstandhaltung
Universitätsstr. 150
44801 Bochum

Dr.-Ing. Franz Ullmann
Spessartstr. 49
97082 Würzburg

Prof. Dr.-Ing. habil. Gottfried Voigtländer
Hochschule für Architektur und Bauwesen
Weimar - Universität
Fakultät für Bauingenieurwesen
Lehrstuhl für Siedlungswasserwirtschaft
Coudraystr. 7
99423 Weimar

Victor R. Waaks
Belarussian Research Centre "Ecology"
31-A, Horuzhaya Str.
220002 Minsk
Republic of Belarus

Dipl.-Ing. Joachim Wacker
Südhessische Gas und Wasser AG
Frankfurter Str. 100
64293 Darmstadt

Dr.-Ing. Martin Wagner
Technische Hochschule
Institut W A R
Petersenstr. 13
64287 Darmstadt

Dipl.-Ing. Klaus Waizenegger
Stengelin GmbH & Co. KG
Anlagenbau und Verfahrenstechnik
Donaueschinger Str. 52 - 56
78532 Tuttlingen